La Fabrique de la modernité scientifique

Discours et récits du progrès sous l'Ancien Régime

The Voltaire Foundation is a department of the University of Oxford.
It furthers the University's objective of excellence in research,
scholarship and education by publishing worldwide.

La Fabrique de la modernité scientifique

Discours et récits du progrès sous l'Ancien Régime

Edité par

FRÉDÉRIC CHARBONNEAU

VOLTAIRE FOUNDATION
OXFORD

www.voltaire.ox.ac.uk

ISBN 978 0 7294 1161 5
Oxford University Studies in the Enlightenment 2015:03
ISSN 0435-2866

Voltaire Foundation
99 Banbury Road
Oxford OX2 6JX, UK
www.voltaire.ox.ac.uk

A catalogue record for this book is available from the British Library

The correct style for citing this book is
F. Charbonneau (ed.), *La Fabrique de la modernité scientifique: discours et récits du progrès sous l'Ancien Régime*, Oxford University Studies in the Enlightenment (Oxford, Voltaire Foundation, 2015)

Cover illustration: Vignette représentant une scène de dissection, illustrant la page de titre des *Tabulae anatomicae* d'Eustachius, édition de Rome (Pagliarini, 1728). © BIU Santé, Paris.

MIX
Paper from responsible sources
FSC® C013056

FSC® (the Forest Stewardship Council) is an independent organization established to promote responsible management of the world's forests.

This book is printed on acid-free paper

Printed in the UK by TJ International Ltd, Padstow, Cornwall

Oxford University Studies in the Enlightenment

La Fabrique de la modernité scientifique
Discours et récits du progrès sous l'Ancien Régime

Après avoir donné prise à des considérations équivoques, l'idée du progrès gagne son entière légitimité au XIXe siècle. Comment la transition s'est-elle faite? A en chercher les facteurs sous l'Ancien Régime, on se rend compte que les écrits sur la modernité scientifique sont rarement mis en évidence et la structure même de leur contenu peu étudiée. Sous la direction de Frédéric Charbonneau, des historiens de la littérature, de la philosophie et de la médecine analysent la construction d'un discours du progrès.

A l'époque des Lumières, il s'est constitué dans l'imaginaire collectif un panthéon regroupant non plus des dieux mais des hommes: Copernic, Tycho Brahe, Kepler, Galilée, Harvey, Descartes, Newton... Erigés en véritables icônes par l'historiographie médicale et scientifique, ces héros deviennent non pas l'objet des récits sur le progrès mais le prétexte de ceux-ci. Les collaborateurs de ce volume se sont penchés sur ces textes qui reflètent toute l'ambiguïté ressentie à l'égard de la science moderne au XVIIIe siècle: quand des narrations ensevelissent des savants après les avoir portés au pinacle tel Buffon ou Bordeu, d'autres mêlent simultanément éloges et critiques comme dans le cas de Vésale.

L'étude de ces textes qui transforment certains acteurs en emblèmes porte un éclairage inédit sur l'historiographie et offre une nouvelle façon de penser l'histoire des sciences et de la médecine.

History of science / early modern literature

Histoire de la science / littérature des dix-septième et dix-huitième siècles

Table des matières

Liste des illustrations

Remerciements

Un atelier de deux jours tenu à l'Université McGill (Montréal) au mois d'avril 2011 est à l'origine de ce livre. Je tiens à remercier le Conseil de recherches en sciences humaines du Canada et le programme des chaires de recherche de l'Université McGill pour leur soutien. Je remercie également Jonathan Mallinson et Lyn Roberts d'accueillir généreusement le volume dans leur collection.

Frédéric Charbonneau

Abréviations

BnF	Bibliothèque nationale de France
D, suivi d'un numéro	Lettre dans Voltaire, *Correspondence and related documents*, ed. Th. Besterman, in *OCV*, vol.85-135.
DPV	Denis Diderot, *Œuvres complètes*, éd. Herbert Dieckmann, Jacques Proust, Jean Varloot *et al.* (Paris, 1975-).
OCV	*Œuvres complètes de Voltaire*, ed. Th. Besterman (Geneva, Banbury, Oxford 1968-).

Introduction

FRÉDÉRIC CHARBONNEAU

L'histoire des idées comme discipline rencontre, notamment en France et dans le monde francophone, l'hostilité d'historiens 'pour lesquels ce qu'ils appellent les "idées pures" ne sont pas choses suffisamment tangibles'.[1] On lui a reproché le caractère mal défini de son objet et de ses méthodes, et son appartenance à une conception 'désormais un peu flétrie'[2] de l'histoire, 'avec ses individualités créatrices [...], avec ses enchaînements d'"influences" d'une pensée à une autre, [...] avec ses explications des "évolutions" par les circonstances extérieures; avec son finalisme aussi'.[3] Mais à ces griefs, qui traduisent le souci de la rigueur épistémologique, on opposera la féconde souplesse de métissages disciplinaires qui épousent les contours des lettres d'Ancien Régime, et d'objets que ne fige pas un excès de cristallisation conceptuelle.[4] Ayant du reste pris acte des soupçons qui la ternissaient, l'histoire des idées, telle que la pratiquent aujourd'hui les spécialistes de la première modernité, se montre méfiante face au *telos* et attentive à la mobilité des notions et aux formes qu'elles revêtent dans les textes plus qu'à leur immobilisation provisoire au sein d'architectures théoriques. Ainsi, dans le domaine de la médecine et des sciences naturelles, qui nous retiendront ici, l'histoire des idées peut suivre une notion (la contagion, la fermentation, etc.) une image (le cerveau comme instrument à cordes) ou une proposition (que les animaux sont des machines), aussi bien dans les processus intellectuels et textuels qui les construisent que dans les essaimages qui les diffusent et les transforment au sein de corpus variés, souvent secondaires au regard des canons, éclairant au passage l'univers mental, les modes de représentation, le fonctionnement discursif d'une époque donnée.

Parmi les idées fortes de l'histoire des sciences, celle de progrès jouit d'un statut particulier. Dans une certaine mesure, elle pourrait bien être définitoire. 'To a very great extent the term "science" is reserved for

1. Marc Angenot, *L'Histoire des idées: problématiques, objets, concepts, méthodes, enjeux, débats* (Montréal, 2011), t.1, p.5.
2. Michel Foucault, *L'Archéologie du savoir* (Paris, 1969), p.181.
3. Angenot, *L'Histoire des idées*, t.1, p.33.
4. Voir les arguments présentés par Michel Delon, *L'Idée d'énergie au tournant des Lumières (1780-1820)* (Paris, 1988), p.15.

fields that do progress in obvious ways',[5] notait naguère en ce sens Thomas Kuhn; et quoiqu'elle ait au fort de l'enthousiasme moderniste englobé davantage – les arts, voire la civilisation tout entière – elle entretenait sans conteste avec les sciences des rapports privilégiés.[6] Son rôle dans la pensée du Siècle des Lumières est certainement considérable: corollaire de la conception d'un homme perfectible, elle contribue par le passage de l'individuel au collectif à l'avénement des philosophies de l'histoire, théorisant le progrès indéfini des sociétés, dont Turgot puis Condorcet donnent aux hommes de l'époque révolutionnaire un avant-goût. Car Turgot est

> le vrai premier promoteur de l'idée de progrès au XVIIIe siècle: le *Discours sur les progrès successifs de l'esprit humain* prononcé en 1750 [...] propose en effet une philosophie de l'histoire affranchie des doutes du rationalisme éclairé et où le conflit des passions [...] joue, de manière presque dialectique, un rôle moteur dans l'ensemble des progrès humains, dont la solidarité organique devient dès lors pensable.[7]

Pourtant, l'idée de progrès a hésité tout au long du siècle entre sa 'valeur euphorique' et sa 'valeur critique',[8] et l'un des enjeux de ce livre est sans doute d'explorer, dans le cadre spécifique d'une histoire du discours sur les sciences et la médecine, la transition capitale entre l'ambivalence classique face au progrès et son axiologie claire au dix-neuvième siècle.

Bien avant, dès la Renaissance, l'idée du progrès avait suscité une abondante littérature consacrée au récit des conquêtes de la modernité et dont la fonction était entre autres de définir par sa fondation la science nouvelle. Ce grand récit s'organise autour d'une 'révolution' initiale, moment de rupture avec la tradition dans l'ordre de la pensée comme dans celui des pratiques et que pouvaient oser seuls des êtres d'exception, des figures emblématiques à l'impérieuse volonté de savoir. Ils incarneront dans le discours des Lumières le *Sapere aude*, éclairant les ténèbres du flambeau de la vérité, comme au tombeau de Rousseau, dans la crypte des grands hommes, la main sortant de l'ombre et portant la torche. Ainsi s'est constitué dans l'imaginaire collectif un panthéon moderne auquel sont élevés non plus des dieux, mais des hommes, enfants de Prométhée:[9] Copernic, Vésale, Tycho Brahe, Kepler, Galilée,

5. Thomas Kuhn, *The Structure of scientific revolutions* (Chicago, IL, 1996 [1962]), p.160.
6. Je me permets de renvoyer aux remarques sémantiques par lesquelles s'ouvre ci-dessous ma contribution à ce volume, p.129-30.
7. Florence Lotterie, *Progrès et perfectibilité: un dilemme des Lumières françaises (1755-1814)*, *SVEC* 2006:04, p.xxiv.
8. Lotterie, *Progrès et perfectibilité*, p.xvii.
9. Le dix-huitième siècle apparaît comme le moment par excellence 'd'une célébration de la violence prométhéenne faite à la nature'. Christophe Martin, 'La nature dévoilée (de Fontenelle à Rousseau)', *Dix-huitième siècle* 45 (2013), p.79-80. Voir Pierre Hadot, *Le Voile d'Isis: essai sur l'histoire de l'idée de Nature* (Paris, 2004).

Harvey, Descartes, Newton, etc. Les biographies de ces héros, parfois présentés comme des martyrs immolés par le préjugé sur l'autel de la science, apparaissent comme autant de micro-récits; transmises d'une génération à l'autre, elles reproduisent en abrégé les enjeux de l'épopée collective lors d'épisodes chargés sur le plan symbolique et qui font l'objet d'une tradition textuelle parfois vivante encore aujourd'hui. La fonction de ces icônes, comme le rappelle Joël Castonguay-Bélanger à propos de Newton, est métonymique: en elles, on peut lire la conception que nous nous faisons du progrès et de son prix. C'est précisément là ce qui nous a intéressés et qui explique le rôle dévolu dans les pages qui suivent à une série de 'grands hommes': non pas leurs luttes, ni même leur consécration plus ou moins différée, fruit des avancées objectives qu'ils auraient procurés au savoir, mais bien le discours tenu par d'autres à travers eux sur le progrès, cette notion dont nous venons de rappeler la longue ambivalence. Aussi à la limite ce processus discursif d'iconisation se passe-t-il de figure emblématique et peut-il s'appliquer, de manière parcellaire, à des savants qui, pour être reconnus comme le sont les membres d'une académie, ne sont pas – loin s'en faut – des demi-dieux, car c'est le progrès lui-même qui est en ballottement dans ce processus éminemment réversible, plutôt que les hommes qui en sont la passagère ou durable incarnation. Chacun de ceux-ci en vient au fond à représenter la perturbation de la science moderne – alors que souvent ces médecins ou ces physiciens se voyaient eux-mêmes comme des continuateurs – qui divise la communauté des savants, suscitant conflits et incompréhension. Claire Crignon explique par exemple le rapprochement, récurrent dans les textes des contemporains, de William Harvey avec Démocrite, le sage que les Abdéritains ses compatriotes avaient cru fou, comme l'expression de cette ambiguïté du progrès, tant est problématique le passage de l'erreur à la vérité, qui implique la transgression d'interdits, voire la profanation de tabous. Il est clair que la *libido sciendi* ne va ni sans périls ni sans condamnations; et la construction des grands hommes suit souvent un chemin accidenté, fait de gradations et de rétrogradations imprévisibles. Que ces icônes, comme le formule justement Alexandre Wenger, 'ne préexistent pas aux opérations qui les construisent', est d'autant plus évident que cette construction peut aller simultanément dans plusieurs sens et la 'légende noire' coexister avec la 'légende dorée',[10] comme chez Vésale. A tous, l'hagiographie scientifique impose partie au moins de ses biographèmes à la manière d'un 'moule narratif' dont Catriona Seth souligne à propos de Tronchin certaines des

10. Voir à ce sujet l'intéressante étude de Fabien Locher, 'De quoi Urbain Le Verrier est-il le nom? Les légendes biographiques ou l'identité en question', dans *Les uns et les autres...: biographies et prosopographies en histoire des sciences*, dir. Laurent Rollet et Philippe Nabonnand (Nancy, 2012), p.205-23.

étapes: vocation, précocité, renoncement aux honneurs, dévouement, rupture avec le passé de la discipline, découvertes ou guérisons miraculeuses, que les éloges académiques déploient avec une telle régularité qu'on peut parler, avec Alexandre Wenger, 'd'intégration raisonnée de la fiction dans l'histoire des sciences'.

Ces figures de savants, ces icônes dont nous avons pris – dans l'ordre du langage – la construction (et parfois la destruction) pour objet, devraient nous permettre de penser autrement l'histoire des sciences et de la médecine, non comme une série d'avancées objectives menant des erreurs du passé jusqu'aux vérités actuelles, non comme la relation factuelle des développements de telle ou telle discipline, avec ses théories dominantes, sa pratique réglée, ses institutions, mais comme l'élaboration collective d'un récit fondateur, comme la mise en intrigue des faits et des événements.[11] Or, sous sa linéarité apparente, chaque 'cas' articule les principales caractéristiques d'un discours du progrès qui n'est pas sans complexité ni paradoxe. Relater le développement d'une science à travers la geste de ses héros pose par exemple le problème d'un retour aux sources qui paraît établir, non sans bizarrerie, la modernité dans le passé. C'est que, Hélène Cazes le montre bien en étudiant l'apparat des œuvres de Vésale par Boerhaave et Albinus, l'histoire de la médecine entend donner des points de départ plus que des points d'aboutissement; le retour au précurseur est ce qui ouvre la temporalité du progrès et en permet le devenir indéfini. Josiane Boulad-Ayoub trouve vers la fin du dix-huitième siècle ce même regard rétrospectif porté sur Descartes envisagé comme origine du progrès, que symbolise la radicalité de sa *tabula rasa*. Un autre aspect du discours du progrès est illustré par le cas du médecin Théophile de Bordeu, auquel s'est intéressé Alexandre Wenger: le fait qu'il produit lui-même le passé avec lequel il entend prendre ses distances. Dans sa dynamique de rupture avec le préjugé, avec le tâtonnement antérieur, le progrès apparaît comme une sorte de curseur, amoncelant derrière lui des réserves toujours plus abondantes d'inactuel, de tout ce qui *n'est plus* le savoir admis. Ainsi, Bordeu, d'abord 'réformateur' de la médecine – une figure de l'avenir – sera-t-il peu à peu déclassé, ramené à mesure que la 'fine pointe' du progrès se déplace, au rang de simple précurseur – une figure du passé – puis à celui d'écrivain, expulsé des lieux du savoir. Cette destinée impitoyable et dont on pourrait croire qu'elle est en dernière instance celle de toutes les icônes, appelées à être non plus contestées mais reléguées dans la préhistoire des sciences, tarde longtemps parfois et parfois se précipite, frappant même l'homme de son vivant, comme Buffon, dont Swann Paradis montre qu'il

11. Sur les rapports entre science et récit, voir entre autres la publication récente de *Medicine and narration in the eighteenth century*, éd. Sophie Vasset, *SVEC* 2013:04, auquel ont contribué deux collaborateurs de ce volume, Catriona Seth et Alexandre Wenger.

eût pu devenir une icône de la science, mais fut trop tôt rattrapé par la littérature.

Le type d'histoire des sciences dont les collaborateurs du présent ouvrage cherchent à définir le domaine d'enquête, les principes, les méthodes, les visées – une histoire littéraire des sciences en quelque sorte, dans la mesure où elle en prend pour objet le discours et le récit – nous avons choisi de la centrer sur la médecine. En premier lieu sans doute parce que le projet de recherche dont ce livre est l'un des d'aboutissements était consacré à Vésale, mais aussi parce que cela permettait de conférer à l'ouvrage une certaine unité. Il est vrai que le statut de la médecine est double, car il s'agit également d'un art, c'est-à-dire d'une *praxis*, et d'une science, c'est-à-dire une *theoria*, du reste partiellement découplées, comme on peut aisément l'observer à l'âge classique, lorsque l'une a rompu avec le galénisme alors que l'autre demeure attachée aux diètes, aux purges et aux saignées qui en étaient la manifestation.[12] A l'exception toutefois de l'inoculation – dont Tronchin fut l'un des hérauts – les cures nous retiendront fort peu ici, au contraire de l'empirisme saisi dans son rapport à la théorie médicale: par son rejet du système spéculatif de Galien en effet, par l'attention qu'elle porte aux résultats de l'expérience et de l'expérimentation, par sa méfiance face à l'hypothèse de vecteurs pathogènes imperceptibles, par une foule de traits enfin, la médecine participe pleinement au mouvement des sciences de son temps. C'est d'ailleurs le point de vue de d'Alembert, dans l'article 'Expérimental' que l'illustre 'géomètre' écrit pour l'*Encyclopédie*:

> Les anciens, auxquels nous nous croyons fort supérieurs dans les sciences, [...] n'ont pas négligé la physique *expérimentale*, comme nous nous l'imaginons ordinairement: ils comprirent de bonne heure que l'observation et l'expérience étaient le seul moyen de connaître la nature. Les ouvrages d'Hippocrate seul seraient suffisants pour montrer l'esprit qui conduisait alors les philosophes. Au lieu de ces systèmes, sinon meurtriers, du moins ridicules, qu'a enfantés la médecine moderne, pour les proscrire ensuite, on y trouve des faits bien vus et bien rapprochés [...]. Or je crois pouvoir juger par l'état de la médecine chez les anciens, de l'état où la physique était parmi eux, et cela pour deux raisons: la première, parce que les ouvrages d'Hippocrate sont les monuments les plus considérables qui nous restent de la physique des anciens; la seconde, parce que la médecine étant la partie la plus essentielle et la plus intéressante de la physique, on peut toujours juger avec certitude de la manière dont on cultive celle-ci, par la manière dont on traite celle-là.[13]

12. Voir Armelle Debru-Poncet, 'Galénisme', dans *La Science classique, XVIe-XVIIIe siècle: dictionnaire critique*, éd. Michel Blay et Robert Halleux (Paris, 1998), p.541.
13. D'Alembert, article 'Expérimental', dans *Encyclopédie ou Dictionnaire raisonné des sciences, des arts et des métiers, par une société de gens de lettres*, site de l'ARTFL Encyclopédie Project http://encyclopedie.uchicago.edu/. Page consultée pour la dernière fois le 10 septembre 2014.

Le dix-huitième siècle fut d'ailleurs longuement occupé du savoir sur l'homme et des sciences du vivant, dont le paradigme est clairement distinct de celui des sciences mathématiques. 'Nous touchons au moment d'une grande révolution dans les sciences. Au penchant que les esprits me paraissent avoir à la morale, aux belles-lettres, à l'histoire de la nature, et à la physique expérimentale, j'oserais presque assurer qu'avant qu'il soit cent ans, on ne comptera pas trois grands géomètres en Europe.'[14] En concordance avec la perspective humaniste, le savoir médical sur l'homme est ainsi fréquemment présenté – par le philosophe platonicien Henry More, par exemple, ou de manière plus attendue par l'anatomiste Antoine Portal, tous deux cités dans les pages qui suivent – comme jouissant d'un statut éminent. Ainsi non seulement Vésale, mais Harvey, Tronchin, Bordeu et les médecins de l'Académie royale des sciences font-ils l'objet de contributions qui étudient différents aspects du processus d''iconisation', soit sur le champ, dans le feu des débats, soit après coup, dans l'entreprise des éditeurs et des commentateurs. Descartes même, *homo multiplex*, a fait œuvre médicale avec le *Traité des passions* et le *Traité de l'homme*, comme le rappelle opportunément Josiane Boulad-Ayoub, qui en suit la postérité tout au long du dix-huitième siècle. Certes, des représentants d'autres disciplines, Newton, Buffon, Descartes encore, retiennent aussi notre attention, point dans un but d'exhaustivité toutefois, mais pour saisir le discours du progrès dans sa généralité et ne pas être captif d'une perspective 'locale'; en aucun cas, il ne s'est agi pour nous de faire le tour des savoirs et nous n'avons abordé ni les mathématiques, ni la chimie, ni même directement l'astronomie, car nous avons postulé que les stratégies discursives à l'œuvre étaient transversales. En effet, la notion de progrès a connu au cours du dix-huitième siècle un développement qui l'a conduite à prendre une signification d'ensemble, comme nous le montrerons plus loin, au début du chapitre consacré aux médecins de l'Académie des sciences, une signification qui englobe toutes les diciplines dans son avancée; or nous ne concevons pas qu'un discours lui-même général connaisse des différences essentielles selon les domaines auquel il s'applique, tout au plus des modulations relatives au poids de leur tradition.

Si efficaces soient-elles, les stratégies d'iconisation ont par ailleurs leurs limites, que certains des chapitres de l'ouvrage ont pour but d'explorer. Une icône telle que Newton, peu à peu imposée en France contre le parti cartésien par des philosophes comme Voltaire ou par des scientifiques comme Maupertuis, peut paraître hégémonique au tournant du dix-huitième siècle; Joël Castonguay-Bélanger montre pourtant l'étonnante

14. Diderot, *De l'interprétation de la nature*, 4, dans *Œuvres philosophiques*, éd. P. Vernière (Paris, 1961), p.180.

survie d'un parti anti-newtonien, minoritaire certes, mais révélateur d'une conception de la science hostile aux cénacles académiques et d'une idée du progrès qu'entraveraient des 'aveuglements collectifs'. Les forces invisibles de l'attraction sont aux yeux de ces critiques un retour aux qualités occultes de la matière – une objection semblable à celle qui avait été avancée contre la théorie de la contagion par des microbes que nul ne pouvait voir.[15] Une limite plus radicale encore touche aux causes du progrès: en effet, le scepticisme des libertins, étudiés par Frédéric Tinguely, répugnait à y voir autre chose que le fruit du hasard, voire de l'erreur féconde, comme dans le cas des découvertes de Colomb. Dans ces conditions, qu'illustrent les aléas du départ dans les *Etats et empires de la lune* de Cyrano de Bergerac, il ne saurait y avoir de 'grand récit', d'icône ni de triomphe de la modernité. Une autre limite enfin concerne les rapports de la science et de la littérature, au sens que le dix-huitième siècle allait donner à ce terme, en l'arrachant à l'érudition pour le donner à l'imagination et au style. Depuis les *Entretiens sur la pluralité des mondes* de Fontenelle, en 1686-1687, elles s'étaient associées: le charme des lettres avait eu pour effet de faire sentir le prix des sciences et d'en faire apprécier le progrès, 'de répandre de la lumière et des grâces'[16] sur les disciplines abstraites; on avait à sa suite cherché à faire bénéficier la science d'un lustre emprunté à la poésie, au portrait, aux formes de la littérature morale. Mais cette alliance ne devait avoir qu'un temps et Lavoisier entamait à la fin du siècle l'effacement de l'auteur dans le compte rendu de son expérience, purgeant ainsi la science de tout résidu littéraire, perçu désormais comme inexact.[17] Le savant ne saurait plus être désormais un homme d'imagination. Buffon a fait les frais de cette coupure.

De même que nous n'avons pas cherché à faire le tour des sciences, nous n'avons pas cherché non plus à faire le tour des 'grands hommes'; les oubliés en ce cas seraient trop nombreux: Copernic, Galilée, Pascal, Linné, Lavoisier, et d'autres. Au contraire, et bien que certaines figures majeures de l'histoire des sciences et de la médecine soient au cœur de la réflexion menée ici, plusieurs de ceux qui ont connu à leur époque une forme d'iconisation, et qui trouvent place en ces pages, passent désormais pour des acteurs de second plan. Nous ne présentons pas au public un répertoire ni même une liste, mais des études sur la fabrication des icônes du progrès et sur les enjeux de cette fabrique. Précisons enfin

15. Voir par exemple Claire Carlin (dir.), *Imagining contagion* (Basingstoke, 2005).
16. Voltaire, article Fontenelle, 'Catalogue de la plupart des écrivains français', dans *Le Siècle de Louis XIV* (Paris, 1957), p.1163. Voir à ce sujet l'introduction de notre anthologie, *L'Art d'écrire la science : anthologie de textes savants du XVIII*[e] *siècle français* (Québec et Rennes, 2005).
17. Roald Hoffmann, 'On poetry and the language of science', *Daedalus* 131:2 (2002); Wilda C. Anderson, 'The rhetoric of scientific language: an example from Lavoisier', *Modern language notes* 96 (1981), p.746-70.

que, bien que l'empan de cet ouvrage s'étende sur tout l'Ancien Régime, son centre de gravité est clairement situé au dix-huitième siècle, époque où l''idéologie' du progrès s'est peu à peu constituée. A titre personnel, j'espère vivement que seront menées ultérieurement des études plus abouties que celle-ci, dont la visée est défricheuse; d'autres que moi s'en chargeront – et de plus habiles.

Réédition et retour au progrès: les *Œuvres* d'André Vésale (Leyde, éd. Boerhaave et Albinus, 1725), acte de naissance et de renaissance de l'anatomie[1]

HÉLÈNE CAZES

Pourquoi rééditer une œuvre scientifique? Serait-ce pour sa complétude? Dans l'idée qu'elle explore et épuise tout le discours de connaissance sur un objet donné? Ou bien peut-elle donner à lire, dans l'incomplétude et la chronologie implicite d'une élaboration progressive des connaissances, la généalogie des savoirs? L'hommage de la réédition dépasserait alors le premier degré de l'information sur le monde pour tenir un récit, de second degré, sur l'histoire de cette information. Voire, cette historicité de la connaissance croiserait paradoxalement l'atemporalité du savoir sur le monde avec l'invariance de ses objets.

En 1725, le traité d'anatomie et de dissection *De Fabrica Corporis Humani Libri Septem*, donné par André Vésale en 1543, est réédité à grands frais par deux professeurs de l'Université de Leyde: Herman Boerhaave (1668-1738) et Siegfried Albinus (1697-1770), titulaires respectivement des chaires de botanique, de médecine et de chimie pour le premier et des chaires d'anatomie et chirurgie pour le second. Presque deux siècles après la première parution de l'ouvrage, les deux savants et professeurs en organisent la reproduction, confiant le soin de copier les planches gravées à l'artiste Jan Wandelaar (1690-1759) et l'impression de deux volumes des 'œuvres complètes' d'André Vésale à l'imprimeur leidenois Johan du Vivie (aidé de Hans Verbeek). Cette réédition, par deux médecins, d'un ouvrage ancien et déjà dépassé pour certains points (comme la circulation sanguine, pour ne donner qu'un exemple), est fondatrice d'un récit de progrès: entrant dans le temps historique du développement et de la progression, la science médicale se raconte et se construit. Or, paradoxalement, la temporalité nouvelle du savoir scientifique est bâtie d'abord sur le creusement d'un inachèvement. La *persona* de Vésale, passé à la postérité en son éternelle jeunesse et son

1. Ces recherches ont été effectuées grâce à une bourse de recherche du CRSH, intitulée 'Enfin Vésale vint'. Elles ont été rendues possibles et meilleures par la générosité et le bon accueil de la Bibliothèque InterUniversitaire de Santé (BIUS) à Paris (et notamment l'irremplaçable Stéphanie Charreaux), de la Bibliothèque Universitaire de Leyde (en la personne de Kasper Van Ommen) et de la Bibliothèque William Osler à Montréal.

irréductible singularité, est de fait la première rencontre des chronologies de la science et de l'histoire. Enfin, la réédition des sources de l'anatomie réconcilie linéarité du progrès et atemporalité de la connaissance.

Ainsi, l'entreprise éditoriale de Boerhaave et Albinus, en 1725, peut se lire comme une défense et illustration du progrès de la médecine, une apologie écrite, justement, comme une réparation de l'inachèvement et comme mémoire de ce même inachèvement. Herman Boerhaave et Bernhard Siegfried Albinus ont plus d'une fois lié leur pratique et enseignement de la médecine à l'édition ou réédition de textes classiques. Homme de livres et collections, Herman Boerhaave, qui dressa l'inventaire de la collection Vossius à Leyde,[2] fut le familier des collections de la bibliothèque universitaire de Leyde tandis que lui-même composait une collection privée d'histoire de la médecine.[3] Ses entreprises éditoriales, attestées tout au long de sa vie, s'inscrivent dans cette même inspiration savante auprès des 'classiques': en parallèle avec le manuel à destination des étudiants qu'il publie en 1708 (les *Institutiones*),[4] Boerhaave propose en 1709 des *Aphorismes*[5] où il revendique et conseille la lecture et l'imitation d'Hippocrate, tandis qu'il préface, avec soin, les rééditions à Leyde de Prosper Alpinus, Lorenzo Bellini, Piso, et autres auteurs.[6] Collectionneur de textes et de documents, il appelle de ses vœux la recherche et la reproduction de sources médicales. Ainsi introduit-il, en 1707, les *Opuscula Anatomica* de Bartholomeus Eustachius (1520-1574) en insistant sur son regret que les gravures, dessinées par l'anatomiste, aient été perdues. Plus tard, il saluera leur 'résurrection' après 'un sommeil de cent cinquante ans' par les soins de son jeune collègue et ami Bernhard Siegfried Albinus.[7]

2. Voir Gerrit Arie Lindeboom, *Herman Boerhaave, the man and his work* (Londres, 1968) et 'Boerhaave: author and editor', *Bulletin of the Medical Library Association* 62:2 (1974), p.137-48.
3. Les titres de cette bibliothèque sont connus par le catalogue de vente, publié l'année suivant sa mort par les libraires en charge de la liquidation: *Bibliotheca Boerhaaviana: sive Catalogus librorum instructissimae bibliothecae ... viri Hermanni Boerhaave* (Leiden, Luchtmann, 1739).
4. Herman Boerhaave, *Institutiones medicae, in usus exercitationis annuae domesticos* (Leiden, J. van der Linden, 1708).
5. Herman Boerhaave, *Aphorismi de cognoscendis et curandis morbis in usum doctrinae domesticae* (Leiden, J. van der Linden, 1709).
6. Voir Gerrit Arie Lindeboom, *Bibliographia Boerhaaviana, Analecta Boerhaaviana I.* (Leiden, 1959), n.535.
7. Boerhaave ne verra pas leur première édition annotée, immédiatement réimprimée et couronnée de succès: Bernardus Siegfriedus Albinus, *Explicatio tabularum anatomicarum Barth. Eustachii [...] Acc. tabularum editio nova* (Leiden, Apud Joannem Arnoldum Langerak et Joannem et Hermannum Verbeek, 1744). La réédition la plus répandue de cet ouvrage est de 1761.

Ensemble, les deux professeurs feront connaître Eustachius, mais aussi Harvey[8] et Vésale.[9]

Ethique de la transmission

Loin de constituer les sources comme 'autorités' qui doivent être apprises par cœur car elles délivreraient des vérités dogmatiques et éternelles, les deux professeurs de médecine à Leyde veulent donner à leurs étudiants un enseignement de la médecine qui inclue l'histoire du savoir médical. Ils ont ainsi pour ambition non pas de donner des points d'aboutissement du savoir mais des points de départ, faisant des 'précurseurs' des promesses de progrès à venir. En effet, l'antériorité des classiques leur confère une valeur scientifique unique, celle de constituer le degré le plus infime de médiation d'avec l'observation de la nature. Le récit de l'élaboration de la science se fait donc par la succession des 'découvertes', comptes-rendus au premier degré seulement de l'enseignement tiré du regard sur le monde. Les successeurs, qui répètent et reformulent, ajoutent un degré d'éloignement: ils rendent compte non pas de l'observation directe de la nature mais du compte-rendu de cette observation. Dès lors, en un nouvel humanisme non plus philologique mais médical, le retour aux sources est un retour vers la nature.

La préface du 'petit livre' d'aphorismes[10] publié par Boerhaave en 1719, à l'usage de ses étudiants, précise bien le projet du professeur et recteur, l'année-même où il fait recruter Bernhard Siegfried Albinus. Adressée à ses 'auditeurs', l'introduction présente le retour aux sources anciennes comme un retour à la 'nature': origine du savoir et origine de l'expérience se rencontrent alors dans l'antériorité du classique, qui a observé la nature en premier et tire de cette position un statut fondateur par sa précédence. Les publications modernes, inutiles si elles ne proposent pas de progrès des connaissances, sont ainsi réduites à des effets de mode. Or, éloignant les étudiants de leur objet premier, la nature, puisqu'elles sont alors non plus sources primaires mais sources secondaires, les publications contemporaines sont pernicieuses, servant plus la vanité de leurs auteurs que l'avancement de la science.

8. *Guil. Harvey; sive exercitatio anatomica de motu cordis et sanguinis in animalibus atque exercitationes II anatom. de circulatione sanguinis ad Joa. Riolanum fil.: tumque Exercitationes de generatione animalium: quibus praefat. add. Ber. Siegfr. Albinus.* Edit. noviss. (Leiden, J. van Kerckhem, 1737). Sur W. Harvey, voir ici-même la contribution de Claire Crignon, p.37.

9. *Andreae Vesalii invictissimi Caroli V. Imperatoris medici Opera omnia anatomica & chirurgica cura Hermanni Boerhaave [...] & Bernhardi Siegfried Albini [...]* (Leiden, Apud Joannem du Vivie, 1725), dorénavant *Andreae Vesalii [...] Opera omnia* (1725).

10. *Libellus de Materie Medica et remediorum Formulis, Quae serviunt Aphorismis de cognoscendis et curandis morbis* (Leiden, I. Severinum, 1719).

Boerhaave à ses auditeurs:

> En mon nom personnel, moi qui ai décidé pour obéir à mes supérieurs, de me consacrer à l'enseignement de la Médecine, j'ai cru que je devrais en tout premier lieu vous donner une exposition claire et simple de ce qui, par des faits et expériences avérés, est connu avec certitude en cet art.
>
> Et donc, avec ce projet en tête, je relisais ce qui nous est aujourd'hui parvenu de ce que nous ont laissé les Anciens. Or tandis que je choisissais les extraits où puiser pour composer ma Médecine, je découvris que partout, la Nature imprima ses traces, pour peu qu'on l'observât attentivement. Si bien que l'on ne saurait ni espérer de principe plus sûr ni choisir meilleure source.
>
> Cependant que mon esprit se portait en tous lieux, et je m'arrêtai à ces œuvres que les Arabes, durant la barbarie qui s'abattit sur l'Europe, héritèrent des Anciens, ces œuvres auxquelles ils ajoutèrent leurs propres découvertes à celles des précurseurs, et qui nous sont maintenant compréhensibles par des traductions latines.[11]

Au début de la préface ouvrant le livre, au commencement du projet pédagogique de transmission et de développement du futur, Boerhaave situe la Médecine, perçue à travers les textes. Les textes les plus anciens sont donc les meilleurs: épistémologiquement, ce sont les plus sûrs puisqu'ils constituent les premières observations directes; philologiquement, ils sont également les plus certains, puisqu'ils sont au plus proche de l'origine, le regard sur le monde. 'Clarté et simplicité', les deux qualités rhétoriques du style simple,[12] recommandé par Cicéron pour les textes didactiques, appellent ici les comparatifs 'plus certain' et 'meilleur', qui font passer du domaine de la composition à la valeur épistémologique: ce qui est 'clair' est plus 'sûr'. La médiation, dès lors, qu'elle appartienne à la transmission des générations ou à la complication des nouvelles formulations stylistiques, éloigne le lecteur de la pureté première, déjà compromise dans le passage par le texte, plus compromise encore par le passage des copies, ajouts ou malentendus.

11. Boerhaave, *Libellus* [p.i]. Auditoribus suis s. H. Boehraave/Ego, postquam animum Medicinae, ex Auctoritate Procerum Academicorum, docendae applicui, id inprimis credidi mei esse muneris, candide ut Vobis exponerem, simpliciter illa, quae, veris experimentorum successuumque eventis, firma in arte cognoscuntur/Sane, eo quidem proposito, perscrutabar relicta nobis hodie ex iis, quae sapienti industria sibi satisque spectata tradidere Veteres. Illa vero, ubi composui rebus, quas Medicinam faciendo deprehendebam, inveni observatae sollicite Naturae vestigia ubique pressa: neque adeo certius quid sperari posse, neque aliunde colligi meliora./Ferebat interim animus et illa utcunque perlustrare, quae dominante per Europam barbaria, Arabes, Priscorum nacti monumenta, Eorum inventis addiderunt, quaeque in Latinum versa sermonem nostrae intelligentiae patebant. (Sauf indication autre, les traductions du latin sont les miennes.)

12. Cicéron, *L'Orateur: du meilleur genre d'orateurs*, texte établi et trad. par Albert Yon (Paris, 1964). Voir en particulier les p.23-28 (ch.75 à 78), qui définissent le 'stylum compendiosum' par la clarté et la simplicité.

Dans l'histoire du patrimoine scientifique raconté par Boerhaave, toute transformation est déformation, car elle s'écarte de la source première.

Point d'étonnement alors, lorsque, pour conclure ces trois paragraphes inauguraux, Boerhaave condamne les Arabes, pourtant cités en exemple pour avoir sauvé les reliques des classiques lors du déferlement barbare sur l'Europe: 'Comme j'ai regretté, néanmoins, qu'avec toute son intelligence, quand bien même il eût fait servir toute sa finesse à des petites questions pratiques d'intérêt ponctuel, ce peuple ait finalement fait plus de mal que de bien à la science médicale!'[13]

Premiers récipiendaires de la tradition des classiques, les Arabes sont coupables non pas de l'avoir ignorée mais d'y avoir ajouté leurs commentaires et d'en avoir terni la pureté en y mêlant voix et générations. *A contrario*, le lecteur-modèle et transmetteur fidèle, l'auteur de la préface et du recueil, distingue soigneusement les sources de son commentaire et se garde scrupuleusement d'insérer son discours dans celui, originel, des classiques. Ainsi, pour transmettre le savoir de la médecine, ce qui est le but déclaré de Boerhaave dans sa première phrase, la méthode la plus honnête est celle d'un fidèle retour aux sources de ce savoir et, partant, aux textes transmis par la tradition.

Après les mauvais transmetteurs, la seconde cible de Boerhaave n'est autre que les ignorants pétris d'ingratitude: les modernes qui, eux aussi, nuisent à la science. Cette fois encore, c'est par désir d'inscrire leur nom au registre des auteurs (tout comme les Arabes avaient inséré leurs opinions à la suite de celles des classiques) que pèchent les mauvais savants. Or, en se plaçant (inutilement) dans la chaîne des transmissions qui sépare le lecteur de l'observation directe de la nature, l'auteur sans découverte invalide son propre discours: il l'a éloigné de sa source et en a amoindri la portée. Du coup, servant sa vanité sans comprendre qu'elle est contraire à la science, il déconsidère par avance sa production tandis qu'il compromet la pureté de ses citations.

> Seulement, ces publications de complaisance par des auteurs Modernes, que recommande sûrement leur apparence soignée et à la mode, sont-elles le fruit de la science nouvelle de la nature? Ou faut-il y voir l'effet d'un ralentissement des arts libéraux dans la marche du progrès médical? Comme il se riait d'eux, l'esprit sérieux! Cependant, voici la liberté de forger, la témérité d'oser n'importe quoi, de faire vite, de donner dans l'excès, de sombrer dans l'ambition! Voilà! On méprise les Auteurs Anciens, on les néglige, ou on les ignore, et la science de la médecine, elle-même, semble souffrir plus que prospérer de tous ces soins. Car tandis que nos modernes saluent bien bas ceux qui ont su rassembler d'abondance toute la matière d'où la science devrait sortir grandie, nous, personnellement, nous

13. Boerhaave, *Libellus* [p.i]: Sed dolui, Gentem solertissimam, licet subnixa esset tam utilibus adminiculis ejus subtilitas, parum boni, mali plurimum, Medicae attulisse disciplinae!

déplorons le destin que rencontra notre trésor patrimonial: ce fut un tumultueux pillage plutôt qu'un sauvetage.[14]

Du coup, c'est une épistémologie de la mémoire textuelle médicale que professe Boerhaave lorsque, dans la conclusion de sa préface, il définit son projet non comme celui d'un auteur mais comme celui d'un 'vulgarisateur'. Le choix du terme 'evulgare', rendre compréhensible en langue vernaculaire mais aussi auprès d'un large public justifie alors, par la motivation pédagogique de l'explication et de la diffusion du savoir, la reprise éditoriale ou anthologique des *Aphorismes*. Plutôt que de se prétendre 'auteur', le médecin est fier de se dire 'légataire': il suit glorieusement les traces de ses légateurs, sans en troubler la pristine pureté. La désignation de l'œuvre comme 'petit livre' (*libellus*) redouble cette humilité épistémologique: par sa discrétion, le compilateur assure l'efficacité scientifique de l'anthologie, qui sert à 'connaître et soigner les maladies', dans le monde de l'expérience et de l'observation, et non à accroître le renom de l'auteur second. C'est sous le signe de l'obéissance, donc, et non de l'affirmation de soi, que Boerhaave produit son 'petit livre' de grands textes fondateurs.

> D'où ce petit livre que tu vois, dont j'ai osé alourdir le corpus médical, pour connaître et soigner les maladies. Et certes, chaque fois j'eus honte, lorsque je commençais de penser à ses défauts, qui ne me sont que trop connus, de tisser les œuvres des Anciens... Oui, je ne voudrais bien sûr commettre le faux pas de réclamer comme mien le titre de bon Auteur: loin de moi cette ambition! Mais rien n'aurait pu non plus me détourner de cette audacieuse publication des Aphorismes, car alors je n'aurais rien donné de moi, quand j'ai déjà tant reçu de l'autorité publique et quand je lui dois faire hommage.[15]

14. Boerhaave, *Libellus* [p.ii]: Neque perfunctorie deinde excussi Recentiorum placita, pulcherrima profecto commendata specie, siue Physices exultae fructus, sive spectaveris artium liberalium Medicinae promovendae adhibitarum effectus. Gaudebat utique his intentus animus! interea tamen, licentia fingendi, assumendi audacis, festina nimis, et ambitiosa ad consummandam Medicam properatione, Primorum vero Auctorum contemptu, neglectu, vel ignoratione, ipsa quidem scientia Medica damni plus, quam emolumenti, omni hoc molimine accepisse videtur: materiem certe, unde instrui felicius queat illa, liberalissime aggestam a nostris ut gratamur arti, ita deploramus ejus fata, quod tumultuaria opum collectione obruta verius, quam adjuta, fiet.
15. Boerhaave, *Libellus* [p.iii]: His demum causis natum vidistis Libellum, quo ausus sum scripta aggravare Medica, *de cognoscendis et curandis Morbis*. Cujus profecto toties me puduit, quoties defectus ejus mihi nimis notos ipsi putare aggredior, Veterumve componere operibus. Hoc scilicet me metiens pede impar deprehendor, qui legitime Auctoris boni titulum ambire sustineam. Neque tamen abesse poteram ab audacia evulgandi hosce *Aphorismos*, nihil deesse voluissem muneri, quod mihi dederat publica Auctoritas, cui obsequia debeo.

Réparer des siècles l'irréparable outrage

La motivation première des rééditions 'modernes' des deux professeurs de médecine est donc le service de la science: enseignement et transmission des sources sont les moyens de faire connaître, via le livre et sa parole, la nature elle-même. Dans cette optique, la discrétion des éditeurs et passeurs de textes originels garantit la pureté de leur médiation, idéalement indiscernable. Du coup, l'auteur premier des textes scientifiques est placé au centre du dispositif éditorial. Voire, c'est sous son nom et en son nom que prend place la publication.

Au-delà, donc, de la légitime attribution d'une connaissance à son inventeur, l'appareil des rééditions scientifiques affirme la nécessaire humilité des légataires, anonymes lecteurs et furtifs éditeurs: dans ce relatif silence de la réception comme de la médiation, seule résonne la voix première de l'auteur fait classique. C'est ainsi que la réédition des œuvres de Vésale, désigné comme 'inventeur de la médecine moderne' imite le fac-similé: en séparant le chef d'œuvre du *De Fabrica* des autres traités et lettres, en lui accordant l'intégralité du corps de texte formant le premier volume, en reproduisant le célèbre frontispice de Van Calcar, gravure en pleine page après les pièces liminaires, les deux médecins leidenois cèdent la scène à l'anatomiste bruxellois.

Boerhaave et Albinus semblent sur ce point auctorial d'un parfait accord. Lorsque Siegfried Albinus, devenu en 1744 un professeur respecté d'anatomie et un théoricien de l'image scientifique, s'adresse aux lecteurs de son commentaire des planches d'Eustachius, il cite comme motif pour son entreprise éditoriale la rareté des figures et textes originaux, rendus à leur lectorat par l'édition, sans ajout ni modification mais 'interprétés' du fait de la difficulté de trouver des exemplaires de ses traités ou des traités contemporains. Il souhaite avoir donné à ses lecteurs l'inspiration de lire les ouvrages originaux et d'en assurer la circulation: 'Puissent-ils maintenant vouer leurs efforts et veilles à toutes les autres œuvres et suivre le noble désir qu'aura fait naître la publication de ces quelques pages!'[16]

Voire, c'est dans la réédition des œuvres de William Harvey, en 1737, que le jeune collègue de Boerhaave exprime le plus explicitement son désir d'effacement derrière l'auteur édité. Affirmant sa radicale différence d'avec les auteurs qui vont quérir des textes auprès des bibliothécaires puis se proposent d'en donner de lucratives rééditions, Albinus ne sert que l'auteur, sans ajouter de commentaire ni se faire gloire:

16. *Bernardi Siegfried Albini explicatio* (1744), p.24-25: Sed utinam studium suum operamque, ut in aliqua, sic in reliqua omnia contulissent, atque explevissent desiderium, quod editis speciminibus commoverunt!

> Les voici donc qui vont chercher ses œuvres en bibliothèque. Et en voici un qui, par appât du gain, a l'idée d'en préparer une nouvelle édition. Et il vient me demander de faire une préface à la louange du grand Auteur! Seulement, moi: 'Le nom d'Harvey n'a besoin d'aucune recommandation. Rien ne saurait le grandir!' Alors, lui: 'Nos étudiants verront et reconnaîtront les meilleurs Auteurs lorsqu'ils liront que leurs maîtres les recommandent et les louent.'[17]

Pour Boerhaave et Albinus, la recommandation des maîtres ne saurait valoir argument: la nature de l'autorité est obscure, qui repose sur la vanité et le conformisme. C'est dans la lecture, sans médiation, du compte-rendu premier d'une expérience du monde (ici, de la démonstration de la circulation sanguine) que se forme le jugement et se fonde la connaissance.

Vésale tel qu'en lui-même?

Dans le trope répété de la discrétion éditoriale, c'est le devoir de transmission muette qui, ultimement, justifie l'entreprise de publication. A ce titre, la réédition des œuvres de Vésale est exemplaire. Elle est en effet présentée, poétiquement et symboliquement, comme une 'restitution': selon l'usage du terme attesté par les humanistes du mouvement philologique de Valla ou Erasme, la 'restitution' consiste en un rétablissement d'un texte soit perdu soit fautif du fait de sa transmission. Ici, dans le cas vésalien, c'est la rareté des exemplaires qui fournit la première cause de sa réédition, afin que le texte 'soit entre toutes les mains' comme en son propre temps.[18] Le passage des générations demande ainsi un retour, de neuf, au texte tel qu'en sa jeunesse. Mais pour l'œuvre de Vésale, la quête de l'état original se double d'une réinvention de l'œuvre détruite. Incomplète du fait de la destruction du traité sur la *Médecine universelle* par son auteur[19] et de la perte de ses manuscrits lors de son dernier voyage, en 1564, l'œuvre vésalienne est 'restituée' à son public par les deux professeurs, qui proposent en un

17. *Guil. Harve; sive exercitatio* (1737), p.**3: His autem identidem quaerentibus eum apud Bibliopolas nostros, spe lucri adductus est aliquis eorum, ad nouam parandam editionem; cui ut laudationem Auctoris praefigerem rogauit. Ego autem, nulla indigere, majus esse Harvei, quam quodcunque acceddere possit nomen. Ille contra, optimos Scriptores tum demum a discentibus cognosci, atque expeti, ubi videant eos a magistris suis indicari, laudari.

18. *Bernardi Siegfried Albini explicatio* (1744), p.24: quum Vesalii libri omium maxime tererentur.

19. Voir Andreas Vesalius, *Epistola, rationem modumque propinandi radicis Chynae decocti [...] pertractans [...]* (Basileae, ex officina Joannis Oporini, 1546), p.55. Cet épisode est aussi évoqué par Charles D. O'Malley, *Andreas Vesalius of Brussels, 1514–1564* (Berkeley, CA, 1964), p.191 et Charles D. O'Malley et John B. de Cusance Morant Saunders, 'Vesalius as a clinician', *Bulletin of the history of medicine* 14:5 (1943), p.595-608.

second volume, en compagnie des traités les plus courts, le traité posthume de la *Grande chirurgie*[20] publié à Venise en 1568.

Le traité 'recomposé' de 1568 n'est pas la seule reconstruction, à partir de témoignages indirects, de sources secondes et autres documents, de la réédition leidenoise: travaillant dans l'incomplétude du corpus auctorial vésalien, Boerhaave et Albinus proposent de fait, sous le nom de réédition, un achèvement de l'œuvre fondatrice de l'anatomie. En effet, le soin extrême accordé à la publication *in folio*, bicolore, sur papier épais, avec dessin et gravure des illustrations, répare poétiquement et symboliquement la perte relative des œuvres de l'anatomiste. Voire, la longue préface des éditeurs au premier volume des 'Œuvres complètes' de Vésale en 1725, culmine en une lamentation sur les traités perdus et l'irréparable outrage commis contre la postérité comme contre la science par les calomnies que répandirent les ennemis de Vésale, jusqu'aux oreilles de l'auteur.

Ainsi, les deux motifs de la destruction rageuse de l'œuvre par son auteur et de la perte des manuscrits lors du dernier voyage se répondent comme ultime justification de la réédition: juste après la péroraison pathétique de la préface, le volume propose la *Tabula Gratulatoria* des souscripteurs de la réédition ainsi que le titre puis la table des matières du *De Fabrica*. Dans la rhétorique de la mise en livres, les volumes de 1725 semblent alors s'inscrire dans le silence des œuvres perdues et 'restituer' leur intégrité. C'est donc l'incomplétude qui ouvre l'espace de la réédition et, de fait, ouvre la narration du progrès: d'une temporalité sans clôture, dirigée vers le futur.

Premier épisode: l'accès de colère.

> Lorsque Vésale prit connaissance [de ces calomnies], il fut si grandement bouleversé que, rappelé à la Cour et sur le point de quitter l'Italie, déjà prêt pour son voyage, pris de colère, il brûla en une heure l'immense volume où de longtemps il accumulait lors de ses rudes labeurs ses observations anatomiques sur les livres de Galien. Il brûla un livre entier et achevé sur les recettes de médicaments. Il brûla son exemplaire des œuvres de Galien, le livre où, pendant ses dissections, il notait ce qu'il trouvait de différent ou d'importance particulière. Il brûla la Paraphrase qu'il avait commencé de collationner en comparant les Arabes et Galien ainsi que tous les autres Grecs, sur les parties de son art dont Rhazes traitait en livres distincts. Il brûla mille points utiles à la science médicale qu'il avait rassemblés. Plus tard, il regretta maintes fois ce mauvais conseil [de la colère], se rappelant à chaque fois ces recherches qu'il avait accomplies avec plaisir et ces belles avancées parcourues.[21]

20. [Andreas Vesalius], *Chirurgia magna in septem libros digesta* (Venetiis, apud Franciscum Franciscium Senensem & Ioannem Criegher Germanum, 1568).

21. *Andreae Vesalii [...] Opera omnia* (1725), p[*****1v°]: Id ubi Vesalio innotuit, adeo Viro

Au récit de la destruction de l'œuvre par son créateur, succède la première exclamation lyrique des savants préfaciers. En un discours direct que le lecteur hésite d'abord à attribuer au personnage vésalien, la préface se développe en une lamentation sur la perte des œuvres.

> Ah! Quelle perte! Quel soin, quelle science il mit dans la reconnaissance et l'examen des racines! quelle sobre perspicacité dans l'énoncé de leurs vertus médicinales! Tu le vois bien dans le livre sur la racine de Chine, quand il traite, avec une admirable organisation des sujets, des usages de la salsepareille, de la tourmentille, de la véronique petit-chêne, du rhaponticum, de la térébenthine et en particulier de ces usages pour la chirurgie! Par la suite, même s'il y songea, la vie de cour qu'il dut mener l'empêcha de reprendre ces travaux. [...] Voilà donc ce qu'il en écrivit lui-même le 13 juin 1546 à Ratisbonne.[22]

Dans les deux listes détaillant la perte des œuvres et des sujets traités, la préface utilise un procédé pathétique et fait naître le regret tant chez le personnage que chez le lecteur du récit. Or ce passage inclut avec l'exclamation le temps du lecteur dans le temps de l'histoire: voici que le commentateur entre dans son récit et voici que le lecteur trouve, dans l'expression de ce méta-regret, l'expression de son propre regret. Dès lors, sur la page imprimée du texte liminaire, commence de se nouer la rencontre des temps.

Un second et dernier épisode répète cette perte originelle du texte vésalien: en un motif narratif qui double celui de la mort du héros, la préface se clôt sur la disparition de l'œuvre que la postérité aurait pu hériter: après le récit de la mort solitaire sur l'île de Zantos, la préface donne un catalogue des œuvres de Vésale, interrompu par une mort précoce, et dont les dernières lignes rappellent le regret précédent sur la destruction des livres : ‘Il termina sa *Chirurgie* après 1561, comme on peut le déduire de plusieurs passages. Ah! Si seulement nous était parvenues

optimo commovit animum, ut vocatus jam in aulam, Italiam relicturus, & itineri jam accinctus, iratus una combusserit hora, quae acerrimis nata laboribus digesserat in volumen ingens observata in Galeni libros anatomica; tum & integrum de formulis medicamentorum librum; utilia multa congesta de matera medica; Librorum Galeni exemplar, in quo dum secabat, solitus erat adscribere, si quid occurebat novi, aut singularis momenti; tum & Paraphrasin, qua Arabum cum Galeno, caeterisque Graecis, in iis Artis partibus, quas Rhazes singulis libris tractabat, collationes instituerat. Calidi sero poenituit consilii, quoties postea laboris recordaretur quondam jucundi, pulchrorumque usu profectuum.

22. *Andreae Vesalii [...] Opera omnia* (1725), p[*****1v°-2]: Heu jacturam! Qua fuerat cura, qua scientia, ad dignoscendas, & examinandas, stirpes, quo animo, quam acri severitate ad eruendas harum medicatas virtutes, videas in libro de radice Chinae, ubi de Sarsaparilla, Tormentilla, Chamaedry, Rhapontico vero, Terebinthina, atque in Chirurgia inprimis, ubi plurima miro ordine ex vero pertractat. Cogitanti postea perdita haec per novos labores repetere aulica obstitit vita. [...] Et licet hanc scripserit Ratisbonae Id. Jun. 1546.

avec ces œuvres l'intégralité de celles qu'il brûla et dont nous avons parlé plus haut!'[23]

De l'exclamation de regret formant la dernière ligne du catalogue des œuvres, naît, ici encore, une seconde énumération, dédiée aux matières médicales abordées par l'anatomiste. Enfin, le paragraphe se clôt sur une dernière lamentation quant à la perte des œuvres: 'Que ne nous fut donné de profiter des expériences de ce grand homme, qu'il entreprit pour servir la Médecine! Le destin nous a privés des fruits de ces recherches qu'il avait initiées en 1535 et menées jusque 1564. Comme ce trésor nous eût été précieux! Quel regret! Ces quelques pages nous disent l'étendue de la perte!'[24]

La mort est ainsi répétée par la perte, sur la page même où s'affirment postérité et longévité de l'œuvre. Car la réédition, inscrite dans le 'désir' de Vésale tient les promesses de l'éternité: pas de perte mais des reconstructions et restitutions. Et, tout comme la louange biographique remplace les calomnies de Sylvius et des contemporains de Vésale, l'abondance de textes remplace la destruction par le feu. En 1719, Boerhaave faisait de fragments aphoristiques un 'petit livre' continu et achevé. En 1725, la réédition fait de l'œuvre partiellement perdue de Vésale un corpus. Mieux, la réédition lui redonne vie et semble alors nier la victoire de la mort sur laquelle se clôt la longue préface biographique.

La 'restitution' éditoriale

Le premier volume, en effet, se présente comme un fac-similé du *De Fabrica* dans sa réédition de 1555, à la différence des planches gravées de neuf et d'un appareil critique et typographique selon le goût et la technique des éditions scientifiques du dix-huitième siècle: table des matières et 'aperçu' des sept livres juste après les pièces liminaires, résumé en tête de chaque chapitre, séparation des gravures (désormais sur cuivre et non plus sur bois) des pages de texte. Surtout, les nomenclatures et index sont révisés: à la suite des légendes vésaliennes et guides de lectures suivant ses planches anatomiques, que la réédition cite intégralement et sans changement, en italiques comme dans l'original de 1555, les éditeurs de 1725 mentionnent, en caractères romains, le nom moderne de la partie du corps décrite par Vésale. Systématique, le

23. *Andreae Vesalii [...] Opera omnia* (1725), p.[******2]: Chirurgiam absolvit post annum 1561: ut ex multis locis patet./Utinam intacta pervenissent cum his, quae combussit, supra memorata!

24. *Andreae Vesalii [...] Opera omnia* (1725), p.[******2-v°]: O si daretur frui his experimentis Viri, quae cepit ad utilitatem medicam! fata inviderunt nobis fructum laboris, quem anno jam 1535 inchoaverat produxerat vero ad 1564 usque. Quam pretiosus hic fuisset thesaurus, cujus jacturam fecimus, hinc dolentibus constat.

procédé établit alors un 'lexique' vésalien, en concordance avec la terminologie contemporaine de la réédition.

L'appareil critique est ainsi discret (car anonyme) mais distinct (par les caractères): il sert l'auteur premier, à qui il redonne intelligibilité et utilité pratique, sans servir la gloire des savants et dévoués annotateurs.

Enfin, les planches sont dessinées et gravées de frais par Jan Wandelaar: perdus dans le tumulte des temps,[25] les bois des illustrations pleine page de Stephen van Calcar semblaient avoir disparu après la seconde édition du *De Fabrica* en 1555. Boerhaave et Albinus – ce dernier initiant ainsi une longue collaboration avec l'artiste graveur – font créer des plaques de cuivre pour suppléer au défaut de l'original. Le passage d'une technique à l'autre modifie, nécessairement, la mise en page: il est difficile, voire impossible, de mêler sur chaque page blocs de lettres et bois gravés pour intégrer texte et images. Aussi, les illustrations éparses chez Vésale (comme les séries de crânes dans le livre des os)[26] (voir fig.1, p.21) sont réunies en une seule page chez Boerhaave et Albinus:[27] occupant tout l'espace de la page, les cinq crânes qui ouvraient le chapitre original en un étonnant dialogue macabre d'images osseuses disposé en haut de la page sont devenus des motifs, détachés les uns des autres et détachés du texte. Pareillement, les lettrines, elles aussi gravées sur bois, disparaissent au profit de lettres ornées gravées sur cuivre (voir fig.2, p.22).

La séparation marquée de la gravure et du texte, en un volume composé selon une technique différente, n'est absolument pas commentée, ni par les éditeurs, ni par leur imprimeur. Au contraire, la réédition se présente come la fiction d'un fac-similé, d'une reproduction exactement à l'identique: les éditeurs ne signent que sur la page de titre, celle des intermédiaires éditoriaux, non comme auteurs – quand ils rédigent, de fait, une longue et essentielle préface – le nouveau graveur ne signe pas ses copies sur cuivre des bois originaux; enfin, le nouvel imprimeur ne revendique pas son ouvrage. Au second volume, en effet, ouvrant la reproduction de L'*Epitomé* du *De Fabrica*, l'avis au lecteur d'Oporinus (en 1543) est repris sans explicitation du nom de l'auteur, comme guide de lecture. Voire, l'imprimeur y comparait son œuvre avec celle de l'anatomiste: il 'disséquait' l'abrégé vésalien et le reproduisait, multipliant les gravures pour mieux indexer les parties du corps. Les nouveaux imprimeurs, Johann du Vivie et Hans Verbeek, implicitement, reprennent cette déclaration sans la changer, quand le changement de technique pouvait ici être facilement explicité à l'occasion de la

25. Ils seront retrouvés en Allemagne à la fin du XVIIIe siècle et utilisés pour une réédition par l'imprimeur Leveling à Ingolstadt en 1780 et 1783.

26. Voir notamment, Andreas Vesalius, *De Fabrica Corporis Humani Libri Septem* (Bâle, Oporinus, 1543), p.18.

27. *Andreae Vesalii [...] Opera omnia* (1725), p.14.

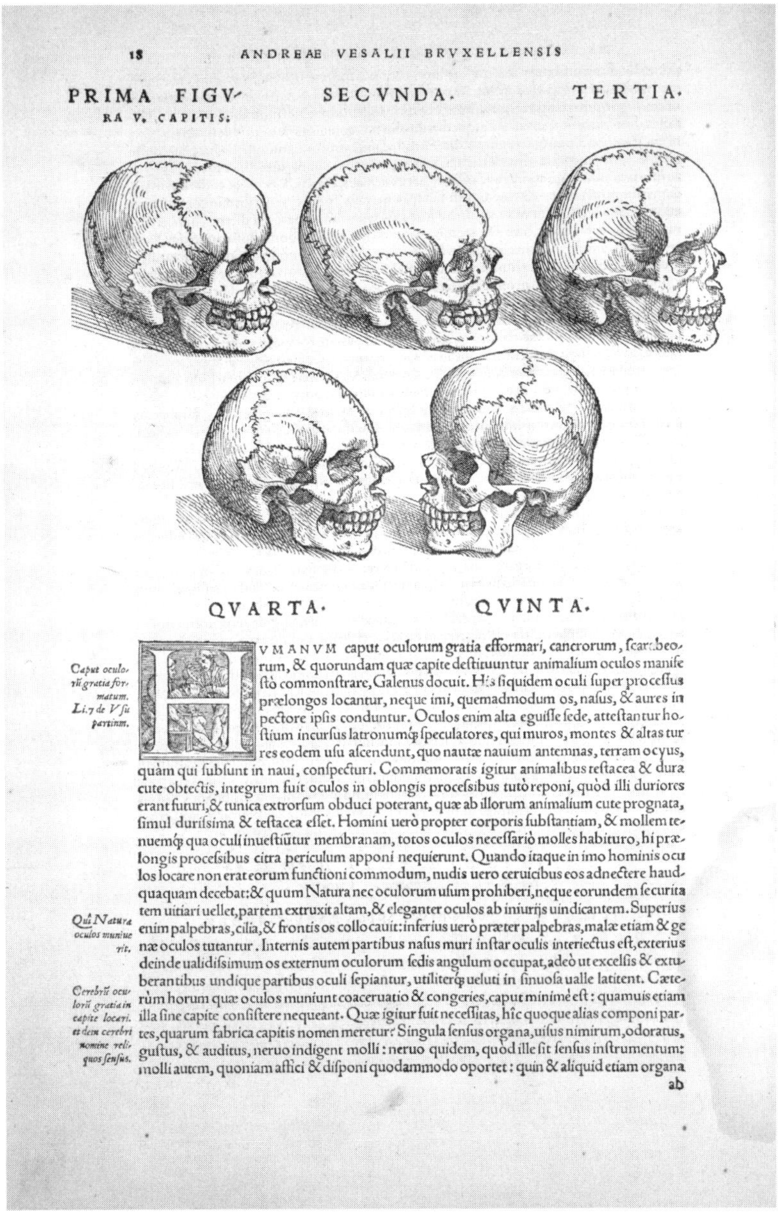
18 ANDREAE VESALII BRVXELLENSIS

PRIMA FIGV-RA V. CAPITIS. SECVNDA. TERTIA.

QVARTA. QVINTA.

Caput oculorũ gratia formatum. Li.7 de Vsu partium.

HVMANVM caput oculorum gratia efformari, cancrorum, scarabeo-
rum, & quorundam quæ capite destituuntur animalium oculos manife
stò commonstrare, Galenus docuit. His siquidem oculi super processus
prælongos locantur, neque imi, quemadmodum os, nasus, & aures in
pectore ipsis conduntur. Oculos enim alta eguisse sede, attestantur ho-
stium incursus latronumq; speculatores, qui muros, montes & altas tur
res eodem usu ascendunt, quo nautæ nauium antemnas, terram ocyus,
quàm qui subsunt in naui, conspecturi. Commemoratis igitur animalibus testacea & dura
cute obtectis, integrum fuit oculos in oblongis processibus tutò reponi, quòd illi duriores
erant futuri, & tunica extrorsum obduci poterant, quæ ab illorum animalium cute prognata,
simul durissima & testacea esset. Homini uerò propter corporis substantiam, & mollem te-
nuemq; qua oculi inuestiũtur membranam, totos oculos necessariò molles habituro, hi præ-
longis processibus citra periculum apponi nequierunt. Quando itaque in imo hominis ocu
los locare non erat eorum functioni commodum, nudis uero ceruicibus eos adnectere haud-
quaquam decebat: & quum Natura nec oculorum usum prohiberi, neque eorundem securita
tem uitiari uellet, partem extruxit altam, & eleganter oculos ab iniurijs uindicantem. Superius
enim palpebras, cilia, & frontis os collocauit: inferius uerò præter palpebras, malæ etiam & ge
næ oculos tutantur. Internis autem partibus nasus muri instar oculis interiectus est, exterius
deinde ualidissimum os externum oculorum sedis angulum occupat, adeò ut excelsis & extu-
berantibus undique partibus oculi sepiantur, utiliterq; ueluti in sinuosa ualle latitent. Cæte-
rùm horum quæ oculos muniunt coaceruatio & congeries, caput minimè est: quamuis etiam
illa sine capite consistere nequeant. Quæ igitur fuit necessitas, hîc quoque alias componi par-
tes, quarum fabrica capitis nomen meretur? Singula sensus organa, uisus nimirum, odoratus,
gustus, & auditus, neruo indigent molli: neruo quidem, quòd ille sit sensus instrumentum:
molli autem, quoniam affici & disponi quodammodo oportet: quin & aliquid etiam organa
ab

Quã Natura oculos muniuerit.

Cerebrũ oculorũ gratia in capite locari. et dein cerebri nomine reliquos sensus.

Figure 1: Andreas Vesalius, *De humani corporis fabrica libri septem* (Basilæ, ex officina Ioannis Oporini, 1543), p.18. Divers crânes en haut de page: la gravure sur bois permet de faire dialoguer sur la même page texte et images.Source: SR 57 / 47294, Centre d'études supérieures de la Renaissance, Tours-Bibliothèques Virtuelles Humanistes http://www.bvh.univ-tours.fr/Consult/index.asp?numfiche=56

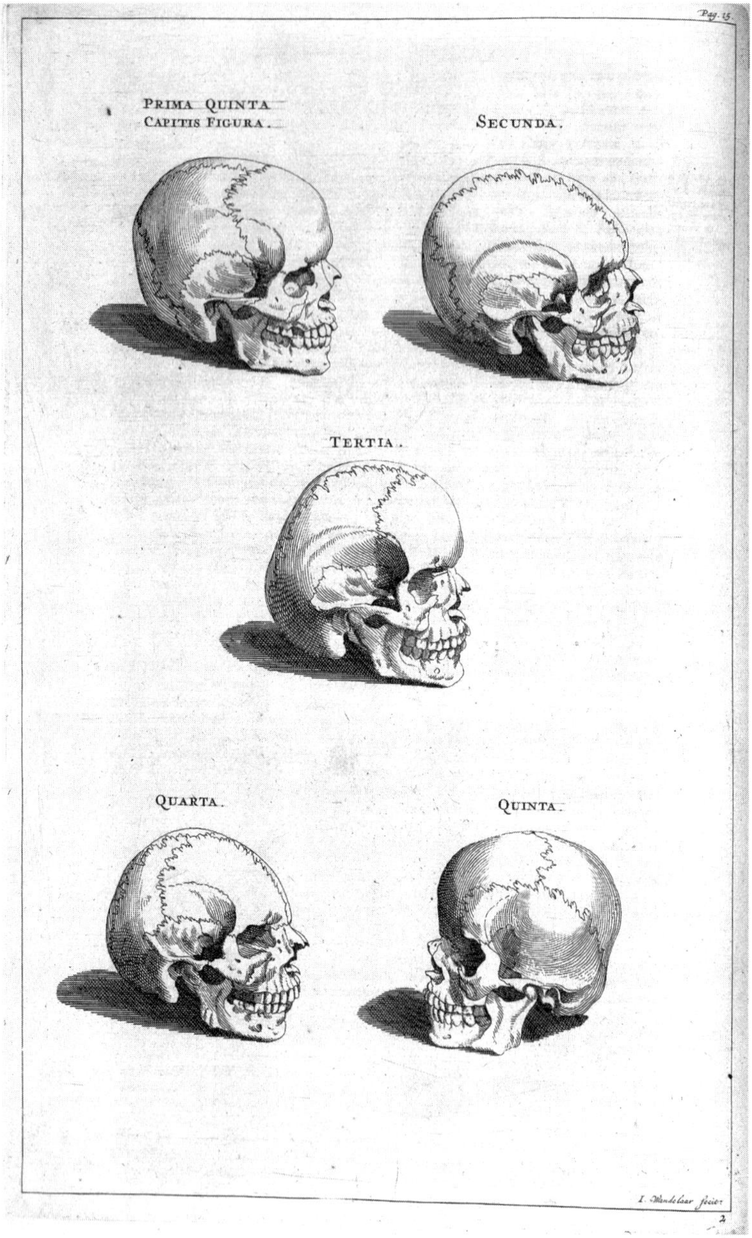

Figure 2: Andreas Vesalii, *Invictissimi Caroli V. Imperatoris medici Opera omnia anatomica & chirurgica cura Hermanni Boerhaave [...] & Bernhardi Siegfried Albini* [...] (Leiden, Apud Joannem du Vivie, 1725), t.1, p.14. Figures du cinquième chapitre du premier livre, réunies en une page sans texte. Image gracieusement fournie par la Bibliothèque Interuniversitaire de Santé. Ce document est accessible en ligne dans Medic@ (http://www.biusante.parisdescartes.fr/histmed/medica/page?302Ex01&p=60) © BIU Santé Paris

métaphore reconnaissant dans l'activité de l'imprimeur un art proche de celui du dissecteur. 'Avis au Lecteur: "La façon dont nous te donnons cet épitomé de la *Fabrique du corps humain* est de l'avoir disséqué en deux parties: la première, on ne peut plus concise, comprend la description de toutes les parties; la seconde te propose la même description en plus de tableaux et avec des lettres d'appel qui font référence à l'index".'[28]

L'effet de cette discrétion partagée des acteurs de la réédition est d'effacer la mesure possible de la distance entre original et reproduction. Au contraire, les *Œuvres complètes* se présentent comme un monument cohérent, sans démarquage de la réédition hors des pièces liminaires: la fiction d'une renaissance de l'original.

Or le passage du regret à la lecture, rendu possible par l'entreprise même de la réédition, introduit nécessairement un second degré: emblématiquement, après la sobre et moderne page de titre signant la réédition, une seconde page de titre, en page 2, copie le frontispice de l'édition de 1543. Ici, le cartouche du bas de l'illustration porte 1725 comme date, et non 1543. Cette substitution subreptice des dates traduit une rencontre des temporalités, où inscrire tant une successivité du progrès qu'une atemporalité de la connaissance (voir fig.3, p.24).

Dans la mention des œuvres perdues et leur restitution symbolique par le livre nouveau, le lecteur dépassait la linéarité de la chronologie pour accéder, sur invitation des éditeurs, à l'espace hors de la suite événementielle: celui de l'œuvre originale idéalement reconstruite et reproduite, maintenue néanmoins dans son antériorité par le second degré de la reprise. De fait, la rencontre des temporalités se situe au cœur de l'entreprise de réédition des œuvres de Vésale et en fait un chapitre, primordial, de l'histoire du progrès. Au sens propre, c'est une 'institution': un commencement, un principe, un enseignement, et tel est bien le titre choisi par Boerhaave en 1718 pour son manuel de médecine qui 'met en place' et 'initie' tout à la fois. Ce qui est en jeu, alors, n'est pas seulement la connaissance d'un précurseur mais l'établissement de la modernité dans le passé et la réception, renouvelée, d'un indépassable progrès.

L'institution vésalienne

La longue préface, sans autre signature qu'un laconique 'Editores' en tête de texte, tisse les temporalités dès les premiers mots, redoublant dans le discours l'entreprise de juxtaposition des périodes de la réédition: tout

28. *Andreae Vesalii [...] Opera omnia* (1725), t.2, p.[ggGG3]: Lectori /Quod modo damus librorum de Humani Corporis Fabrica Compendium, in duas partes dissectum est, quarum una sex capitibus complexa, succinctissimam omnium partium historiam complectitur: altera in pluribus tabulis earundem delineationem simul cum characterum, quibus insigniuntur indice proponitur.

Figure 3: Andreas Vesalii, *Invictissimi Caroli V. Imperatoris medici Opera omnia anatomica & chirurgica cura Hermanni Boerhaave [...] & Bernhardi Siegfried Albini* [...] (Leiden, Apud Joannem du Vivie, 1725), t.1, p.[002]. Le 'faux-titre', reproduisant sur cuivre le frontispice gravé sur bois de 1543: la date en est changée pour 1725. Image gracieusement fournie par la Bibliothèque Interuniversitaire de Santé. Ce document est accessible en ligne dans Medic@ (http://www.biusante.parisdescartes.fr/histmed/medica/page?302Ex01&p=2) © BIU Santé Paris

comme la reprise en 1725 de textes parus entre 1538 et 1564 établissait, par le fac-similé, un retour à l'origine, voire une restauration de l'original perdu, la préface de Boerhaave et Albinus situe les deux volumes non dans le simple maintenant de 1725 mais dans la continuité d'une histoire de la médecine dont, justement, le livre présent écrit un chapitre.

D'emblée, c'est entre le présent d'éternité et le parfait événementiel que se placent les éditeurs, qui passent de la définition de la médecine à l'histoire de la médecine depuis les temps reculés, histoire connue seulement par des fragments et témoignages indirects:

> Rien n'assure plus heureusement le progrès de la Médecine (qui se consacre à la santé du corps humain) que d'établir avec certitude la connaissance parfaite des parties dont ce corps est constitué. Aussi, l'Anatomie est reconnue comme la première partie de toute cette discipline. Les excellents conseilleurs que furent les médecins égyptiens ne manquèrent pas d'en recommander partout l'étude la plus aiguisée et leur conseil fut repris par leurs successeurs grecs, que l'on peut légitimement appeler leurs disciples. En effet, cet art était tenu en si grande estime chez les Anciens que, selon le témoignage des textes, les Rois eux-mêmes de ces nations si sages, soucieux déjà d'être soignés, pratiquaient la dissection dans le but de connaître les causes des maladies. Et, selon Eusèbe, Manethon consigne que le plus perçant de ces esprits fut Athostes, qui exerça la médecine et écrivit des livres d'Anatomie. Rien d'étonnant à ce qu'Hippocrate – que personne ne surpassa dans la maîtrise méthodique de la science de guérir – ne mît en avant, partout, de remarquables exemples de la science de ce médecin.[29]

La médecine, définie comme connaissance des parties du corps d'entrée de préface, ne dépend pas des temps et se situe dans le présent sans changement de la nature du corps. Elle se divise néanmoins en parties, à l'image du corps qu'elle décrit: elle est accessible par étapes et par perspectives. Or, dans cette révélation progressive du savoir médical, l'anatomie est première, hors de la succession des temps: 'institution' de la médecine, elle tient une antériorité épistémologique du fait de son objet et de sa méthode, l'observation des parties du corps. C'est donc par l'anatomie que commence la médecine et, partant, par l'enseignement de l'anatomie que commence l'enseignement de la médecine.

29. *Andreae Vesalii [...] Opera omnia* (1725), p.[*2]: Medicinam, quae corporis humani valetudinem curat, nulla quidem re felicius promoveri, quam perfecta partium, quae illud constituunt, cognitione, certissimum habetur. Quare & prima totius disciplinae hujus pars censetur Anatome. Hanc utique acerrimo excolendam studio, optimi olim consultores, Aegyptiorum medici commendabant, atque consilii habuerunt Graecos sequaces, quos & discipulos illorum jure summo dixeris. Apud priores tanta sane fuit artis aestimatio, ut ipsi gentis sapientissimaee Reges, namque cura fuit & his mederi, legantur cadavera incidisse: ut morborum causas cognoscerent. Atque acutissimi inter illos ingenii Manetho apud Eusebium commemorat, exercuisse Medica Athostin, librosque conscripsisse Anatomicos. Quis ergo miretur, Hippocratem, quo alius nemo subducta magis ratione ad medendi disciplinam fuit, scientiae hujus exempla dare ubique loci maxime insignia?

A ce point, la préface entre dans les imparfaits et parfaits de l'histoire: quels sont les premiers anatomistes et quels furent leurs enseignements? La succession des noms suit une chronologie générale de la civilisation occidentale, d'Egypte jusqu'en Grèce, mais surtout, elle établit une transmission: le savoir passe de maître à disciples, puis d'expérience à livre. Dès lors, la préface établit des 'institutions' au sens propre: elle détaille la généalogie de l'anatomie depuis sa naissance (chez les Egyptiens) jusque sa Renaissance (avec Vésale) et sa reprise (par le livre ouvert sous les yeux du lecteur, la réédition de 1725).

Les noms propres d'anatomistes sont autant de titres de chapitres écrivant l'histoire de l'anatomie par sa transmission, dont la première grande partie est 'L'Antiquité'

> Car il ne fait aucun doute qu'il [Hippocrate] se reconnut pour maîtres les Egyptiens et qu'il écrivit sous leur dictée, la science de ceux-là devenant l'ascendance de celui-ci. Que l'on parcoure attentivement chez lui ce qui touche à la chirurgie, ou que l'on étudie ses œuvres, on y verra clairement paraître d'éclatantes preuves de son extrême maîtrise [en cette partie de la médecine]. Mais, pour ne pas nous étendre sans fin sur ce récit, la seule description de la pleurésie, dans ses différents stades démontre assez le soin qu'il accorda à la découpe des corps pour l'examen des maladies. Par la suite, dans l'école Alexandrine, quelle fut l'assidue pratique de l'anatomie? On rappelle seulement le nom d'Hérophile, qui de sa main découpa trois cents cadavres, et qui, de surcroît, ouvrit le corps d'hommes qui respiraient encore. [...] Un autre, du nom d'Erasistrate, mérite égale louange.[30]

Or, dès cette première partie de la grande histoire, dès l'origine de l'anatomie, c'est sous le signe de la perte que s'écrit le récit: les écrits des deux fondateurs alexandrins ont disparus, avalés par la nuit des temps et de l'ignorance. Pour la première fois, les éditeurs expriment leur regret: 'Ah, si seulement les inventions que firent naître ces immenses labeurs avaient répandu leur lumière jusque nos siècles! Hélas! hélas! on doit en recueillir les éclats, les fragments que Galien transcrivit pour nous de ci de là, car toutes les autres parties ont péri.'[31]

Les textes originaux, intégraux, ont disparu. Premier 'passeur', comme

30. *Andreae Vesalii [...] Opera omnia* (1725), p.[*2]: Ita scilicet, quos habuit magistros Aegyptii, & gentilitia Illi doctrina, dictaverant. Chirurgica intento evolvas apud Ipsum animo, excutias vel alia, luculentissima occurrent summae hac in parte peritiae documenta. Ne alia infinita enarremus, sane vel unica pleuritidis per varios eventus descriptio maximam arguit in secandis corporibus ad morbos scrutandos industriam. Postea vero in Alexandrina schola quam fuit anxia anatomes cultura? Unus ubi memoratur Herophilus tercentena incidisse sua manu cadavera, quin & spirantium praeterea viva aperuisse corpora. [...] Alter vero Erasistratus pari ornatus laude.

31. *Andreae Vesalii [...] Opera omnia* (1725), p.[*2]: Utinam tantis parta laboribus inventa praelucerent nostris seculis! sed, eheu! exceperis, quae Galenus hinc inde fragmenta nobis transcripsit, alia perierunt omnia.

Boerhaave et Albinus sont les premiers 'éditeurs' qui restituent les œuvres complètes de Vésale, Galien rassemble et transmet les fragments épars de la science première, perdue à jamais. Dans cette poétique de la transmission, le dernier venu assure le passage à la postérité, mais dans l'irréparable perte de l'intégrité. Boerhaave et Albinus, comme Galien, ne peuvent offrir au lecteur que les bribes du livre total, à jamais inaccessible, que Vésale brûla puis n'eût pas le temps de réécrire.

La science transmise par Galien est donc une science par défaut, tout comme la réédition est une renaissance par défaut. Privée de sa vitalité originelle, faite d'expériences et observations directes, sans médiations ni même médiations livresques, la science anatomique dépérit, de fait, dans la dilution de sa transmission: aussi fidèle passeur qu'il fut, Galien n'est pas un aventurier de l'anatomie, selon Boerhaave et Albinus, mais un héritier et légateur. Son œuvre fut de transmettre une synthèse (*tradiderit, digesserit*: il légua, il digéra), il 'recommanda' et 'fournit' les connaissances mises au jour par d'autres. Bref, il fut un serviteur et non un héros de la science:

> Certes, ce dernier nous laissa l'entier squelette de toute cette anatomie: mais il ne fit que léguer et digérer cette science qu'il tenait principalement de ses précepteurs et des Anciens et où il n'ajouta presque rien de lui-même. Il mérite néanmoins une louange éternelle auprès de la postérité car il a recommandé aux médecins l'anatomie et sa pratique par dessus toute autre procédure; parce qu'il s'est lui-même appliqué, avec bonheur, à cette pratique; enfin, parce qu'il a transmis les textes des Anciens conservés. Après cette période, rien ne fut accompli dans cet art qui mérite d'être rappelé: chacun se donnait pour ultime ambition de décrire Galien. C'était en effet à cette époque une opinion communément admise que l'on connaissait la véritable fabrique du corps si l'on possédait par la pensée l'opinion qu'en avait Galien. Et l'on croyait que la nature elle-même, pour se montrer, n'avait utilisé que la main de ce seul artiste, sans jamais penser qu'elle avait seulement, de fait, donné à cet interprète fidèle et saint des mots pour la décrire.[32]

Après une métaphore fondatrice comparant le legs galénique au 'squelette de l'anatomie', les deux éditeurs rappellent l'importance du

32. *Andreae Vesalii [...] Opera omnia* (1725), p.[*2-*2v°]: Atque hic quidem integram totius anatomes syntaxin nobis reliquit; sic tamen, ut propria inventa vix, haustam vero a Praeceptoribus, et a priscis praecipue, tradiderit, atque digesserit, scientiam. Eo tamen ipso nunquam interiturae laudis beneficium posteris praestitit, quod et anatomica prae caeteris ad usus commendavit medicos, felixque ipse applicuit, et veterum conservata reliquit monumenta. p.[*2 v]: Post illius deinde tempora, nihil hac in arte profectum fuit, memorabile quod sit: optimo quoque summam in describendo Galeno laudem sibi quaerente. Erat quoque illa tempestate communis sententia, humani corporis veram fabricam constare, si Galeni super ea sensus animo comprehensus erat. Ipsaque credebatur natura, se ut exprimeret, hujus Artificis dextera unice usa fuisse, neque unquam fido huic et sacro interpreti suo dedisse verba.

livre sur les os de Galien, dont le commentaire fournit le cadre des livres et du savoir anatomiques jusqu'à la Renaissance, mais surtout, ils affirment que l'anatomie de Galien manque de chair, de vie. Au rebours des vivisecteurs audacieux d'Alexandrie, Galien obéit aux lois et ne fait que répéter ce que d'autres ont découvert. Or, ce faisant, il donne l'exemple de l'immobilité: en transmettant l'état du savoir anatomique de son temps, il arrête la marche du progrès en devenant le modèle d'anatomistes qui se contentent de transmettre sans explorer. Bref, le texte de Galien est finalement substitué au livre de la nature et le véritable objet de l'anatomie est perdu, remplacé par sa médiation.

La fin tragique du premier chapitre, qui ouvre sur la stagnation de la science et l'éloignement de la nature, véritable et premier objet du savoir ainsi que le rappelait la première phrase de la préface, débouche sur une seconde lamentation, plus générale que la première: les éditeurs regrettent la paresse des hommes!

> Ô, combien l'esprit humain, chez tous les hommes, est prompt à se détourner du lourd labeur de l'exploration pour suivre le désir de croire! Par la suite, les médecins ont cessé de faire appel à leur main pour découvrir les parties du corps, de faire appel à leurs yeux pour les voir, à leur patience pour les apprendre, à leur fidélité pour les décrire; non, ils ont préféré cette monotone négligence, le pénible et laborieux ennui de ce fatras, n'ayant pour seule force que leur capacité à croire, ne comprenant la structure et les actions du corps que dans les termes où ils les lisaient aux livres pris du Musée de Galien et qu'ils prenaient pour parole de vérité. Même ces bons auteurs arabes n'amenèrent rien de bon par la suite, malgré la subtilité de leur esprit et l'incroyable diligence qu'ils consacrèrent à l'art médical. Car ils ne juraient que par le verbe galénique, ce qui les retenait de désirer l'acquisition d'un savoir ultérieur. Du coup, on peut dire que depuis l'âge de Galien jusque l'arrivée de Mundino, il n'y eut que répétition de la même leçon, rien (ou presque) ne fut ajouté à la connaissance qui apparût clairement nouveau ou qui fût de quelque importance.[33]

Le silence qui couvre plus de dix siècles d'histoire de la médecine, entre Galien et Mundino, s'inscrit ainsi dans une nouvelle temporalité, non pas celle d'Annales qui enregistrent autant les événements que les médiocres absences d'événements, mais celle du progrès, qui suit la

33. *Andreae Vesalii [...] Opera omnia* (1725), p.[*2v°]: Quam proclive ingenium hominum est omnium a molesto labore explorandi ad credendi libidinem! non deinde manu ad detegendas, non oculis ad percipiendas, non patientia ad addiscendas, non fide ad describendas, partes usi sunt medici; sed, spreto taedioso hoc et lento laboriosae indaginis fastidio, sola credulitate freti, quales ex libris Galeni in musaeo intellexerant structuram corporis ejusdem actiones, habuere pro veris. At neque Arabes boni quid postea attulerunt, subtili licet ingenio, atque mira uterentur ad artem diligentia: Hi enim jurantes in Galeni verba, ultra hunc sapere ne quidem affectaverunt. Prorsus, ut a Galeni aetate in Mundinum usque mera repetitio ejusdem doctrinae fuerit, nihilque fere arti additum, quod vel liquido novum appareret, vel alicujus esset momenti.

marche de la science. Dotée d'un squelette par Galien après une première mort après Alexandrie, l'anatomie est ressuscitée une première fois par Mundino, esprit de l'humanisme italien: la louange de Mundino commence ainsi par une reconnaissance lyrique de la gloire de l'Italie.

> Louange, maintenant, à l'Italie qui, la première commença par ses immenses travaux de faire resurgir les antiques monuments de cet art si noble, de le faire progresser à nouveau par de nouveaux instruments à l'heureux succès, d'établir la véritable science en les deux langues. En effet, avec clairvoyance et finesse, elle retrouvait et ramenait à la vie les nations et leurs génies, à savoir les lettres latines d'abord, puis grecques, ensevelies sous la barbarie et qu'elle répandit par toute l'Europe. Ainsi elle ressuscita les sciences libérales enserrées dans le seul discours et les rendit à la lumière. Louons l'Italie, nous qui cherchons seulement la vérité![34]

Mundino apparaît comme l'incarnation de ce premier moment miraculeux de l'histoire, qui déplace la vie du savoir de la Grèce antique à l'Italie humaniste. Ce recommencement est marqué par l'attribution de 'primauté' à Mundino, qui retrouve le statut d'institution de Galien: 'premier après Galien'. L'histoire répète néanmoins la deuxième mort de l'anatomie, par la répétition: les anatomistes répètent Mundino, comme ils répétèrent Galien, et la marche de l'anatomie est une fois encore arrêtée.

> En 1315, il fut le premier depuis Galien qui consacra à cet art son esprit comme sa main; il donna au public un livre sur l'anatomie, où il apparaissait clairement que l'Auteur avait lui-même pratiqué la dissection. La nouveauté de l'ouvrage obtint un tel succès que le livre de Mundino sur l'anatomie fut déclaré par décret public lecture obligatoire dans les universités italienne et, pendant près de 300 ans, il y fut scrupuleusement étudié.[35]

Voire, le récit de cette résurrection de l'anatomie se clôt par la critique de Mundino, qui commet des erreurs, de langue comme de contenu.

> Nous saluons chez Mundino la simplicité et l'aisance de sa description des parties, qui suit l'ordre de la coupe pour la présentation; nous louons le soin porté à l'explication. Mais que de fautes! partout! l'exposition souffre de

34. *Andreae Vesalii [...] Opera omnia* (1725), p.[*2v°]: Princeps tum Italia laudatur, quae artis nobilissimae antiqua monumenta praeclara industria eruere cepit, atque nova illius promovendae ultra instrumenta felici sane rerum successu excolere, utrisque doctrinam veram instaurare. Ut enim perspicax subtilis nationis indoles Romanas primo & Graecas literas, sub barbarie sepultas, emergere, atque reviviscere jussit, totique impertivit Europae; ita & liberales scientias puro conscriptas sermone, longis de tenebris resuscitavit, lucique asseruit. Hanc Italiae laudem damus, qui vera sola sequimur.

35. *Andreae Vesalii [...] Opera omnia* (1725), p.[*2v°]: Anno scilicet 1315 primus a Galeno animum manumque operi adhibuit, deditque publico librum de anatomia, in quo manifesto apparet, Auctorem exercitasse artem ipsam. Invenit operis novitas talem applausum, ut decreto publico Mundini de Anatome liber praescriberetur praelegendus in academiis Italicis, atque trecentis fere annis religiose ita observatum fuerit.

vices: un premier semble être de vouloir fuir la vérité plus encore que le simple, un autre serait de ne pas définir rigoureusement les préceptes de l'art... Reconnaissons lui un style barbare jusqu'au crime, car non seulement la façon de cette période était fumeuse mais en plus on n'y trouvera rien de plus obscur que ces textes. Et que dire de cette ignorance crasse, souvent relevée? De très nombreux exemples l'attestent, il suffira de citer son allégation que la matrice est divisée en sept compartiments, ce qu'il affirme.[36]

Enfin Vésale vint

Dans le récit de progrès et de stagnation, de naissances, morts et renaissances de l'anatomie, Vésale est annoncé proleptiquement tant par Galien que par Mundino. Comme Galien, il sera celui qui rassemble en une synthèse complète l'état des connaissances anatomiques. Comme Mundino, il sera celui qui retrouve l'humanisme premier du temps des découvertes. Or, lui seul saura 'réveiller' l'anatomie et la garder vivante par ses observations mais aussi par son refus obstiné des médiations comme des répétitions.

Du coup, la préface est construite en deux temps, qui correspondent aux deux périodes de l'anatomie transmise par les textes: avant Vésale, avec et après Vésale.

Une formule conclusive ferme la deuxième partie ('Stagnations médiévales et efforts de Mundino') par une définition proleptique du projet éditorial: tout ce qui précède met en place le contexte du miracle vésalien et se justifie par la nécessité de montrer le contraste des esprits, la nouveauté radicale, le génie de Vésale. Comme pour excuser la longueur de l'introduction et la lenteur du progrès scientifique, les éditeurs terminent l'exposé historique par une justification dramatique: mettre en valeur le héros du récit.

Il nous fallait dire en préface ces quelques mots pour faire apparaître combien Vésale devait être mis en avant de tous les autres! Car on peut voir de cette présentation combien il surpassa tous les Auteurs que la mémoire du temps nous légua depuis l'apparition de la médecine chez les hommes jusqu'à son temps et, par une impartiale comparaison, on jugera sans mauvaise foi des véritables qualités de notre grand Homme.[37]

36. *Andreae Vesalii [...] Opera omnia* (1725), p.[*2v°-**]: Laudamus in Mundino succinctam, & naturalem, descriptionem partium, ut hae secundum ordinem secanti occurrunt; atque curam Viri in enarrando. Sed macilenta plerunque, a vero plus vice simplici aberrans, neque explicate definiens juxta praecepta artis, displicet historia. [**] Stylum foede barbarum condonandus: caliginosi quippe habenda temporis ratio, quo aliud magis obscurum vix cognoscitur. At rerum quam crassa saepe ignoratio? multa eam probant; sed matricis illi asserta in septem cellas distinctio allegat sufficiat.

37. *Andreae Vesalii [...] Opera omnia* (1725), p.[**]: Atque pauca Nos praefari haec oportuit: ut pateat, quid prae caeteris praecipui praestiterit Vesalius. Quantum superavit Auctores

De fait, ces 'quelques mots' donnent le programme de la modernité, que Vésale réalise en tous points. Héros que son ascendance destine à la science – son père, son grand-père et son frère sont également des savants[38] – Vésale est d'abord présenté comme un humaniste, qui fait revivre la 'pureté du latin' et la connaissance du grec: 'Il y [Louvain] apprit si bien le latin que son écriture ensuite provoqua l'admiration du lecteur par sa pureté, sa simplicité et son élégance en même temps. Quant au grec, il le possédait au plus haut degré de perfection.'[39]

Pareillement, tout comme les humanistes, il se livre à des travaux d'édition:

> il réunit en un court volume d'innombrables annotations sur le texte grec de Galien. Il corrigea les fautes de traduction des éditions italiennes et allemandes. Partout, il amenda les erreurs dans les chiffres, rétablit les termes exacts latins depuis le texte grec, là où des hommes ignorants de l'anatomie avaient prétendu traduire. Il rétablit mille autres passages. Il prépara pour publication les Notes sur l'Anatomie de Galien, ensemble avec d'autres livres du même, tous nettoyés de leurs fautes.[40]

Selon les mêmes caractéristiques de la Renaissance philologique, le jeune savant retourne aux sources et apprend les langues: 'Ne se fiant pas à la traduction latine, il voulut retourner aux sources et apprendre la langue arabe et les autres langues orientales afin de pouvoir saisir le véritable sens des textes.'[41]

Or c'est par cette présentation littéralement 'néo-classique' que Vésale acquiert le statut d'initiateur du progrès: en retournant aux sources, il retourne à la source première de la science, celle que Boerhaave et Albinus invoquaient en première phrase: l'observation de la nature. Et ce retour, paradoxalement, est un avancement: il rompt avec l'immobilité

---

omnes, quos temporum memoria dederat a nata inter mortales medicina usque ad Ejus dies, hinc licet conspicere, factaque justa comparatione, de veris Viri meritis sincere judicare.

38. Longuement, les éditeurs établissent la généalogie d'André Vésale (p.[**-2]) et faisant ainsi de la préface une biographie à l'ancienne, commençant sur le topos de la bonne naissance.

39. *Andreae Vesalii [...] Opera omnia* (1725), p.[**2]: Latinum ibi sermonem ita addidicit, ut dictio Ejus deinde pura, casta simul & florida Lectori admirationi sit. Graeca vero ad perfectissimam usque calluit peritiam. Stylus hinc in magno opere observatur

40. *Andreae Vesalii [...] Opera omnia* (1725), p.[**2]: Quin & annotationes ad Galeni Graeca plurimas in unum digestas volumen conscripsit. Ex Galeno in Italia & Germania edito mendas Interpretum expurgavit. Errores in numeris, voces ex Graeco in Latinum versas ab hominibus anatomes ignaris correxit ubique. Alia in Eodem innumera restituit. Notas in anatomica Galeni, una cum aliis Ejusdem operibus, multo quam prius emendatioribus, jam evulgando paratas habuit.

41. *Andreae Vesalii [...] Opera omnia* (1725), p.[***]: diffidens vero versioni Latinae, fontes maluit adire, ipsamque hanc Arabicam, caeterasque Asiae, addiscere: ut veros caperet Auctorum sensus.

initiée par Galien et perpétuée par les disciples de ce dernier, jusqu'à Jacques Dubois/Sylvius, le soi-disant professeur de Vésale. En présentant Vésale comme un autodidacte de l'anatomie, qui n'apprit rien de ses professeurs mais tout de lui-même, les préfaciers font coïncider la temporalité de la découverte scientifique avec la biographie de leur auteur, qui a repris le fil des temps et de la science. Ainsi, tandis que le professeur se trouve désigné comme médiocre répétiteur galéniste, Vésale apparaît comme un éternel étudiant de la nature: 'De fait, Sylvius n'enseignait rien de plus que ce qui pouvait clairement se voir en ouvrant un Galien. [...] et pour dire la vérité, un jour qu'il l'importunait et le pressait, Vésale lui répondit sans façon qu'il n'avait pas appris l'anatomie chez lui.'[42]

L'anecdote est exemplaire: l'étudiant en sait déjà plus que son maître, mais il est également insolent, impulsif, rebelle. Elle est répétée à l'envie, par d'autres anecdotes (comme Vésale faisant le cours à la place de Sylvius) et par toutes les anecdotes, complaisamment reprises de la préface de Vésale au *De Fabrica* en 1543: ses récoltes d'os et de cadavres en compagnie de ses camarades, à Paris ou à Louvain, l'admiration que lui portent camarades et étudiants, mais surtout, la pratique directe de l'observation. La dissection du corps humain, hors de l'institution, caractérise alors ce nouvel esprit scientifique, qui refuse la médiation du corpus galénique comme celle du cours magistral ou encore celle de la dissection d'animaux. L'éloge du héros emprunte alors la voie ambigüe de l'horreur pour dire l'exceptionnalité et le génie vésaliens:

> Il incitait les étudiants à veiller devant les sépultures fraîches pour extraire de leurs monuments des cadavres qui leur serviraient. [...] Il s'arrangeait pour recevoir les corps de ceux qu'il avait vus dans leurs dernières souffrances, ou bien il les arrachait de leur sépulture, et il les portait dans sa petite chambre, où il les faisait servir à ses desseins pour trois semaines et plus. Ton esprit n'est-il pas révulsé à cette lecture? Ô ardeur de la jeunesse, constance de l'effort, à l'abri du verrou de fer bien barré, il s'évadait. Là, il connut ces plaisirs que procure la science. Quant aux séductions du monde, il ne les connut ni ne les rechercha. Car il avait besoin de tout son esprit, et de ces arts, pour construire une œuvre de prix. Désireux de tout apprendre, brûlant de faire avancer le bien commun, il se dégagea et s'éleva [au-dessus des autres].[43]

42. *Andreae Vesalii [...] Opera omnia* (1725), p.[***]: Ut ita nil doceret praesens, praeter ea, quae aperte ex ipso Galeni scripto omnino disci poterant [...] quam vere urgenti importune Sylvio responderit palam, se ab Eo non didicisse anatomica.
43. *Andreae Vesalii [...] Opera omnia* (1725), p.[***v]: Studiosos incitabat, invigilarent ad cadaverum sepulturam, ea ut monumentis suos in usus eriperent. [...] Corpora nactus eorum, qui ultimis erant poenis affecti, vel & e sepulchris educta, in cubiculum vexit, suosque in usus per tres & ultra septimanas asservavit. Horretne legenti animus? O juvenilis ardor & impetus constantia fultus repagula eluctatur ferrea, voluptates unas

Loin d'excuser l'illégalité et le sacrilège des pratiques vésaliennes, la préface insiste sur la violence des profanations de sépulture, sur les vols de cadavres et autres exactions. Reprenant les traits sous lesquels Vésale lui-même aimait à se présenter,[44] le portrait du savant est ici, à son tour, un retour à la source de la science. Voire, ce retour est, en dernier lieu, une résurrection du progrès que la paresse et la stagnation avaient immobilisé et endormi. Voici donc Vésale qui, tout comme il fait sortir les corps de leurs sépultures, 'fait revenir de sa tombe', l'anatomie que médiations et répétitions avaient arrêtée puis tuée: 'il résolut de ramener l'anatomie à la vie par une juste pratique.'[45] La juste pratique est, de fait, dans ce dernier contexte, la défiance contre les intermédiaires: Galien croyant pouvoir inférer de l'anatomie des singes à celle des hommes, professeurs qui répètent Galien, faux anatomistes qui regardent les livres au lieu d'ouvrir les corps.

Humanisme, édition et progrès

La comparaison d'une réédition à une résurrection n'est pas nouvelle en 1725, on la trouvait déjà, en 1616, sous la plume de Peter Paaw, professeur d'anatomie à Leyde, pour définir sa réédition de l'*Epitomé*:[46] le titre portait la phrase 'œuvre ramenée à la vie' (*opus redivivum*) et l'attaque de la préface reprenait le thème de la résurrection à propos de l'anatomie: 'Parmi tous ceux qui restaurèrent la gloire première de la République des Lettres et la firent revenir à la vie après l'avoir libérée de de la barbarie qui la recouvrait, il me semble bien que ce n'est point la dernière place, loin s'en faut, qui revient à notre grand homme: Vésale.'[47]

Or la rencontre de la métaphore n'est pas anodine. Tout comme Vésale réveille l'anatomie de son sommeil, la réédition réveille l'œuvre de Vésale. Voire, tout comme l'anatomiste rebelle tire les cadavres de leur repos, la science nouvelle tire Vésale de son oubli. Car c'est dans la congruence de ces deux résurrections que s'effectue la miraculeuse coïncidence des temporalités: la biographie de Vésale raconte l'histoire

---

agnoscit, quas parit scientia, caeteras illecebras nec novit, nec ambit. Talis opus erat ingenio, artibus his, ut nobile conderet opus. Discendi avidus, commune bonum promovendi ardens, enixus est, atque emersit.

44. Voir *De Fabrica* (1453), Préface, p.2-3 et 5, où Vésale évoque, pour son impérial dédicataire, sa formation d'autodidacte auprès des cimetières et gibets.

45. *Andreae Vesalii [...] Opera omnia* (1725), p.[****v]: sumsit inde animos de resuscitanda propriam per industriam anatome.

46. Andreas Vesalius, *Epitome anatomica: opus redivivum cui accessere, notae ac commentaria P. Paaw Amsteldamensis* (Leiden, ex officina Justi à Colster, 1616).

47. Andreas Vesalius, *Epitome* (1616), p.[*ij]: Inter eos qui post discussam barbariem reviviscendi Reip literarie pristinam nitorem reddiderunt, non postremum mihi locum occupare videtur Magnus ille Vesalius.

première de la science, à savoir l'observation de la nature. Et la venue de Vésale dans l'histoire de la science reprend ce motif: il efface les siècles de médiations et d'éloignement pour ramener la science à sa source.

Dès lors, la réédition acquiert un sens nouveau pour l'écriture de l'histoire de la science comme pour la transmission du savoir: elle institue de fait, par sa seule existence, un retour à la source, sans altération ni distance. En ce sens, elle définit sa propre valeur épistémologique en des termes qui reprennent les mots d'ordre de l'humanisme philologique: retour à la version originale et intégrale de l'expérience première, méfiance vis-à-vis de la tradition dans ses ajouts et modifications, définition de la pureté comme un état originel et perdu. Dans l'adéquation des catégories, l'entreprise éditoriale se trouve alors accomplir le programme scientifique du progrès: l'abolition de la distance et la réparation de la perte.

André Vésale, par son exemplaire et dramatique refus des médiations et autorités, incarne alors parfaitement cet idéal néo-humaniste de la confrontation idéalement nue de l'individu avec la nature. Et le retour à Vésale fonde un récit où l'histoire de la médecine constitue le retour aux sources (le texte comme la nature) en progrès. L'attention portée aux images du corps, tant par André Vésale que par ses éditeurs de 1725, illustre (littéralement) cette échappée hors de la succession chronologique des transmetteurs pour atteindre la pureté, atemporelle, des débuts. L'usage de 'ses' images, si chèrement obtenues et si consciencieusement acheminées et mises en page,[48] relève d'un ethos de l'immédiateté, de l'expérience sans médiation – quand bien même elles constituent, pour nous, la médiation par excellence du regard sur le corps. Présentées comme des aides à la démonstration en 1538, comme des 'icones véridiques' en 1543, elles sont la 'marque' vésalienne reprise avant même la fin d'année de parution (1543) partout en Europe et vénérées comme la naissance de l'anatomie moderne. Boerhaave et Albinus ne manquent de saluer ces icônes dans leur préface,[49] les opposant aux figures grossières de Berengario da Carpi, pour mieux vanter leur élégance et leur véracité anatomique. Eux-mêmes font recopier et reproduire ces images, proposant ainsi au lecteur l'expérience pristine de la lecture du *De Fabrica*, hors de toute chronologie.

La *persona* du jeune anatomiste assure, en dernier lieu, son statut de héros dans le récit que sa biographie écrit: fier de son jeune âge en 1543, lorsqu'il donnait, avant ses 28 ans, une leçon d'anatomie à l'Europe et à la

48. Voir la lettre de Vésale à Oporinus, citée en préface au *De Fabrica* en 1543 et 1555: l'auteur y instruit l'imprimeur sur l'impression des images et raconte la difficulté qu'il eut à trouver un bon artiste puis à faire graver exactement comme il le désirait 'ses' icônes.

49. *Andreae Vesalii [...] Opera omnia* (1725), p.[**-**v°].

tradition entières,[50] le personnage de Vésale est doté de l'éternelle jeunesse des sources vives. Feignant l'humilité, l'auteur-rebelle insistait, en argument final sur la jalousie et le manque de talent de ses prédécesseurs, professeurs et détracteurs.

> Il ne m'échappe pas qu'à cause de mon âge – je n'ai pas encore 28 ans révolus – mon ouvrage manquera d'autorité et qu'à cause des dénonciations fréquentes des fausses théories de Galien, il sera encore moins à l'abri des attaques de ceux qui ne se sont pas appliqués à l'anatomie, comme nous, dans les universités italiennes, et aussi des vieillards qui, se rongeant d'envie devant les découvertes valables des jeunes, rougiront, avec les autres disciples de Galien, d'avoir vu trouble jusqu'à ce jour et de n'avoir pas remarqué malgré le grand nom qu'ils s'arrogent dans l'art, ce que nous leur présentons aujourd'hui.

Cette éternelle jeunesse ne jouit d'aucune autorité et là est sa force: elle tire de la nature et non des conventions la valeur de sa science. Dès lors, la réédition des œuvres complètes de Vésale remédie au défaut des siècles en retournant à la jeunesse de l'observation: dans l'incomplétude d'une œuvre interrompue et partiellement détruite, dans la fulgurance d'une mort précoce et solitaire, dans l'intégrité et la fidélité d'une entreprise de restitution éditoriale et non d'intégration à un discours, les deux volumes de Boerhaave et Albinus instaurent la temporalité du progrès, qui avance sans vieillir ni s'éloigner de son centre originel.

Icône du progrès, André Vésale l'est ici et avant tout par la rencontre des temps et des rôles, en deçà des traditions et médiations: son nom est celui de l'indépendance et de la victoire sur les autorités acceptées. L'histoire du progrès qui commence ainsi définit alors un futur pour la science: un humanisme qui privilégie l'observation contre le savoir livresque, la source contre ses reprises, la nature contre les fictions humaines. Retour vers le progrès, donc! Vésale reprend là où Galien avait laissé les temps et là où Mundino avait échoué: il continue l'œuvre perdue et sans successeurs, première dans son commencement au début de l'histoire mais aussi dans sa proximité avec la nature. Le lecteur, reprenant là où Vésale le laisse, saura continuer la marche. La réédition ouvre alors une poétique des temporalités où auteur, *persona*, science et histoire des sciences se rencontrent en une icône. Bons légataires, bons légateurs, les bons professeurs et éditeurs sont des humanistes qui fondent sur la perte et l'éloignement une renaissance textuelle et scientifique.

50. *De Fabrica* (1543), préface p.4: Licet interim non me lateat, quam conatus iste meae aetatis, qua vigesium octauum annum nondum excessi, nomine, parum autoritatis habebit, ac quam minime ob crebram non uerorum Galeni dogmatum indicatione, ab illorum morsibus erit tutus, qui mihi Antomen docenti non astitere, aut ipsi hanc sedulo non sunt aggressi, primaque fronte varias rationes in Galeni defensionem comminiscentur [...].

William Harvey: nouveau Démocrite? Les récits de la découverte de la circulation sanguine au XVIIIe siècle[1]

CLAIRE CRIGNON

Dans les grands récits de la 'révolution scientifique', un certain nombre de personnages occupent une place de premier choix, que l'on songe par exemple à Bacon, à Galilée, à Toricelli ou à Copernic, mentionnés par Emmanuel Kant dans la Préface de la deuxième édition de la *Critique de la raison pure* (1787) ou à la manière dont, quelques décennies auparavant, les auteurs de l'*Encyclopédie* présentent Bacon, Descartes ou encore Newton. 'L'immortel Chancelier d'Angleterre', 'l'illustre Descartes', 'Newton (...) ce grand génie' ont arraché les bandeaux qui empêchaient leurs contemporains de voir et de comprendre la nature. Si Bacon nous a délivrés des 'préjugés qu'une admiration aveugle pour l'antiquité contribuait à entretenir', Descartes lui est allé plus loin dans le processus de libération vis-à-vis des autorités religieuses et politiques: 'On peut le regarder comme un chef de conjurés qui a eu le courage de s'élever le premier contre une puissance despotique et arbitraire, et qui en préparant une révolution éclatante, a jeté les fondements d'un gouvernement plus juste et plus heureux qu'il n'a pu voir établi.'[2] Newton de son côté est célébré (dans le *Discours préliminaire* et dans l'article 'expérimental') comme celui qui a 'banni de la physique les conjectures et les hypothèses vagues', celui qui a introduit 'la Géométrie dans la Physique' et dont le génie a été reconnu par son pays et par ses institutions savantes:

> Newton parut, & montra le premier ce que ses prédécesseurs n'avaient fait qu'entrevoir, l'art d'introduire la Géométrie dans la physique, et de former en réunissant l'expérience au calcul, une science exacte, profonde, lumineuse, et nouvelle: aussi grand du moins par ses expériences d'optique que par son système du monde, il ouvrit de tous côtés une carrière immense et sûre; l'Angleterre saisit ses vues, la Société royale les regarda comme siennes dès le moment de leur naissance, les académies de France s'y

1. Je voudrais remercier Piet Steenbakkers pour ses indications de lecture sur Zacharias Sylvius ainsi que Pierre-François Moreau. Cet article a reçu le soutien de l'ANR jeune chercheur Philomed.

2. Sur Descartes 'chef des conjurés', voir l'article dans ce volume de Josiane Boulad-Ayoub, p.85.

prêtèrent plus lentement & avec plus de peine, par la même raison que les universités avaient eue pour rejeter durant plusieurs années la physique de Descartes; la lumière a enfin prévalu [...].[3]

Ces récits (fort connus) de la 'révolution scientifique' ne font pas mention de la découverte de la circulation sanguine. La figure de Harvey paraît, à première vue, également absente des discours de ceux qui célèbrent les exploits accomplis par les promoteurs de la méthode expérimentale. Lorsque Thomas Sprat passe en revue, dans la première section de son *History of the Royal Society*, les différentes tentatives effectuées pour rénover la philosophie naturelle depuis les débuts de l'époque moderne, il rend hommage à celui qui le premier a entrepris de définir et de promouvoir la philosophie expérimentale, Francis Bacon: 'I shall onely mention one great Man, who had the true Imagination of the whole extent of this Enterprize, as it is now set one foot; and that is, the Lord Bacon.'[4]

Lorsqu'il évoque, quelques lignes plus loin, les philosophes qui, dans la lignée de Bacon, ont contribué à faire progresser la philosophie naturelle, il loue les efforts des chimistes et la manière dont ils ont contribué, par le recours à l'expérimentation, au progrès de la connaissance des corps naturels et à la mise en place de nouveaux traitements dans la cure des maladies.[5] Nulle mention ici du nom de Harvey pas plus que de la découverte de la circulation sanguine.

Plusieurs points peuvent être rappelés si l'on souhaite expliquer ce fait. Une première série de raisons touche à la manière dont le personnage est perçu par ses contemporains et se présente lui-même dans ses écrits. Contrairement à Vésale, Harvey n'apparaît pas comme une figure sacrilège qui se serait opposée aux autorités religieuses et politiques.[6] Médecin de Charles Ier, professeur d'anatomie au collège des médecins de Londres (Royal College of Physicians), il accompagne le roi à Oxford lors de sa retraite face aux troupes rebelles et se voit remercié pour son soutien après la guerre civile par l'octroi de la direction de l'un

3. D'Alembert, article 'Expérimental', dans *Encyclopédie ou Dictionnaire raisonné des sciences, des arts et des métiers, par une société de gens de lettres* (Désormais *Encyclopédie de Diderot et d'Alembert*). Site de l'ARTFL Encyclopedie Project http://encyclopedie.uchicago.edu/node/161. L'article peut être consulté en suivant ce lien: http://artflsrv02.uchicago.edu/cgi-bin/philologic/getobject.pl?c.5:373.encyclopedie0513.2794834. Page consultée pour la dernière fois le 8 octobre 2014. Pour une critique de cette héroïcisation de la figure de Newton, voir dans ce volume la contribution de Joël Castonguay-Bélanger, p.111.
4. Thomas Sprat, *The History of the Royal Society of London for the improving of natural knowledge* (Londres, J. Martyn and J. Allestry, 1667), part I, sect. XVI ('modern experimenters'), p.35-36 (désormais *History*).
5. Sprat, *History*, part I, sect. XVII ('the chymists'), p.37.
6. Sur le personnage de Vésale, voir dans ce volume la contribution d'Hélène Cazes, p.9.

des collèges de cette ville universitaire fameuse.[7] Contrairement à Francis Bacon, mort à la suite des expérimentations qu'il menait sur la conservation de la viande ou à ces médecins se sacrifiant pour l'humanité en déployant tous leurs efforts pour améliorer les traitements, Harvey n'est pas mort prématurément ni en raison des expérimentations qu'il menait.[8] S'il est loué de son temps comme anatomiste, il a en revanche, comme médecin, très mauvaise réputation: 'All his Profession would allow him to be an excellent Anatomist, but I never heard of any that admired his Therapeutique way', souligne John Aubrey dans sa *Vie de Harvey*.[9] On se souvient par ailleurs de la question posée par Erasistrate, représentant de la médecine antique, à Harvey, figure de la médecine moderne et des récentes découvertes anatomiques dans ses *Nouveaux dialogues des morts* de Fontenelle en 1683: 'Mais cette circulation du sang, ces conduits, ces canaux, ces réservoirs, tout cela ne guérit donc rien?'[10] La découverte de la circulation sanguine est d'abord associée aux premiers essais de transfusion qui ont été interdits par le parlement de Paris en raison de leur dangerosité pour l'homme.[11] L'absence de bénéfices thérapeutiques immédiats de la découverte de la circulation sanguine ne contribue pas à asseoir la réputation de Harvey.

Ce dernier ne s'est en outre jamais présenté lui-même comme quelqu'un qui entendrait rompre avec la tradition médicale. Il maintient, dans son traité sur la génération en 1651, que la réfutation de la théorie des humeurs ne remet pas en cause l'efficacité thérapeutique de la pratique de la saignée. Il insiste sur la nécessité de prêter attention à ce que les médecins de l'antiquité appellent les 'six choses non naturelles' dans le traitement et la prévention des maladies.[12] Il refuse souvent

7. 'His Majestie King Charles I gave him the Wardenship of Merton College in Oxford, as a reward for his service, but the Times suffered him not to receive or enjoy any benefitt for it'. John Aubrey, *Brief lives*, ed. Oliver Lawson Dick (Londres, 1987), p.212.
8. Même si le traducteur hollandais du *De Motu Cordis* imagine en 1650 cette mort précoce de Harvey, se faisant écho des rumeurs circulant à ce sujet. Voir le poème de Nikolaas van Assendelft, cité par G. Keynes, *The Life of William Harvey* (Oxford, 1966), p.317.
9. Sur la mort de Bacon, voir Aubrey, *Brief lives*, p.124.
10. Fontenelle, Bernard le Bouyer de, *Nouveaux dialogues des morts*, Dialogue V, dans *Œuvres complètes* (Paris, 1990), t.1, p.94. Sur la manière dont Fontenelle fait état des difficultés des anatomistes à faire reconnaître publiquement l'utilité de leurs découvertes voir l'article de F. Charbonneau dans ce volume, p.129.
11. Claire Salomon-Bayet, *L'Institution de la science et l'expérience du vivant* (Paris, 2008), p.131-32. C'est aussi cet argument du caractère dangereux pour l'homme des expérimentations auxquelles conduit une découverte que se construiront les attaques autour de la pratique de l'inoculation, comme le rappelle C. Seth dans sa contribution sur 'Esculape-Tronchin: le médecin à la mode' (p.149), tout en notant l'écart entre ce médecin et quelqu'un comme William Harvey, dont le nom est associé à une grande découverte et qui a eu à affronter les périls de la guerre civile.
12. William Harvey, *Anatomical exercitations concerning the generation of living creatures* (Londres,

d'engager la polémique avec ses adversaires, préférant confier cette tâche à d'autres.

Il convient de rappeler, dans un second temps, la virulence des critiques suscitée par la publication du *De Motu Cordis* en 1628, critiques formulées par les confrères de Harvey lui-même, au premier chef desquels le médecin James Primerose.[13] Jusqu'au début des années 1650, le consensus autour de la découverte de Harvey n'est pas acquis, même si des personnages aussi importants que George Ent, président du Royal College of Physicians, prennent la plume pour la défendre.[14] La maîtrise des textes et des théories de Galien est toujours exigée des candidats à l'élection en 1647, date à laquelle sont revus les statuts régissant la nomination de nouveaux collègues.[15] De la fin du dix-septième jusqu'à celle du dix-huitième siècle, les doutes concernant la réelle nouveauté des découvertes en astronomie et en médecine sont encore très forts. Deux exemples suffiront à nous en convaincre. Tout d'abord, les déclarations de William Temple dans l'essai de 1690, *Upon ancient and modern learning*, qui réduit l'utilité des découvertes de Copernic et de Harvey à l'honneur sans doute exagéré qu'elles ont valu à leurs auteurs:

> There is nothing new in Astronomy, to vue with the Ancients, unless it be the Copernican System; nor in Physick, unless Harvey's Circulation of the blood. But whether either of these be modern discoveries, or derived from old Fountains, is disputed. But if they are true, yet these two great discoveries have made no change in the conclusions of Astronomy, nor in the practice of Physick, and so have been of little use to the world, though perhaps of much honour to the Authors.[16]

Ensuite, la mention faite par l'auteur de l'article 'circulation' dans l'*Encyclopédie* Diderot et d'Alembert, de ces récits attribuant la paternité de la découverte de la circulation sanguine à Fra-Paolo,[17] ami de Galilée,

---

Octavian Pulleyn, 1653) (désormais: *Animal generation*), exercice 52, dans *The Works of William Harvey* (désormais *Works*), éd. Robert Willis (Londres, The Sydenham society, 1847), p.380.

13. James Primerose, *Exercitationes et Animadversiones in Librum de Motu Cordis et Circultione Sanguinis, Adversus Guilielmum Harveum* (Londres, Gulielmus Jones, 1630).

14. Sur ces controverses entre 1629 et 1648 voir Gweneth Whitteridge, *William Harvey and the circulation of the blood* (Londres, 1971), p.49-73 ; Roger French, *William Harvey's natural philosophy* (Cambridge, 1994).

15. Margaret Llasera, *Représentations scientifiques et images poétiques en Angleterre au XVIIe siècle: à la recherche de l'invisible* (Paris, 1999), p.230.

16. Sur le refus de la théorie de la circulation voir Aubrey B. Davis, 'Some implications of the circulation theory for disease and treatment in the seventeenth century', *Journal of the history of medicine and allied sciences* 26:1 (1971), p.31. Voir aussi L. S. King, 'Attitudes towards "scientific medicine" around 1700', *Bulletin of the history of medicine*, 39 (1965), p.124-33.

17. Fra Paolo Sarpi (1552-1623), auteur d'une histoire du concile de Trente, a joué un rôle politico-religieux majeur dans l'indépendance de Venise vis-à-vis de l'autorité du pape.

lequel aurait confié son secret à l'anatomiste Fabrice Aquapendente (l'un des maîtres de William Harvey lors de sa formation à Padoue) par crainte de subir les représailles de l'Inquisition:

> Bernardin Genga, dans un traité d'Anat. en Italien, rapporte des passages de Realdus Columbus & d'André Césalpin, par lesquels il prétend montrer qu'ils admettoient la circulation long-tems avant Harvey. Il ajoûte que Fra-Paolo Sarpi, ce fameux Vénitien, ayant exactement considéré la structure des valvules dans les veines, a inféré dans ces derniers tems la circulation, de leur construction & de plusieurs autres expériences. Voyez Aristotelisme, Valvule & Veine. Léoniceus ajoute que Fra-Paolo n'osa point publier sa découverte de peur de l'inquisition, & qu'il communiqua seulement son secret à Aquapendente, qui après sa mort mit le livre qu'il en avoit composé dans la bibliotheque de S. Marc, où il fut longtems caché, & que Aquapendente découvrit ce secret à Harvey, qui étudioit sous lui à Padoue, lequel le publia étant de retour en Angleterre, pays de liberté, & s'en attribua la gloire: mais la plupart de ces prétentions sont autant de fables.[18]

Cette version de l'histoire, certes présentée comme une 'fable', fait de William Harvey un traître dont le seul mérite aurait consisté à profiter du climat de liberté de pensée régnant en Angleterre pour oser faire état d'une découverte que le climat politique et religieux italien n'autorisait pas à rendre publique.

Pourtant, et dès le dix-septième siècle, le parallèle entre les découvertes de Copernic et de Galilée sur la nature de l'univers d'une part, et celle de Harvey sur la nature du corps humain d'autre part, est non seulement courant mais surtout ne s'effectue pas seulement négativement, comme dans l'essai de William Temple. Le nom de Harvey apparaît dès 1654, dans la *Physiologia Epicuro-Gassendo-Charltoniana*, ouvrage rédigé par le médecin Walter Charleton, dans les années qui précèdent la création de la Royal Society, institution destinée à rendre effectifs le progrès du savoir et la collaboration entre savants que Francis Bacon appelait de ses vœux dans son *Advancement of learning* (1605) et sa *New Atlantis* (1623). Comparant l'état du savoir antique avec celui du savoir moderne, Charleton identifie plusieurs 'sectes' parmi les modernes: celle des 'éclectiques' dont il se revendique lui-même, celle des admirateurs aveugles de l'Antiquité et adversaires de toute nouveauté, mais aussi celle des héros de la science moderne. C'est dans cette dernière catégorie qu'il range 'the Heroical Tycho Brahe, the subtle Kepler, the most acute Galileus, the profound Scheinerus, the miraculous because universally learned Kircherus, the most perspecacious Harvey', et celui qui apparaît toujours au sommet de la hiérarchie: 'the Epitome of all Descartes'.[19] Dès

18. Pierre Tarin, article 'Circulation du sang (physiologie)', dans *Encyclopédie de Diderot et d'Alembert*, site de l'ARTFL Encyclopedie Project.
19. Christophe Scheiner, astronome et mathématicien. Walter Charleton (1619-1707),

son traité de 1652, *The Darkness of atheism dispelled by the light of nature*, Charleton soulignait les difficultés et les obstacles rencontrés par tous ceux qui s'efforcent de percer les mystères de la nature, développant un discours providentiel sur la rareté des découvertes et l'isolement des grands savants, réunis par le 'feu prométhéen' qui les anime et leur commun refus de se soumettre à la tyrannie de l'Autorité:[20] 'Moreover, every Brain is not constellated for new Discoveries ; nor can every Age boast the production of a Copernicus, Gilbert, Galileo, Mersennus, Cartesius, or a Harvey: Providence introducing such, as Time doth New Stars, single and seldom.'[21]

Signalons aussi l'ode en latin, rédigée durant la même décennie (le texte daterait de la fin des années 1650) par le platonicien de Cambridge Henry More, texte destiné à célébrer la gloire de William Harvey et l'importance de la découverte de la circulation sanguine.[22] Le texte intitulé *Circulatio sanguinis, Ad celeberrimum Medicum G. Harveum Inventorem* ('Circulation of the blood. To the most celebrated Doctor, William Harvey, Discoverer') établit d'emblée un parallèle entre le génie de ceux qui ont dévoilé le mouvement des planètes dans le ciel (Copernic, Galilée) et l'ingéniosité dont a témoigné Harvey en découvrant le mouvement de circulation sanguine. Mais il affirme la supériorité des découvertes relatives à l'exploration du corps humain par rapport à celles qui visent à nous faire connaître l'univers. La mise au jour du principe de circulation sanguine, parce qu'elle suppose une capacité à percer le mystère de ce qui se passe à l'intérieur du corps, de ce qui ne se laisse pas observer de l'extérieur comme le mouvement des planètes, constitue un exploit inégalable qu'aucun homme n'a été capable d'accomplir avant 'ce vénérable Anglais':

---

médecin et 'natural philosopher', devient fellow de la Royal Society en 1662, contribue à diffuser la pensée de Descartes mais aussi de Gassendi en Angleterre, contribue au renouveau de l'atomisme en Angleterre en proposant une version christianisée de la physique d'Epicure. Voir sur Charleton, Emily Booth, *'A Subtle and mysterious machine': the medical world of Walter Charleton (1619-1707)* (Dordrecht, 2005).

20. Charleton propose de les remercier par l'érection de colosses en or dans les universités: 'In honour of each of these Hero's, we could wish (if the constitution of our Times would bear it) a Colossus of Gold were erected at the publick charge of Students; and Under each this inscription: *Amicus Plato, amicus Aristoteles, magis amica veritas*.' Walter Charleton, *Physiologia-Epicuro-Gassendo-Charletania* (Londres, Thomas Heath, 1654) Book 1, p.3.
21. Walter Charleton, *The Darkness of atheism dispelled by the light of nature* (Londres, William Lee, 1652), An advertisement to the reader, C2.
22. Wallace Shugg, 'Henry More's "Circulatio Sanguinis": an unexamined poem in praise of Harvey', *Bulletin of the history of medicine* 56 (1972), p.180-89. Selon Shugg le poème aurait été écrit avant 1657. En revanche Robert G. Franck affirme qu'il aurait été écrit un peu plus tard, vers 1660. Robert G. Franck, 'The image of Harvey in Commonwealth and Restoration England', dans *William Harvey and his age: the professional and social context of the discovery of the circulation*, éd. Jerome J. Bylebyl (Baltimore, MD, Londres, 1979), p.119.

> The records of our forbears show that the wandering stars of heaven and their ways through the ether have been discovered by the genius of a man: but the recurring games of the blood in their accustomed regular succession and the unalterable circuits of the purple fluid, which is driven out from the heart, whereby all bodies gain warmth from the caressing wetness, such great mysteries no one uncovered nor was able to explain in words to an amazed world before that venerable Englishman: so difficult is it to penetrate into our very selves and arrest the flames of the spirit which make frequent sallies.[23]

Enfin, et après les déclarations de Descartes dans le *Discours de la méthode* (1637) reconnaissant la nécessité de 'donner la louange' à ce 'médecin d'Angleterre' qui a 'rompu la glace'[24] au sujet de la circulation sanguine, Thomas Hobbes se rallie à l'explication harvéienne du mouvement du cœur et du sang et mentionne ce dernier, aux côtés de Copernic et de Galilée, dans la préface de son *De Corpore* (1655), comme l'un des rares instaurateurs d'une science nouvelle.[25] Si donc la découverte est controversée et discutée, Harvey connaît cependant le rare privilège de voir sa doctrine reconnue et répandue dans toute l'Europe de son vivant, comme le souligne d'ailleurs John Aubrey dans ses *Brief lives*.[26]

Dès les années 1650 en Angleterre, l'auteur de la découverte de la circulation sanguine compte parmi les acteurs majeurs de la science moderne et la volonté de lui rendre hommage s'exprime fortement. Harvey qui a fait construire à ses frais, quelques années avant sa mort (1657), une bibliothèque pour le *Royal College of Physicians*, est enfin reconnu par les membres de cette institution qui érigent une statue pour célébrer sa mémoire et instituent la coutume des odes prononcés en son honneur à la date anniversaire de sa mort.

Plus largement, et au delà de cette tradition littéraire bien spécifique (les *Harveian Orations*), les textes de philosophie naturelle de la seconde partie du dix-septième siècle mentionnent rarement le nom de Harvey sans le faire précéder d'un qualificatif élogieux et sans utiliser un possessif (établissant un lien entre la découverte et la nationalité de

23. Shugg, 'Henry More's "Circulatio Sanguinis"', p.183. L'argument selon lequel les découvertes relatives au corps humain sont plus difficiles à réaliser que celles qui concernent l'exploration de l'univers est aussi présent sous la plume du médecin Thomas Willis dans son *Cerebri Anatome* (Londres, J. Flesher, 1664), *Amico Lectori Praefatio*.

24. René Descartes, *Discours de la méthode*, 5e partie, dans *Œuvres complètes*, éd. Adam et Tannery (Paris, 1996), t.6, p.50.

25. Thomas Hobbes, *De Corpore*, éd. K. Schuhmann (Paris, 1999), Epître dédicatoire, p.3-4. Même si cette adhésion est tardive: voir à ce sujet Dominique Weber *Hobbes et le désir des fous: rationalité, prévision et politique* (Paris, 2007) p.215 et Annie Bitbol-Hespériès, 'L'Homme de Descartes et le *De Homine* de Hobbes', dans *Hobbes, Descartes et la métaphysique*, éd. Dominique Weber (Paris, 2005) p.179-80.

26. Aubrey, *Brief lives*, p.131. Hobbes, *De Corpore*, p.4.

son auteur). On trouve ainsi, sous la plume de Robert Boyle: 'our famous Doctor Harvey', 'our excellent', 'that great promotor of anatomical knowledge', 'our most experienced', 'our excellent Harvey',[27] et sous celle de Walter Charleton: 'our immortal Harvey'.[28]

Quelques décennies plus tôt, dans son *Darkness of atheism dispelled by the light of nature,* Charleton se propose d'utiliser l'atomisme épicurien comme moyen d'établir l'existence de Dieu. Harvey est désigné d'une manière qui doit retenir notre attention: il est 'our Democritus Londinensis'.[29] Harvey est présenté dans ce texte comme un nouveau Démocrite: un Démocrite non plus Abdéritain, celui que nous connaissons par les lettres apocryphes du pseudo-Hippocrate ou par les *Vies des hommes illustres* de Diogène Laërce, mais un Démocrite londonien. La situation de William Harvey, si l'on fait exception de ce détail de localisation spatiale et temporelle, est comparée à celle du philosophe connu pour avoir affirmé que seuls le vide et les atomes existent.[30] Si la doctrine de Démocrite est associée à un mécanisme qui nie la présence de toute cause intelligente dans l'univers, on assiste cependant à un effort pour relire les doctrines antiques de la nature et de la matière et pour les utiliser dans le contexte de la constitution d'une physico-théologie.[31] C'est là sans doute un élément important pour comprendre la fréquence de la comparaison entre les deux personnages dans les textes de philosophie naturelle à l'âge classique, mais aussi dans les préfaces des éditions ou traductions des traités de Harvey ou dans les récits de sa vie.

L'étude de ces textes apparaît incontournable dès lors que l'on cherche à cerner la place particulière occupée par Harvey parmi ces 'icônes du progrès' ou les figures mythiques de la révolution scientifique et philosophique étudiées dans le cadre de ce volume. On avancera plusieurs raisons à cela. Tout d'abord, se référer à Démocrite, c'est d'emblée faire un choix parmi les différentes hypothèses ayant cours au

27. Cité par Richard A. Hunter et Ida MacAlpine, 'William Harvey and Robert Boyle', dans *Notes and records of the Royal Society of London* 13 (1958), p.115-27.
28. 'If we come down to this last Century of years, we find the dissection of Brutes, in order to the collation of their inwards with those of man, to have been diligently persued, first by Falopius, Casserius Placentinus, and Bauhinus; and after them, by Fabricius ab Aquapendante, M. Autelius Severinus, and our immortal Harvey'. Walter Charleton, *Enquiries into human nature in VI anatomic praelections* (Londres, R. Boulter, 1680), Preface, 'Of the antiquity, uses, differences, &c, of anatomy', D2.
29. Charleton, *Darkness of atheism*, p. 130-31.
30. Comme l'a montré P.-M. Morel, cette présentation de la pensée de Démocrite est issue de la lecture sceptique qu'en propose Sextus Empiricus, Pierre-Marie Morel, *Démocrite et la recherche des causes* (Paris, 1996), Introduction, p.19.
31. *Late medieval and early modern corpuscular matter theories*, éd. Christoph Lüthy, John E. Murdoch, William R. Newman (Leiden, 2001). Catherine Wilson, *Epicureanism at the origins of modernity* (Oxford, 2008), Introduction, p.1-38.

dix-septième siècle siècle pour rendre compte des phénomènes naturels et les différentes méthodes proposées pour les appréhender.[32] Démocrite représente le courant philosophique antique de l'atomisme et apparaît aussi comme une figure permettant de justifier le recours à l'expérience via la dissection, sans renoncer pour autant à la recherche des causes des phénomènes.[33] Plus largement ensuite, le recours au personnage de Démocrite permet de mettre en scène la question des rapports entre médecine et philosophie (nous y reviendrons). Comme l'a montré C. Lüthy, la référence au personnage de Démocrite se déploie selon plusieurs facettes à l'époque moderne, souvent confondues les unes avec les autres. Le nom de Démocrite ne renvoie pas seulement à la figure historique du philosophe naturel et atomiste évoqué par Diogène Laërce dans ses *Vies des personnages illustres*, mais aussi au personnage fictif de l'anatomiste moraliste décrit et loué par le Hippocrate dans les Lettres dites du pseudo-Hippocrate.[34] Ce texte souvent commenté (en particulier par Robert Burton dans son *Anatomie de la mélancolie* en 1621) permet de poser la question des rapports entre médecine et philosophie[35] tout comme celle de la place du savoir dans la cité: quelle attitude adopte le peuple face à ceux qui lui découvrent une certaine vérité concernant la nature humaine, vérité qu'il ne souhaite pas nécessairement admettre ni reconnaître?[36]

C'est bien cette question que pose la découverte de la circulation sanguine à l'époque moderne. Deux camps s'opposent sur le sujet. Le premier regroupe ceux qui ne voient pas dans cette découverte une avancée ou un progrès, mais considèrent qu'elle est inutile et même

32. Pour une présentation de ces différentes hypothèses (la théorie péripatéticienne des éléments et des humeurs, les principes de la médecine chimique, ou la doctrine corpusculaire) voir Thomas Willis, *Of fermentation*, dans *Dr Willis's practice of physick* (Londres, T. Dring, C. Harper, and J. Leigh, 1684), ch.1, 'Of the principles of natural things', p.2. Concernant les méthodes propres aux différentes 'sectes' représentatives de l'état du savoir moderne, voir la présentation de Walter Charleton mentionnée précédemment dans *Physiologia Epicuro-Gassendo-Charltoniana*, Book I, sect.1, p.2.

33. Sur ce recours à Démocrite pour définir un empirisme permettant de concilier expérience et raison, voir notre article 'The debate about "methodus medendi" during the second half of seventeenth century in England: modern philosophical readings of classical medical empiricism (Bacon, Nedham, Willis, Boyle)', dans 'Medical empiricism and philosophy of human nature in the seventeenth and eighteenth centuries', éd. Claire Crignon, Carsten Zelle et Nunzio Allocca, *Early science and medicine* 18:4/5 (2013), p.339-59.

34. Voir Christoph Lüthy, 'The fourfold Democritus on the stage of early modern science', dans *Isis* 91:3 (2000), p.443-79.

35. Jackie Pigeaud, *Melancholia, le malaise de l'individu* (Paris, 2008), 'L'ombre de Démocrite', p.29-66.

36. On peut faire ici le parallèle avec Hobbes qui déclare dans la dédicace au comte de Devonshire dans le *De Corpore*: 'je sais par expérience combien je serai déprécié plutôt que remercié pour avoir dit aux hommes la vérité sur la nature humaine.' Hobbes, *De Corpore*, p.3-6.

dangereuse. Cette position les conduit logiquement à adopter la position des Abdéritains: c'est-à-dire à mettre en cause l'attitude et le comportement de leur philosophe et médecin, William Harvey. Loin de le louer pour sa découverte, ils considèrent qu'elle introduit le trouble au sein de la communauté médicale et, de manière encore plus préoccupante, qu'elle joue aussi un rôle dans les désordres qui agitent le corps politique tout au long du dix-septième siècle. Le second camp répond en adoptant la position d'Hippocrate, c'est-à-dire en opérant un renversement. Il s'agit pour eux de montrer que la mélancolie ou la folie n'est pas là où on l'imagine: c'est-à-dire dans les efforts de ceux qui tentent d'approfondir notre connaissance de la nature par le recours à la méthode expérimentale. La folie selon eux, consiste bien plutôt à ne pas reconnaître la grandeur des découvertes réalisées dans ce domaine. Ce comportement peut s'expliquer et leur effort consiste alors à produire une généalogie passionnelle du rejet et de l'incompréhension suscités par les 'héros de la science moderne' ou 'icônes du progrès'.

Outre les textes de philosophie naturelle précédemment mentionnés, nous nous appuierons dans cette étude sur les préfaces présentant les traités de Harvey, qu'il s'agisse d'éditions originales ou de traductions,[37] mais aussi sur des textes biographiques (la vie de Harvey par Aubrey) ou les odes composées en l'honneur du médecin anglais dans les années 1650 (celles de Henry More ou de Abraham Cowley).

Le portrait de Harvey en Démocrite

Avant d'interroger les fonctions de la peinture de Harvey en Démocrite à l'époque moderne, il nous faut commencer par rappeler dans quelle tradition elle s'inscrit, c'est-à-dire revenir au récit de la rencontre entre le philosophe Démocrite et le célèbre médecin de l'antiquité Hippocrate.

Cette rencontre sans doute fictive, est relatée dans un texte au statut bien particulier, puisque les lettres dites du pseudo-Hippocrate n'ont été rédigées ni par Hippocrate ni par l'un des auteurs de la collection hippocratique: ces lettres, comme le rappelle Jackie Pigeaud,[38] sont des faux. Elles font état d'un dialogue imaginé et imaginaire entre le philosophe matérialiste, soucieux de comprendre les causes des

37. En particulier l'épitre dédicatoire au traité sur la génération (1651) rédigée par médecin et président du Collège royal des médecins George Ent, défenseur de Harvey: 'To the learned and illustrious the President and Fellows of the College of Physicians of London', dans *Animal generation*, p.145-49. Mais aussi la préface de Zacharias Wood (Sylvius), médecin de Rotterdam, à l'édition du *De Motu Cordis* qui paraît à Rotterdam en 1648 et que nous citerons ici à partir de la traduction anglaise parue à Londres en 1653: *The Preface of Zacharias Wood, physician of Roterdam, upon the anatomical exercises of Dr William Harvey*, dans *The Anatomical exercises of Dr William Harvey* (Londres, F. Leach,1653).
38. Pigeaud, *Melancholia, le malaise de l'individu*, p.46.

phénomènes, et le médecin Hippocrate, celui qui a fait de la médecine une discipline autonome, distincte de la philosophie et de la théologie et que les historiens de la médecine considèrent pour cette raison comme le père de la médecine. Elles jouent, selon Jackie Pigeaud, un rôle essentiel dans la construction d'une histoire mythique des rapports entre philosophie et médecine. On sait en effet comment Celse présente Hippocrate dans la préface de son *De Medicina*: comme celui qui, le premier, a séparé médecine et philosophie. Mais loin de lui en savoir gré, Celse dénonce au contraire les effets néfastes de cette coupure qui a consisté à séparer l'observation de la nature du traitement thérapeutique des maladies.[39] A l'inverse, à la fin du dix-septième siècle, Daniel Le Clerc présentera dans son *Histoire de la médecine* (Genève, 1696) Démocrite (et Epicure), comme celui, qui par l'intermédiaire d'Asclépiade, a permis de réconcilier philosophie et médecine en réintroduisant la recherche des causes des phénomènes, trop longtemps délaissée par la médecine empirique.[40]

Mais revenons tout d'abord brièvement au récit originel de cette rencontre et à la lecture des lettres du pseudo-Hippocrate. Ces lettres racontent comment les habitants de la ville d'Abdère, constatant que leur philosophe Démocrite passe son temps à rire de tout, y compris des malheurs des hommes et des vicissitudes du temps, appellent à l'aide le médecin Hippocrate et lui demandent de soigner Démocrite, dont la folie est perçue comme une menace pour l'ensemble de la cité. Elles soulignent surtout les limites de l'art médical et la supériorité de la philosophie comme médecine de l'esprit sur la médecine du corps. C'est le philosophe, que l'on croit malade et même fou, qui fait preuve de sagesse et qui seul peut guérir le mal qui le menace non pas lui, mais la cité toute entière. Démocrite a en effet compris la folie et la vanité des choses humaines, il a 'exploré et découvert la vérité de la nature humaine'.[41] Comment? En s'adonnant à la pratique de la dissection, en

39. 'Dans une première étape, l'art de guérir fut considéré comme une partie de la philosophie, de sorte que le traitement des maladies et l'étude de la nature ont eu à l'origine les mêmes maîtres. Homme remarquable par l'art et le style, Hippocrate sépara la médecine de la philosophie.' Celse, *De Medicina*, Préface, trad. Philippe Mudry (Rome, 1982). Je renvoie ici à l'interprétation de ce texte proposée par J. Pigeaud dans *Melancholia, le malaise de l'individu*, p.34.

40. 'Les choses ayant duré longtemps en cet état, Asclépiade paroît sur la scène, qui introduit de nouveau la Philosophie dans la Médecine, mais une Philosophie qui n'avoit pas encore servi à cet usage. C'est celle de Démocrite, ou d'Epicure, par laquelle le même Asclépiade renverse tous les principes d'Hippocrate, en même temps qu'il terrasse les empiriques. Les malades n'entendent alors parler que d'atomes, & de pores, de petites corps de différentes grosseur, de passages bouchez, ou resserrez, de passages trop ouverts ou relâchez.' Daniel Le Clerc, *Histoire de la médecine* (Amsterdam, G. Gallet, 1702), Préface (n.p.).

41. Hippocrate à Damagète, dans Hippocrate, *Sur le rire et la folie*, éd. Yves Hersant (Paris, 1989), p.100.

recherchant le siège de la bile noire. L'observation et l'ouverture des corps des animaux constituent le moyen de parvenir à une connaissance plus exacte et lucide de la nature de l'homme.

Arrêtons-nous un moment sur les détails du récit de cette rencontre, et en particulier sur la situation de Démocrite, telle qu'elle est décrite dans les textes antiques (dans les lettres mais aussi dans les *Vies des philosophes illustres* de Diogène Laërce). Démocrite y est décrit comme un personnage contemplatif qui s'est retiré des affaires et du tumulte du monde et a trouvé refuge dans un endroit retiré, non loin de la ville cependant, en haut d'une colline. C'est cette position stratégique de guetteur qui lui permet d'observer la folie des hommes et du monde. La description de sa situation topographique est, dans le texte, très précise. Nous lisons dans la *Lettre à Damagète*: 'La maison n'était pas loin, et la ville guère étendue. Nous voilà (Hippocrate conduit par les Abdéritains) donc parvenus à proximité du rempart où se trouvait la maison; ils me conduisirent ensuite tout doucement derrière la tour, jusqu'à une colline élevée qu'ombrageaient de hauts peupliers touffus.'[42]

Hippocrate découvre alors le 'logis' de Démocrite 'au pied d'un platane épais et très bas', à proximité d'un petit cours d'eau qui bruit doucement et 'd'un temple consacré aux nymphes'.

Deux textes au moins reprennent très explicitement ces détails topographiques et soulignent la proximité du positionnement entre Harvey et Démocrite, leur choix commun de s'établir à distance de la cité, en retrait du tumulte du monde: l'épitre dédicatoire de George Ent (futur président du Collège des médecins) au traité sur la génération (1651) d'une part, la vie de Harvey par Aubrey (1657) d'autre part. Selon Geoffrey Keynes, la visite relatée par Ent à son ami Harvey, aurait eu lieu en 1648 ou 1647.[43] Précisément donc au moment où Harvey, après avoir joué un rôle actif auprès de Charles Ier, comme médecin du roi, se retire de la vie politique. Plus précisément selon Keynes, c'est après la défaite du Roi Charles Ier contre les troupes parlementaires, que William Harvey se retire à la campagne, à proximité cependant de la ville de Londres.

Aubrey, dans sa *Vie de Harvey* (1657) fait explicitement référence à la bataille de Hedge Hill, en 1642, à laquelle Harvey aurait assisté et pendant laquelle il aurait été chargé de s'occuper personnellement du prince et du duc d'York. Selon son témoignage, Harvey se serait réfugié avec eux pendant la bataille, derrière une haie, et aurait calmement sorti un livre qu'il conservait dans sa poche, avant d'être dérangé dans sa lecture par un tir d'obus qui l'aurait contraint à changer de place.[44] Le

42. Hippocrate à Damagète, p.74.
43. Keynes, *Life of William Harvey*, p.330.
44. 'When Charles I by reason of the Tumults left London, he attended him, and was at the fight of Edge Hill with him; and during the fight, the Prince and Duke of Yorke were

texte précise comment, après la défaite du Roi à Oxford en juillet 1646, Harvey se retire à proximité de Londres, chez son frère Eliab, dans le Surrey. Il goûte alors les plaisirs d'une vie retirée consacrée à la contemplation. Il est fait mention du goût de Harvey pour l'obscurité et de son habitude de séjourner pendant la période estivale dans des cavernes ou des caves creusées sous la maison de son frère.

Toutes ces précisions (le goût pour l'obscurité, pour la méditation solitaire, une tendance à la dérision aussi – soulignée dans le texte de Aubrey lorsqu'il évoque le jugement porté par Harvey sur Bacon: celui qui philosophe et écrit comme un Lord Chancellor) renvoient de manière indubitable au portrait de Démocrite. On pense ici en particulier au témoignage d'Antisthène cité par Diogène Laërce: 'vivant parfois en solitaire et hantant les tombeaux',[45] aimant tellement le travail 'qu'après s'être approprié une petite maison dans une portion du jardin, il s'y enfermait à clef'.[46]

Quant au texte de l'épitre dédicatoire de George Ent au traité de Harvey sur la génération (1651), il établit encore plus explicitement le rapprochement entre Harvey et Démocrite: 'I found him, Democritus-like, busy with the study of natural things [...].' Il est fait là encore référence aux tumultes de la guerre civile et au besoin éprouvé par Harvey de s'en éloigner. Le texte reprend d'ailleurs l'un des thèmes majeurs des *Lettres du pseudo-Hippocrate*: celui d'une correspondance étroite entre l'état d'esprit et de santé psychique du philosophe et l'état dans lequel se trouve la cité. Arrêtons-nous un instant sur la réponse de Harvey qui le salue et lui demande comment il se porte: 'I forthwith saluted him, and asked if all were well with him? "How can it", said he, "whilst the Commonwealth is full of distractions, and I myself am still in the open sea"?'

Comme son prédécesseur Démocrite, Harvey s'interroge sur la possibilité de penser la santé de l'individu indépendamment de celle du corps politique auquel il appartient. Seules les études et la contemplation, précise le personnage de Harvey tel que Ent le fait s'exprimer, peuvent apporter repos et quiétude. Pour quelles raisons alors prendre

committed to his care. He told me that he withdrew with them under a hedge, and tooke out of his pockett a booke and read; but he had not read very long before a Bullet of a great Gun grazed on the ground neare him, which made him remove his station [...].' Aubrey, *Brief lives*, p.211.

45. Diogène Laërce précise que Démocrite aurait été entretenu, 'à cause de son indigence, par son frère Damasos'. 'Selon Antisthène, il s'exerçait de façon extrêmement variée à mettre à l'épreuve les fantasmes de l'imagination, vivant parfois en solitaire et hantant les tombeaux.' Diogène Laërce, *Vies des philosophes illustres*, livre 9, para. 38, trad. M.-O. Goulet-Cazé (Paris, 1999) p.1077-78.

46. Diogène, *Vies des philosophes*, p.1076.

le risque de publier le traité sur la génération, fruit de plusieurs années d'observations (certaines ayant été perdues d'ailleurs pendant la guerre civile, les observations de Harvey sur les insectes mentionnées dans le texte de Aubrey, perte dont Harvey ne se serait jamais consolé)[47] et de déclencher de nouveau une tempête semblable à celle suscitée par la publication du *De Motu Cordis* à Francfort en 1628?

Ces deux textes (*Epitre dédicatoire* de Ent et *Vie de Harvey* par Aubrey) ont donc comme particularité d'insister sur la proximité de situation entre Harvey, inventeur de la circulation sanguine ('Inventor of the circulation of the Bloud'), le premier a avoir manifesté de la curiosité dans le domaine des recherches anatomiques en Angleterre (toujours selon Aubrey), et Démocrite, le philosophe désireux de connaître la cause de la folie des hommes et qui se serait, pour cette raison, consacré à la dissection des animaux. La relecture du texte antique sert à souligner la position du philosophe naturaliste à l'égard des troubles qui peuvent agiter la cité et plus généralement les hommes: plutôt que de rester dans la position du navigateur perdu dans la tempête, mieux vaut adopter celle d'un observateur ou d'un guetteur.

C'est précisément cette position du guetteur et de l'observateur de la folie des hommes que Robert Burton a remis au goût du jour dans son *Anatomie de la mélancolie*, parue en 1621. Prenant le 'masque de Démocrite' (Democritus Junior), le clergyman mélancolique compare son mode de vie monacal et studieux à la situation de Démocrite dans son jardin, 'à l'écart du tumulte et des préoccupations du monde'. Prendre le masque de Démocrite, c'est pour Burton se présenter comme 'le spectateur des fortunes et des aventures des autres', celui qui reste à distance des 'rumeurs habituelles de guerres, d'épidémies, d'incendies, d'inondations, de vols, de meurtres, de massacres, de météores, de comètes, de fantômes, de prodiges [...]'.[48] Et c'est aussi pour se guérir et trouver un remède à cette mélancolie et à cette folie qui guettent ses contemporains que Burton entreprend de reprendre la rédaction du traité laissé inachevé par Démocrite.

Le portrait de Harvey en Démocrite a donc d'abord comme fonction de renouer les fils du dialogue entre médecins et philosophes. Il vise à

47. Selon le témoignage toujours de Aubrey: 'I remember I have heard him say he wrote a booke *De Insectis*, which he had been many yeares about, and had made dissections of Frogges, Toades, and a number of other Animals, and had made curious Observations on them, which papers, together with his goods, in his Lodgings at Whitehall, were plundered at the beginning of the Rebellion, he being for the King, and with him at Oxon; but he often sayd, That all the losses he sustained, no griefe was so crucifying to him as the losse of these papers, which for love or money he could never retrive or obtaine'. *Brief lives*, p.211. Cette perte est aussi mentionnée dans l'ode de Cowley citée plus loin.

48. Robert Burton, *Anatomie de la mélancolie*, Au lecteur, trad. Hoepffner (Paris, 2000) t.1, p.20-21.

donner à Harvey la stature d'un anatomiste mais surtout d'un philosophe soucieux non pas d'apporter le trouble dans une cité déjà perturbée par les conflits civils et religieux mais de comprendre la nature et par là d'œuvrer à l'obtention d'une forme de tranquillité d'esprit et d''égalité d'humeur', qui ne peut s'obtenir que par le biais d'une connaissance des causes et d'un effort acharné à comprendre le fonctionnement de la nature.[49]

Pourtant l'image de Démocrite est loin d'être univoque. Les portraits de Harvey en Démocrite renvoient non seulement au philosophe naturel et atomiste, à l'anatomiste et moraliste que rencontre Hippocrate, mais encore au Démocrite rieur décrit par Lucien ou Sénèque.[50] La rencontre entre ces différents personnages ne produit pas que des effets positifs. Le Démocrite qui choisit, à l'opposé d'Héraclite, de rire des malheurs du monde, a plutôt mauvaise réputation dans la tradition philosophique.[51] Son rire est interprété comme un signe de mélancolie ou de folie.[52] Le Démocrite réel, philosophe atomiste, est accusé de son côté de développer une forme de 'matérialisme vulgaire'. Sa pensée est associée à une approche nécessitariste et de mécanisme qui nie toute possibilité de faire intervenir des causes finales ou intelligentes dans la nature.[53] Dans un

49. Voir là encore l'exposé doctrinal de la pensée de Démocrite dans le texte de Diogène Laërce: 'Tout se produit selon la nécessité, le tourbillon étant la cause de la naissance de toutes choses: c'est cela qu'il appelle "nécessité". Le bien suprême est l'égalité d'humeur, qui n'est pas identique au plaisir [...], mais qui est une manière d'être où l'âme mène sa vie dans le calme et l'équilibre, sans être troublée par aucune crainte, superstition ou quelque autre passion.' Diogène, *Vies des philosophes*, p.45.

50. 'Héraclite, chaque fois qu'il sortait et voyait tant de gens autour de lui mal vivre ou plutôt mal périr, pleurait, s'apitoyait sur tous ceux qu'il rencontrait joyeux et satisfaits; c'était une âme compatissante, mais trop faible, et lui-même était de ceux qu'il fallait plaindre. Démocrite au contraire ne paraissait jamais en public sans rire, tant il trouvait peu sérieux les actes que tous faisaient sérieusement. Y a-t-il place pour la colère là où il faut rire ou pleurer de tout?' Sénèque, *Dialogues*, t.1, *De Ira* (De la colère), Texte établi et traduit par A. Bourgery (Paris, 1971), livre II, 5, p.37.

51. Voir la préface de J. Brunschwig à l'ouvrage de Morel, *Démocrite et la recherche des causes*. On peut aussi souligner, comme le font plusieurs contributions dans ce volume, en particulier celles de A. Wenger (p.199) ou de H. Cazes (p.9), que c'est bien plutôt Hippocrate qui joue le rôle de modèle pour les médecins de la Renaissance jusqu'aux Lumières.

52. Pour le portrait de Démocrite en mélancolique, opposé à Héraclite et à son rire, Christoph Lüthy renvoie en particulier aux *Epistolae familiares* de Marsile Ficin, publiées en 1495, voir *The Letters of Marsilio Ficino*, trans. members of the language dept. of the School of Economic Science, London, 4 vols (Londres, 1975) 1:58, p.104 et Lüthy, 'The fourfold Democritus', p.456.

53. C'est bien pour avoir écarté la considération des causes finales de la physique que Bacon fait son éloge: 'voilà pourquoi la philosophie naturelle de Démocrite et de quelques autres – philosophie qui ne suppose pas un esprit ou une raison dans la structure des choses [...] me paraît plus réelle, et fruit d'une meilleure recherche, que celle d'Aristote et de Platon, pour autant que j'en puisse juger par le compte rendu et les fragments qui nous en sont parvenus.' Francis Bacon, *Du progrès et de la promotion des savoirs*, trad. Le Doeuff (Paris, 1991), livre II, p.127-28.

contexte où les médecins doivent se défendre contre l'accusation d'athéisme, le rapprochement entre la pensée de Harvey et la doctrine d'un personnage, décrit dans certains textes comme un matérialiste et un nécessitariste, ne manque pas de surprendre. On peut dont légitimement s'interroger sur les raisons qui ont poussé ceux qui entendent célébrer la découverte de Harvey à convoquer une figure ambivalente, dont les différentes facettes peuvent susciter chez le lecteur des réactions critiques mitigées.

Défendre le savoir expérimental contre l'accusation de mélancolie

On est d'autant plus surpris de cette comparaison, lorsque l'on se penche sur les textes de Harvey lui-même et sur les modèles qu'il choisit de se donner. Lorsqu'il expose la méthode qu'il a choisie d'adopter, dans l'introduction au traité sur la génération, Harvey ne fait jamais mention de Démocrite. Il se place en revanche sous l'autorité d'Aristote pour affirmer la nécessité de partir de l'observation sensible et de consulter 'le livre de la nature' plutôt que de se référer à l'autorité des textes anciens.[54] Reprenant le précepte aristotélicien ('*nihil est in intellectu quod prius non fuerit in sensu*')[55] il fait des sens, et en particulier de l'observation visuelle, le véritable mode d'accès à la connaissance, insistant sur la nécessité de procéder à des dissections répétées, seul moyen de prétendre à une quelconque vérité dans l'investigation de la nature, opposant l'observation sensible du corps aux gravures et représentations proposées dans les traités d'anatomie qui adoptent un point de vue trop éloigné sur celui-ci.[56] On trouve bien, dans les lettres de Harvey adressées à Jean Daniel Horst entre 1651 et 1657, deux mentions du personnage de Démocrite.[57] Si Harvey mentionne Démocrite dans ce contexte, ce n'est pas pour prôner la nécessité d'une rupture par rapport à la tradition de la philosophie naturelle aristotélicienne, encore dominante dans le cursus universitaire médical y compris durant la

54. On peut sur ce point comparer Harvey à Galilée qui lui aussi se sert de la référence à Aristote pour justifier la nécessité de partir de l'observation. Voir en particulier la *Lettre à Licetti* et *Dialogue sur les deux plus grands systèmes du monde*, Première journée, trad. R. Fréreux (Paris, 1992), p.147. Voir aussi sur ce point l'article de Charles B. Schmitt, 'William Harvey and Renaissance Aristotelianism, a consideration of the Praefatio to "De Generatione animalium" (1651)', dans *Humanismus & Medizin*, ed. R. Schmitz und G. Keil, (Weiheim, 1984).
55. *Anatomical generation*, dans *The Works of William Harvey*, introduction, p.157.
56. *Anatomical generation*, dans *The Works of William Harvey*, introduction, p.158.
57. William Harvey, *The Sixth letter to the distinguished and eminent gentleman, Johann Daniel Horst, Chief Physician of Hesse-Darmstadt*, dans *The Circulation of the blood and other writings*, trans. Kenneth J. Franklin, introduction Andrew Wear (Londres, 1958), p.159.

première moitié du dix-septième siècle, mais pour en appeler à la poursuite de son travail par d'autres: Démocrite a la réputation d'être celui qui, inlassablement, tente de dévoiler les mystères de la nature.[58]

Pour une première catégorie de défenseurs des découvertes des modernes, la référence au personnage de Démocrite n'implique aucunement la nécessité d'une rupture par rapport aux fondements sur lesquels s'est constituée la philosophie naturelle depuis l'Antiquité. C'est en particulier la position des médecins hollandais Zacharias Sylvius (1608-1664) et Jacobus De Back (1593-1698)[59] qui œuvrent, à l'initiative du libraire hollandais Arnold Leers, à une réédition du traité de Harvey sur la circulation sanguine. La septième édition du *De Motu Cordis* paraît à Rotterdam en 1648. Comprenant des modifications importantes du texte, augmentée d'une préface de Zacharias Wood et d'un discours sur la circulation sanguine de Jacobus De Back (*Dissertatio de Corde*), elle joue un rôle majeur dans la diffusion des idées de Harvey aux Pays-Bas et sur le continent, mais aussi en Angleterre, puisque c'est cette édition qui constitue le support de la première traduction anglaise du texte en 1653, Zacharias Sylvius apparaissant alors sous le nom de Zacharias Wood.

La référence au personnage de Démocrite est très présente dans la Préface rédigée par ce dernier. Sylvius/Wood y compare le rejet de la découverte de Harvey par ses contemporains, à l'attitude de l'évêque de Mayence (Boniface) qui dénonça Virgile au Pape pour avoir soutenu l'existence des antipodes, et à celle des Abdéritains accusant leur philosophe Démocrite de folie. Ce qu'il s'agit de comprendre pour Sylvius c'est une tendance propre à la nature humaine, depuis l'Antiquité jusqu'à la période moderne, à ne pas accepter les opinions qui vont à l'encontre de ce qui est communément admis:

> Now many men are like the Abderitans, ther[e] are now many Bonifaces and Utilios who do traduce the new inventions of those, who, as it were by the great inspiration of God, have bestowed all their studies upon the search and knowledge of things, as unprofitable, and the force of a custom once set[t]led is able to effect so much, that no man in any barbarous place did ever seem to usurp more unlicensed power.[60]

58. 'Nor I doubt but that many things now hidden in the well of Democritus, will by and by be drawn up into day by the ceaseless industry of coming ages.' *First letter to J. D. Horst*, citée par Willis, *Works*, p.lxxiv.
59. Sur ce texte, voir M. J. Van Lieburg, 'Zacharias Sylvius (1608-1664), author of the Praefatio to the first Rotterdam édition (1648) of Harvey's *De Motu Cordis*', dans *Janus: archives internationales pour l'histoire de la médecine et pour la geographie médicale* 65 (1978), p.241-57. Voir aussi M. J. Van Lieburg, 'The early reception of Harvey's theory on blood circulation in the Netherlands', *Histoire des sciences médicales*, 17 (1982), p.102-105. http://www.biusante.parisdescartes.fr/sfhm/hsm/HSMx1982x017xspec2/HSMx1982x017xspec2x0102.pdf. Page consulté pour la dernière fois le 8 octobre 2014.
60. *The Preface of Zacharias Wood*, p.3.

Comme le souligne Marius J. Van Lieburg, Zacharias Sylvius, formé à l'université de Leyde, bastion de l'enseignement de la philosophie aristotélicienne et péripatéticienne, convoque les figures philosophiques et médicales antiques, Aristote et Démocrite, Hippocrate et Galien, pour défendre une découverte qu'il ne perçoit pas comme une rupture par rapport aux fondements sur lesquels s'est édifié l'ancien savoir médical. En témoignent ces quelques phrases d'éloge rédigées par Sylvius en l'honneur de Harvey:

> Vivat Aristoteles, vivat Galenus et ingens
> Hippocrates, quorum fama perennis erit
> Vivat et Harveius, tam sanctas nempe tulerunt
> Illi artes, quas nunc Anglus hic ecce colit.[61]

Mentionnant l'attitude du médecin hollandais Plempius (1601-1671) et son ralliement aux thèses de Harvey (*Fundamenta Medicinae*, 1644), Sylvius défend une conception non statique de la vérité ('Plato's my friend and Socrates too, but Truth is more my friend then they both') qui permet de contester l'argument d'autorité. Il reprend ici une ligne argumentative que l'on trouve sous la plume de Harvey comme sous celle de Galilée, lesquels justifient la nouveauté de leurs découvertes par la présence d'observations nouvelles, dont les Anciens ne disposaient pas et rappellent régulièrement le primat accordé par les Anciens eux-mêmes à l'observation.[62]

Pourtant force est de constater que plus on avance cependant dans le siècle, plus la référence au personnage de Démocrite sert à opérer une critique des autorités (Aristote, Hippocrate, Galien) et des fondements à partir desquels s'est constituée la philosophie naturelle depuis l'Antiquité. Démocrite est présenté comme celui qui a privilégié l'observation sur les raisonnements, celui qui s'est efforcé de lire 'le livre de la nature' au lieu de se fier au savoir délivré par les autorités. En 1645 paraît à Nuremberg un traité de Marc Aurelio Severino (1560-1656) intitulé *Zootomia Democritae*, [*id est, Anatome Generalis totius animamtium opificii, libris quinque distincta*] dans lequel on trouve un long proème consacré à la défense de l'anatomie comparée et un éloge de Démocrite. Cette référence à Démocrite, l'appel à l'observation contre le recours aux autorités, s'accompagne chez Severino d'une critique de la tradition péripatéticienne (voir son traité *Antiperipatias, hoc est adversus Aristoteleos de respiratione piscium diatriba*, paru en1659).

On peut donc repérer un second usage plus large et plus critique de la référence à Démocrite. Pour les défenseurs des nouvelles découvertes, il

61. Van Lieburg, *Janus*, p.245.
62. Comparer par exemple Galilée, *Dialogue*, Première journée, p.142 et Harvey, *Animal generation*, Introduction, 'Of the manner and order of acquiring knowledge'.

s'agit d'en appeler à la nécessité d'une nouvelle méthode d'observation de la nature, la méthode expérimentale. Celle-ci implique une investigation en profondeur de la nature, pour laquelle l'attitude de Démocrite, consacrant sa vie à la dissection des animaux, fournit un modèle probant. Le modèle de la dissection de la nature, déjà présent sous la plume de Bacon dans le *Novum Organum* (1620),[63] est repris par Walter Charleton dans un traité de 1657 (*The Immortality of the human soul demonstrated by the light of nature*) qui voit dans la Royal Society la concrétisation du projet d'une Maison de Salomon formulé par Bacon dans la *Nouvelle Atlantide* et présente ses membres comme de véritables fils de Démocrite.[64]

Rappelons que la création de la Royal Society en 1660 suscite de fortes oppositions, en particulier de la part des membres du Royal College of Physicians, institution fondée par Henry VIII en 1518, dont les membres ont adopté dès la fin des années 1640 une attitude très critique à l'égard de ceux qui entendent fonder le savoir médical sur l'expérience. L'adjectif 'empirics' sert alors communément et de manière polémique à désigner les médecins ne possédant pas de licence octroyée par le collège royal.[65] Sommé de rédiger une histoire de la création de la Royal Society dès 1669, Thomas Sprat fait très clairement état dans son ouvrage des reproches qui sont alors adressés à ceux que l'on appelle des *virtuosi*: la quête d'un savoir approfondi de la nature serait le propre d'esprits faibles et mélancoliques. Envahissant l'esprit des hommes d'idées et de conceptions imaginaires, elle les détournerait des véritables finalités du savoir, qui sont d'abord pratiques.[66] Ces enquêteurs infatigables qui tentent, selon Sprat, d'ouvrir les yeux des hommes pour les aider à percevoir la réalité des choses, sont attaqués, moqués: on les présente comme des individus appartenant à un autre monde, des 'compagnons de l'ombre' et de leurs propres 'fantaisies mélancoliques' ('melancholy whimsies').[67]

63. Francis Bacon, *Novum Organum*, trad. Malherbe et Pousseur (Paris, 2004), p.82. Voir aussi livre I, aphorisme 124: 'nous bâtissons dans l'entendement humain le modèle vrai du monde, tel qu'il se découvre et non tel que sa raison propre l'aura dicté à quiconque. Or ceci ne peut être mené à bien sans qu'ait été fait du monde la dissection et l'anatomie la plus exacte', p.177.
64. 'In the Colledge of Physicians in London (which I may pronounce to be the most eminent Society of men, for learning, judgement and Industry, that is now, or at any time hath been, in the whole World) you may behold Salomons House in reality'. Walter Charleton, *The Immortality of the human soul demonstrated by the light of nature* (Londres, H. Herringman, 1657), Dialogue I, p.34 [nous soulignons].
65. Sur ce conflit voir Harold J. Cook, *The Decline of the old medical regime in Stuart London* (Ithaca, NY, et Londres, 1986), p.115 sq.
66. Sprat, *History*, part 1, sect. XI, p.26-27. Notons que Bacon répondait déjà à ce type d'objection: Francis Bacon, *Du progrès et de la promotion des savoirs*, trad. Le Doeuff (Paris, 1991), Livre 1.
67. Sprat, *History*, p.26-27.

C'est ce type d'accusation qui conduit Sprat à entreprendre la rédaction d'une Histoire de la Royal Society. L'enjeu est bien de montrer que la création d'une institution stable pour débattre du savoir, loin de constituer un outil de propagande politique ou religieuse, offre au contraire aux savants un lieu à l'abri des conflits et des querelles de la guerre civile. La finalité première de cette institution est d'ordre thérapeutique: il s'agit de parvenir à une forme de philosophie, capable de soigner, c'est-à-dire de remédier aux querelles ou (comme le dirait Bacon) de prévenir ces humeurs peccantes qui gênent le progrès du savoir.[68] L'appel à l'expérience, à l'observation et à la collecte des faits, apparaît comme une méthode permettant de mettre un terme aux désaccords et aux controverses, comme un critère (un 'test of truth') susceptible de mettre à l'épreuve les différentes théories médicales alors en présence et de départager de manière impartiale ceux qui recherchent authentiquement la vérité, des imposteurs ou des charlatans.[69]

Dans la seconde partie de son *Histoire de la Royal Society*, Sprat insiste justement sur les intentions qui ont animé ses fondateurs. Il s'agissait d'abord de se donner la possibilité de respirer un air plus libre, de pouvoir converser et échanger calmement, à l'abri des passions et de la folie des événements de la guerre civile.[70] Le texte fait l'éloge d'un savoir sobre et raisonnable ('be sober and reasonable': ce sont les mêmes notions qui sont utilisées pour remédier à l'enthousiasme sur un plan religieux) et entend fournir des armes pour lutter contre les 'enchantements de l'enthousiasme' ('inchantments of enthusiasm'). C'est la considération des conflits entre les hommes qui est susceptible d'affecter notre esprit et de susciter en nous crainte et inquiétude. Loin de contribuer à accroître cet état de 'folie spirituelle' ('spiritual frensies'),[71] l'investigation de la nature par le biais de l'observation et de l'expérimentation est au contraire présentée comme un remède libérant notre esprit des inquiétudes dans lesquelles peut le plonger le spectacle des infortunes du temps présent et la considération des affaires

68. Michael Hunter, *Establishing the new science: the experience of the early Royal Society* (Londres, 1989), Introduction, p.10.

69. Là encore on peut établir un parallèle avec la manière dont Shaftesbury propose de remédier à l'enthousiasme religieux: l'épreuve du ridicule permet en effet de faire de l'expérience du rire un moyen de distinguer bon et mauvais enthousiasme. Anthony Ashley-Cooper, Earl of Shaftesbury, *Lettre sur l'enthousiasme* (1708), éd. et trad. C. Crignon-De Oliveira (Paris, 2002).

70. 'The first purpose was no more, then onely the satisfaction of breathing a freer air, and of conversing in quiet one with another, without being ingag'd in the passions, and madness of that dismal Age.' Sprat, *History*, part 2, p.53.

71. Sprat, *History*, p.53-54.

humaines. Le recours à la méthode expérimentale doit fournir les conditions d'un débat d'idées qui ne dégénèrera pas en guerre civile.[72]

Or nous savons justement quelle utilisation les polémistes religieux et politiques ont pu faire de la description clinique de la pathologie mélancolique pour rendre compte de la prolifération sectaire en Angleterre au dix-septième siècle et dénoncer le danger religieux et politique de l'enthousiasme et du fanatisme.[73] L'enthousiasme ne sert pas seulement à désigner des comportements religieux au dix-septième siècle, mais aussi une forme pathologique de connaissance, fondée sur l'inspiration, bien plus que sur la raison. Démocrite n'est-il pas justement présenté dans le texte de Diogène Laërce comme un prophète, capable de prédire les événements futurs, comme un homme qui a gagné la célébrité et s'est acquis 'la réputation d'un homme habité par l'inspiration divine'?[74] On se souvient par ailleurs de la manière dont Zacharius Sylvius opère dans sa préface un rapprochement entre les figures d'inventeurs anciens et modernes: ils ont en commun d'être habités par le feu d'une inspiration divine ('the great inspiration of God'). Le médecin hollandais fait allusion ici au sens antique et positif de l'inspiration, celle que décrivait Platon dans le *Phèdre*.[75] Mais les notions d'inspiration et d'enthousiasme acquièrent au dix-septième siècle une signification beaucoup plus polémique et négative. Rapporté à la présence de la bile noire dans le corps, l'enthousiasme devient synonyme de prétention abusive à l'inspiration et il s'apparente à un comportement pathologique.[76] Comparer Harvey à Démocrite, c'est donc prendre le risque de le présenter comme un fou, dont les dons pourraient justement s'expliquer par un tempérament mélancolique.

Le texte de John Aubrey fait très précisément état des accusations de folie auxquelles est confronté Harvey juste après la publication du *De Motu*

72. 'To have been eternally musing on Civil business, and the distresses of their Country, was too melancholy a reflexion: It was Nature alone, which could preasantly entertain them, in that estate. The contemplation of that, fraws our minds off from past, or present misfortunes, and makes them conquerers over things, in the greatest publick unhappiness: while the consideration of Men, and humane affairs, may affect us, with a thousand various disquiets; that never separates us into mortal Factions; that gives us room to differ, without animosity ; and permits us to raise contrary imaginations upon it, without any danger of a civil War.' Sprat, *History*, p.56.
73. Voir Michael Heyd, *'Be sober and reasonable': the critique of enthusiasm in the seventeenth and early eighteenth century* (Leiden, 1995). C. Crignon-De Oliveira, *De la mélancolie à l'enthousiasme, Robert Burton et Anthony Ashley Cooper, comte de Shaftesbury* (Paris, 2006).
74. Diogène, *Vie des philosophes*, p.1078.
75. Voir par exemple Platon, *Phèdre* 244a-244d et notre dossier sur l'enthousiasme dans Shaftesbury, *Lettre sur l'enthousiasme* (Paris, 2002), p.175-91.
76. Voir Burton, *Anatomie de la mélancolie*, trad. Hoepffner (Paris, 2000) t.2, p.1704-1706. Voir aussi Gottfried Wilhelm Leibniz, *Nouveaux essais sur l'entendement humain* (Paris, 1966), p.448-50.

Cordis. La diminution importante du nombre de ses patients après 1628 (la découverte de la circulation sanguine ne traduisant par une remise en cause de pratiques thérapeutiques alors considérées comme efficaces, en particulier la saignée) s'explique, selon le témoignage de Harvey lui-même, par la réputation que le vulgaire lui fait alors, celle d'avoir un cerveau dérangé: 'I have heard him say, that after his Booke of the Circulation of the Blood came out, that he fell mightily in his Practize, and that 'twas beleeved by the vulgar that he was crack-brained; and all the Physitians were against his Opinion, and envyed him, many wrote against him.'[77]

Pour les partisans du statu quo en médecine, pour les adversaires de Harvey, il s'agit de montrer que cette folie menace aussi le corps politique. La remise en cause de la théorie des humeurs et des principes sur lesquels la thérapeutique s'est fondée pendant des siècles perturbe l'état du savoir médical en faisant ressurgir le spectre de querelles sans fin entre les différentes sectes médicales alors en présence (galénistes et dogmatiques, empiristes, partisans de la médecine chimique qui est alors l'objet d'une critique virulente et crée une société rivale à celle du Royal College of Physicians). Ce risque d'un conflit entre les différentes sectes médicales est interprété comme une menace sur un plan religieux mais aussi politique. L'enthousiasme et le fanatisme, combattus sur un plan politique et théologique, ne risquent-ils pas de renaître par le biais de ce type de conflit qui n'oppose pas seulement des théories médicales et des modèles du corps mais aussi des doctrines politiques (les partisans d'un régime monarchique contre ceux d'un régime parlementaire)[78] et théologiques (l'investigation de la nature comme ferment de l'athéisme ou au contraire comme pièce majeure de la constitution d'une physico-théologie)?[79] L'équilibre et l'ordre qui se sont difficilement rétablis après

77. Aubrey, *Brief lives*, p.214.

78. La découverte de la circulation sanguine est aussi utilisée dans le cadre de la controverse qui oppose partisans de la monarchie (M. Wren) et partisans d'un régime républicain (Harrington dont l'*Oceana* paraît en 1656). L'objet du débat porte sur la question de savoir s'il est possible de transposer la méthode de Harvey dans le domaine de la science politique: peut-on déduire des principes de gouvernement politique à partir de principes naturels? C'est cette possibilité que Wren refuse. En outre Harrington utilise la découverte de la circulation et le fait que cette invention soit l'œuvre d'un individu pour argumenter en faveur de la nécessité d'avoir recours à un innovateur et à un seul législateur pour établir un plan de gouvernement. James Harrington, *Prerogative of popular gouvernment* (Londres, Th. Brewster, 1657), *The Epistle to the reader*.

79. Nous n'évoquerons pas dans cette étude la portée théologique de ce débat ni les efforts des défenseurs de Harvey pour montrer comment, loin de donner des armes à l'athéisme, la découverte de la circulation sanguine devait être comprise dans le cadre de la constitution d'une physico-théologie. Si cet aspect du débat apparaît en filigrane dans les textes sur lesquels nous nous sommes penchés, il est davantage présent dans les textes de Harvey lui-même et surtout dans ceux de Robert Boyle et c'est pourquoi il nous semble qu'il doit être abordé pour lui-même à partir d'un autre type de corpus.

les événements de la guerre civile ne vont-ils pas de nouveau être menacés? Les défenseurs de Harvey comme ses détracteurs font d'ailleurs état de ce lien entre l'instabilité du savoir médical et le risque de désordre politique.[80]

Pour les défenseurs de la méthode expérimentale en général et pour les défenseurs de William Harvey en particulier, il apparaît donc nécessaire de répondre précisément à cette accusation. George Ent dépeint, dans la préface au traité de la génération (1651), son ami Harvey comme quelqu'un qui est justement soucieux de se tenir à l'écart des troubles civils que connaît son pays, qui loin de vouloir prendre part aux controverses qui entourent ses découvertes, recherche la tranquillité et le calme. De son côté, Walter Charleton présente Harvey (dans son *Darkness of atheism dispelled by the light of nature*) comme un investigateur infatigable des arcanes de la nature ('our Democritus Londinensis, that incomparable indagator of Nature's Arcana')[81] comme un 'secrétaire oraculaire de la nature', que son effort continuel de dissection des animaux a conduit à faire des découvertes inattendues.[82] Mais loin de lui reprocher cette faculté qu'il a eue de révéler au monde ce qui demeurait caché dans les arcanes de la nature,[83] il insiste au contraire sur le bénéfice pour l'humanité des découvertes de 'notre Démocrite londonien'. Sur un plan pratique en particulier, elles ont permis de proposer des remèdes pour des pathologies qui demeuraient incomprises.[84] Ainsi souligne-t-il, dans ses *Two discourses concerning the wits of men* (1669), le bénéfice de la découverte du principe de circulation sanguine pour la compréhension des maladies de l'esprit. Ceux qui consacrent leur existence aux études et à la contemplation savent désormais quel rôle joue le sang dans la santé de l'esprit. Véritable cause de la sagesse, le sang doit demeurer pur et non corrompu.[85]

80. Si Zacharias Wood construit le parallèle entre Harvey et Démocrite c'est aussi parce qu'ils ont été tous deux confrontés à cette accusation d'introduire le désordre au sein du corps politique: 'O disturber of the quiet of Physicians! O seditious citizen of the Physical Commonwealth!' *The Preface of Zacharias Wood*, p.3. On retrouve la même présentation de Harvey en perturbateur du savoir médical dans un texte plus tardif de Oliver Hill, *The Fifth essay of D. M. a friend of truth and physick, against the circulation of the blood, shewing its absurdity & impossibility* [...] (Londres, E. Evetts, 1720), p.6.
81. Charleton, *Darkness of atheism*, p.131.
82. '[T]hat oraculous Secretary of Nature, Dr. Harvey (...) never dissected any Animal, but always discoverd somthing or other more then he expected, nay then ever he thought on before (...).' Charleton, *Darkness of atheism*, p.295.
83. L'expression est utilisée par Charleton dans *Three anatomic lectures concerning 1. The motion of the bloud through the veins and arteries* (Londres, W. Kettilby, 1683), p.23.
84. Ce point est particulièrement souligné dans *Immortality of the human soul*, p.34-36.
85. 'Hence doubtless it twas, that Empedocles held the blood to be both the seat and cause of sapience: and that Dr Harvey, somewhere in his book of the generation of animals, affirms it to be of no small advantage to the brain, that students and contemplative men preserve

Ces textes visent clairement à établir, premièrement le caractère non belliqueux de Harvey et son souci de prendre ses distances par rapport aux évènements de la guerre civile, mais aussi par rapport aux controverses scientifiques suscitées par ses découvertes. Ils insistent, deuxièmement, sur l'utilité de la méthode expérimentale et sur le bénéfice thérapeutique de la découverte de la circulation sanguine, non seulement du point de vue des traitements des pathologies physiques, mais aussi comme pièce maîtresse de cette médecine de l'esprit que Bacon appelait déjà de ses vœux dans *The Advancement of learning*.[86]

De la mélancolie au génie

Si Thomas Sprat ne mentionne pas directement Harvey dans sa défense de la philosophie expérimentale, l'argumentation qu'il déploie pour défendre les découvertes des modernes est assez proche de la démarche qui anime les auteurs qui entreprennent de défendre Harvey contre les accusations de mélancolie et de folie. Qu'il s'agisse de défendre de manière générale la nouvelle philosophie expérimentale, ou plus précisément les découvertes de Harvey, dans les deux cas la technique, calquée sur le procédé déjà à l'œuvre dans les Lettres du Pseudo-Hippocrate, est le même. Il s'agit bien à chaque fois d'opérer un retournement de situation et de montrer que ce qui est perçu à tort comme un comportement pathologique relève en réalité d'une forme de génie incompris.

Laissant dans le texte des indices permettant de répondre aux accusations de ceux qui pourraient utiliser les soupçons qui pèsent sur la doctrine de Démocrite (le matérialisme, le nécessitarisme comme ferments de l'athéisme) pour réfuter les découvertes de Harvey ou les présenter comme dangereuses, les auteurs d'éloges ou de défenses de Harvey s'efforcent de démontrer que la mélancolie et la folie ne sont pas là où on les imagine.

Arrêtons-nous ici sur deux aspects décisifs de cette stratégie de défense. Premièrement, le retournement classique de l'accusation de folie ou de mélancolie en démonstration de génie.[87] Il permet, malgré les circonstances peu favorables dont nous avons fait état au début de notre

their mass of blood pure and uncorrupt.' Walter Charleton, *A Brief discourse concerning the different wits of men* (Londres, W. Whitwood, 1669), p.50-51.

86. Bacon, *Du progrès*, livre II, p.141, 225. Sur la question de la médecine de l'esprit de Bacon jusqu'à Locke, voir Sorana Corneanu, *Regimens of the mind: Boyle, Locke and the early modern cultura animi* (Chicago, IL, 2012).

87. Sur ce lien entre mélancolie, génie et folie, il convient bien évidemment de renvoyer au texte du *Problème XXX:1*. Voir *L'Homme de génie et la mélancolie*, éd. Jackie Pigeaud (Paris, 1991).

propos, de présenter l'inventeur de la circulation sanguine comme un héros et parfois même comme un martyr. Il s'agit alors de montrer que loin d'avoir introduit le trouble au sein du savoir médical, les efforts constants de Harvey, son observation incessante de la nature, son recours à l'anatomie comparée, ont permis d'écarter les fausses hypothèses qui gênaient le progrès de la médecine. C'est bien là, selon Wood, ce qui fait tout le mérite de Harvey. Au lieu de se reposer sur les écrits de ceux qui l'ont précédé, il a pris le parti de ne se fier qu'à ce que ses yeux lui ont permis d'observer, il a privilégié l'inspection oculaire plutôt que les lectures, le seul maître qu'il a accepté de se donner a été l'expérience, et non l'autorité des médecins de l'antiquité.[88]

Cette investigation de la nature, loin d'avoir rendu Harvey mélancolique, au sens pathologique du terme, est au contraire ce qui permet de voir dans ses travaux la marque du génie. Pour le montrer, les auteurs que nous avons mentionnés (en particulier Ent et Aubrey) prennent soin de compléter la mention de détails permettant au lecteur d'identifier rapidement en Démocrite un mélancolique, par l'ajout de traits de caractère qui viennent contrebalancer ce qui pourrait sinon apparaître comme les symptômes d'un comportement pathologique. La *Lettre à Damagète* donnait à voir un Démocrite 'vêtu d'une grossière tunique, seul, malpropre, [...] le teint très jaune, le corps décharné, le menton couvert d'une barbe trop longue'.[89] Robert Burton s'inscrit dans la lignée de ce texte lorsqu'il décrit un 'petit homme rabougri, de tempérament mélancolique, qui n'appréciait guère la compagnie pendant les dernières années de sa vie et qui s'adonnait avec ferveur à la solitude'.[90] George Ent, de son côté, découvre Harvey dans une position et une posture semblables à celles de Démocrite, mais il tempère cette ressemblance par des détails permettant au lecteur d'identifier une forme non pathologique de mélancolie, qui peut s'accompagner d'une certaine tranquillité d'esprit et même d'une disposition à la sociabilité: 'I found him, *Democritus-like*, busy with the study of natural things, his countenance *cheerful*, his mind *serene*, embracing all within its sphere.'[91]

De la même manière Aubrey, dans sa vie de Harvey, présente le

88. 'Harvey did not trust other men's writings, but his own faithfull eyes, the truest reporters of Anatomy because Anatomy is better gain by ocular inspection than by long Reading, and profound meditation. None is forc'd to swear allegiance to a Master, whom neverthelesse we likewise trust after experience.' *The Preface of Zacharias Wood.* Sur cette référence à l'observation visuelle, voir William Harvey, *Anatomical disputation concerning the movement of the heart and blood in living creatures*, Epistle dedicatory to Dr Argent, trans. G. Whitteridge, (Oxford, 1976) p.7, et aussi ch.1, 29.

89. Hippocrate à Damagète, dans *Sur le rire et la folie*, p.73-74.

90. Burton, *Anatomie de la mélancolie*, Au lecteur, p.17.

91. 'To the learned and illustrious the President and Fellows of the College of Physicians in London', *Animal generation*, *Works*, p.145.

médecin anglais comme un homme de petite taille, au teint olivâtre, avec de petits yeux, les cheveux très noirs (la noirceur indiquant ici la présence de la bile, cause de la mélancolie selon le schéma humoriste), mais il en fait en même temps un homme ingénieux, plein d'esprit ('full of spirit'), dont les cheveux blanchis prématurément indiquent toute la sagesse: 'He was hot-headed, and his thoughts working would many times keepe him from sleeping [...]. He was not tall; but of the lowest stature, round faced, olivaster complexion; little Eie, round, very black, full of spirit; his hair as black as a Raven, but quite white 20 years before he dyed.'[92]

Par ailleurs, le goût prononcé du médecin pour la contemplation et la méditation solitaire n'est pas incompatible avec un désir de communiquer et d'instruire ceux qui ne choisissent pas la voie de l'invective mais lui témoignent du respect: [93] 'He was very communicative, and willing to instruct any that were modest and respectfull to him.'[94]

On assiste alors à un second renversement, comme dans les lettres apocryphes, qui concerne cette fois-ci le rapport de Harvey à ses concitoyens. Il permet de montrer que comme les Abdéritains, les londoniens ou plus largement les contemporains de Harvey, ne parviennent pas à comprendre la sagesse du savant ou de celui qui a su observer bien mieux qu'eux la nature de l'être humain. Ce qu'il s'agit dès lors d'expliquer, ce n'est plus le comportement prétendument excentrique du médecin, mais les raisons de l'incompréhension ou du rejet suscités par sa découverte. Harvey a lui-même souligné, en particulier dans ses échanges avec le médecin français Jean Riolan, la violence des attaques auxquelles il a été exposé après la publication de sa découverte: 'A la vérité, il ne s'est passé presque aucun jour, depuis cette naissance du circuit sanguin, et je n'ai vécu le plus petit moment sans que j'aie ouï parler, soit en bien, soit en mal, de cette circulation par moi trouvée.'[95]

Il qualifie d'ailleurs, dans sa seconde missive à Jean Riolan, ceux qui l'ont attaqué de 'détracteurs', de 'libellistes salis de l'ordure de la calomnie', mais aussi de 'fous'.[96] C'est la folie de ce rejet, la violence

92. Aubrey, *Brief lives*, p.214.
93. Sur la distinction entre deux catégories d'interlocuteurs, voir la seconde lettre de William Harvey à Jean Riolan: *Deux lettres de William Harvey à Jean Riolan sur la circulation du sang*, trad. Louis Chauvois, dans *Biologie médicale, revue des sciences biologiques considérées dans leurs rapports avec la médecine* 42:7 (1953), p.xxiii.
94. Aubrey, *Brief lives*, p.212.
95. *Seconde lettre à Jean Riolan*, p.xxiii.
96. Plusieurs contributions réunies dans ce volume soulignent la violence des attaques émanant d'adversaires souvent présentés comme bornés ou mus uniquement par l'envie de nuire. Voir en particulier la contribution de F. Charbonneau (p.129) et la manière dont Fontenelle souligne dans ses éloges de médecins le retrait et l'ennui qui peuvent accompagner une vie consacrée aux recherches.

des accusations lancées contre lui (en particulier celle qui consiste à accuser Harvey d'avoir dévoilé un secret dont il aurait pris connaissance lors de son séjour à Padoue) qu'il s'agit d'expliquer aux yeux de ceux qui sont convaincus de l'importance de sa découverte. Walter Charleton par exemple, s'étonne de cette accusation de plagiat dans ses *Three anatomic lectures concerning the motion of the blood* parues à Londres en 1683, soulignant le contraste entre l'obscurité des anatomistes qui l'ont lancée et ne manqueront pas de tomber dans l'oubli et le génie de celui qui par sa découverte acquiert le statut d'immortel: 'I wonder therefore that some men of not obscure names in the catalogue of Anatomists, have shewn themselves to ungrateful and envious toward this immortal man, as to ascribe this divine invention to Padre Paolo.'[97]

Seules des passions telles que l'envie et l'ingratitude peuvent expliquer la gravité de ce type d'accusation selon ce défenseur de Harvey et des découvertes médicales.

Zacharias Wood n'hésitait pas de son côté à classer ces détracteurs envieux dans la catégorie des mélancoliques. Louant l'attitude de Plempius et son ralliement aux thèses de Harvey, à la suite du jugement prononcé par Jean de Wale, professeur de médecine à Leyde, il oppose la grandeur morale de ce médecin, sa capacité à reconnaître ses erreurs, à laisser de côté les réactions passionnelles, à la petitesse des détracteurs et des calomniateurs qui refusent de reconnaître le travail et l'ingéniosité des grands hommes. Renvoyant alors le lecteur au passé, il attribue ce comportement à l'influence néfaste du tempérament mélancolique et de l'astre saturnien: 'Search antient times, search ours, you shall not read, hear, nor see, any other than melancholy and malignant natures, which Saturn has blasted with his constellation, envious to others, and distructull of themselves, prone and made apt to this vice.'[98]

C'est bien ce type de comportement qui doit être considéré, aux yeux du préfacier, comme responsable du désordre qui empêche le savoir médical de progresser. Harvey peut alors apparaître, dans la lignée de ses illustres prédécesseurs ou contemporains, comme Copernic, Galilée, Gilbert ou Descartes, comme un génie incompris, un héros de la science moderne, bien plutôt victime des troubles qui se sont introduits dans la cité que responsable de ces désordres. Ent et Aubrey soulignent la manière dont il a été contraint de se réfugier dans le Surrey, chez son frère Eliab, après les événements de la guerre civile. De son côté, Abraham Cowley, rendant hommage dans son *Ode à Harvey*, parue en 1657, à l'auteur de la découverte de la circulation sanguine, déplore la

97. *Three anatomic lectures*, p.23. Charleton mentionne alors Jean de Wale et Thomas Bartholin comme responsables de cette accusation.
98. *The Preface of Zacharias Wood.*

manière dont la guerre civile a privé la nation anglaise d'autres découvertes tout aussi précieuses. Faisant allusion à la perte des observations accumulées par Harvey sur les insectes, il l'impute à ces 'guerres barbares' qui ont mis le pays à feu et à sang. De traître ayant lâchement profité du climat de liberté régnant en Angleterre pour publier la découverte d'un autre, William Harvey acquiert sous sa plume la stature d'un héros de la mythologie grecque:

> These usefull secrets to his Pen we owe,
> And thousands more'twas ready to bestow;
> Of which a Barbarous Wars unlearned Rage
> Has robb'd the Ruin'd Age;
> O cruell loss! as if the Golden Fleece,
> With so much cost, and labour bought,
> And from a farr by a Great Hero Brought,
> Had sunk eve'n in the Ports of Greece.[99]

Que conclure de ce détour par des textes apparemment mineurs ou annexes, préfaces, histoires, odes, vies, écrits non pas par les auteurs eux-mêmes des découvertes, mais par des personnages satellites se présentant comme des porte-paroles ou des défenseurs du nouveau savoir (Walter Charleton, Thomas Sprat)?

Tout comme l'exploration des correspondances, l'étude de ce type de corpus paraît indispensable dès lors que l'on cherche à comprendre les modalités de réception d'une pensée ou d'une découverte d'une part, et de construction d'une 'icône' du savoir d'autre part. Marius Van Lieburg fait état, dans les deux articles qu'il consacre à la réception de la découverte de Harvey aux Pays-Bas, des liens étroits qui existent entre George Ent, président du collège royal des médecins et défenseur de Harvey, le libraire Arnold Leers qui édite de nombreux traités de médecine anglais et en particulier la septième édition révisée du *De Motu Cordis*, et Isaac Beeckman, médecin dont Ent a suivi les enseignements à Rotterdam. Si les noms de Sylvius, de Ent, de Beeckman ou de Charleton apparaissent comme secondaires ou mineurs[100] du point de vue de l'histoire de la médecine, les écrits de ces médecins, les réseaux qu'ils ont constitués et qui ont rendu possibles la transmission et la discussion du texte de Harvey, ont joué un rôle crucial dans la réception de sa découverte.

On est par ailleurs frappé de constater que cette collaboration entre

99. Abraham Cowley, 'Ode upon Dr Harvey', dans *The Works of A. Cowley, in prose and verse* (Londres, 1809), t.1, p.112.

100. Pour une prise en considération des auteurs considérés comme 'mineurs' dans la construction des icônes du progrès, ou la remise en cause de ce partage entre auteurs mineurs/et majeurs, nous renvoyons à la lecture de la contribution de A. Wenger sur 'Théophile de Bordeu (1722-1776): histoire et fiction du grand homme', p.199.

Sylvius, De Back et Leers a abouti simultanément à une réédition du *De Motu Cordis* qui joue un rôle si important dans la diffusion et l'acceptation de la découverte de Harvey et à celle, en 1650, d'un manuel de médecine pratique datant de 1587, la *Praxis Medicinae Nova Ratio* de Johannes Heurnius (1543-1601) rééditée sans aucune modification ni intégration des nouvelles découvertes. La construction de l'icône harvéienne se nourrit de la référence à l'antiquité et s'appuie sur une continuité dans laquelle Harvey inscrivait lui-même son œuvre, reconnaissant en particulier sa dette à l'égard d'Aristote et de l'enseignement reçu à Padoue. La résistance à la découverte de la circulation sanguine ne peut donc se comprendre uniquement dans le cadre de la querelle entre Anciens et Modernes.

L'étude de ces textes permet finalement de ne pas limiter l'étude de la réception d'une découverte au seul milieu académique et universitaire: la traduction anglaise en 1653 de la septième édition du *De Motu Cordis* témoigne de cette diffusion plus large. Comme nous l'avons vu, les commentaires qui entourent les traités des savants font moins état d'arguments scientifiques permettant de contester la validité de la découverte elle-même que de facteurs de résistance théologiques, politiques ou sociaux (la découverte comme facteur de troubles, comme risque de réactiver le combat entre sectes qui a déchiré l'Angleterre pendant les années de la guerre civile). On comprend alors que les débats autour du progrès du savoir sont indissociables d'une réflexion plus générale qui concerne l'ordre social et politique. Les discussions autour de la circulation sanguine ne concernent pas seulement la question de l'utilité thérapeutique mais prennent place dans un débat plus large sur les corrélations à établir entre transformations du savoir scientifique d'une part, ordre social, politique et religieux d'autre part. Dans ce contexte, il est frappant de constater que si l'état du savoir médical a pu être utilisé et instrumentalisé dans le cadre de controverses religieuses et politiques (le diagnostic de mélancolie a joué un rôle déterminant dans la critique de l'enthousiasme religieux et politique à l'époque moderne), à l'inverse les évènements politiques sont aussi utilisés pour se prononcer sur l'état du savoir médical et se prononcer en faveur ou contre une transformation de ce dernier. La réflexion sur le progrès ou sur l'utilité d'une découverte médicale ne peut donc pas être appréhendée indépendamment d'une interrogation autour de ce qui est perçu comme un facteur de progrès social ou politique ou au contraire comme un facteur de trouble ou de mise en danger du corps politique.

Une épistémologie libertine de la découverte: la chance en progrès chez Cyrano de Bergerac

FRÉDÉRIC TINGUELY

Milieu gassendiste et progrès scientifique

Dans la France du dix-septième siècle, les hypothèses et les découvertes de la nouvelle astronomie (Copernic, Kepler, Galilée) bénéficient d'un accueil particulièrement favorable dans le milieu intellectuel constitué autour de Pierre Gassendi (1592-1655), critique virulent du dogmatisme aristotélicien et partisan d'une réhabilitation douce de la philosophie d'Epicure.[1] Grâce à son intense activité épistolaire, grâce à ses amis Peiresc et Diodati, qui jouent un rôle central dans la diffusion de l'actualité scientifique européenne, le chanoine de Digne peut se tenir au courant des dernières avancées et, à travers des expériences et des observations auxquelles il associe volontiers ses disciples, contribuer à leur validation par la communauté des savants.[2] En octobre 1640, il se livre ainsi au large de Marseille à une délicate expérience qui consiste à observer la chute d'une pierre lâchée à la verticale du haut du mât d'un navire en mouvement. L'enjeu est de taille: si la trajectoire de la pierre est parallèle au mât, comme lorsque le navire est à l'ancre, cela signifie par analogie que la chute verticale des graves n'est nullement incompatible avec l'hypothèse du mouvement de la Terre. L'expérience est une réussite; elle balaye les idées reçues et confirme avec éclat ce que Galilée avait prédit dans son *Dialogue sur les deux grands systèmes du monde*.[3] La

1. Sur la pensée de Gassendi, voir les travaux classiques de Tullio Gregory, *Scetticismo ed empirismo: studio su Gassendi* (Bari, 1961) et d'Olivier Bloch, *La Philosophie de Gassendi: nominalisme, matérialisme et métaphysique* (La Haye, 1971). Voir aussi la première partie du livre très suggestif de Jean-Charles Darmon, *Philosophie épicurienne et littérature au XVIIe siècle* (Paris, 1998), p.27-207.
2. Sur l'importance de Peiresc et de Diodati dans les réseaux savants à l'échelle européenne, voir notamment Peter N. Miller, *Peiresc's Europe: learning and virtue in the seventeenth century* (New Haven, CT, et Londres, 2000) et Stéphane Garcia, *Elie Diodati et Galilée: naissance d'un réseau scientifique dans l'Europe du XVIIe siècle* (Florence, 2004). Pour la participation de Chapelle et de Bernier aux observations astronomiques de leur maître, voir respectivement les lettres de Gassendi à Wendelin (3 février 1646) et à Boulliau (14 avril 1652) in *Pierre Gassendi (1592-1655): lettres latines*, éd. Sylvie Taussig (Turnhout, 2004), t.1, p.453 et 588.
3. Voir Galileo Galilei, *Dialogue sur les deux grands systèmes du monde*, trad. René Fréreux (Paris,

pierre a entraîné dans sa chute l'un des principaux arguments physiques contre la théorie de Copernic; dès 1642, Gassendi offre au public le compte rendu de ses observations dans les deux lettres qui composent son *De Motu impresso a motore translato*. S'il ne fait pas à proprement parler figure de découvreur, il participe entièrement à ce qu'il est convenu d'appeler, au sens large, la 'révolution copernicienne': il est par ailleurs l'un des premiers historiographes du renouveau astronomique – considéré par prudence ou par éclectisme au-delà d'une simple opposition entre géocentrisme et héliocentrisme – puisqu'il publie en 1654 un copieux volume réunissant les biographies détaillées de Tycho Brahé, de Copernic, de Peuerbach et de Regiomontanus.[4]

Dans les huit lettres que Gassendi adresse à Galilée, on perçoit un profond désir de participer au grand renouvellement de la science et, surtout, une admiration sans bornes pour le savant italien, élevé dès son vivant au panthéon des grands hommes.[5] La lettre du 13 octobre 1637, qui s'emploie assez maladroitement à consoler son destinataire de la cécité partielle dont il vient d'être frappé, va jusqu'à suggérer une apothéose semblable à celle de Castor et Pollux, comme si les yeux du messager des étoiles étaient destinés à étinceler sans fin dans ce firmament tant scruté par eux:

> Ne dois-tu peut-être pas penser qu'en dehors de cette privation que la mort t'infligera, sinon autre chose, de son plein droit, tes yeux vont survivre pour briller à la lumière de l'immortalité? Il est impossible que s'éteignent ou périssent ces yeux bienheureux qui ont eu les premiers le droit de voir des choses si admirables et de les donner à voir.[6]

Indépendamment de toute rhétorique laudative, il est clair que Gassendi accorde une place exceptionnelle à Galilée dans les derniers développements de la science: supportant avec constance l'injustice des hommes et, désormais, celle de la Fortune, le reclus d'Arcetri apparaît sous sa plume comme un véritable héros de la connaissance.

Lorsqu'on sait l'influence exercée par Gassendi sur les milieux les plus subversifs, notamment à travers son turbulent disciple Chapelle et l'irrévérencieux Cyrano de Bergerac, on ne s'étonne pas que ces milieux,

---

1992), p. 264: 'Que n'importe qui la fasse et il trouvera en effet que l'expérience montre le contraire de ce qui est écrit: la pierre tombe au même endroit du navire, que celui-ci soit à l'arrêt ou avance à n'importe quelle vitesse.'

4. Pierre Gassendi, *Tychonis Brahei, equitis Dani, astronomorum coryphaei, vita [...]. Accessit Nicolai Copernici, Georgii Peurbachii et Joannis Regiomontani, astronomorum celebrium, vita* (Paris, chez la veuve de Mathurin Dupuis, 1654).
5. Sur cette correspondance, voir Pietro Redondi, 'Rendez-vous à Arcetri: à propos de la correspondance entre Gassendi et Galilée', dans *Gassendi et la modernité*, éd. Sylvie Taussig (Turnhout, 2008), p.83-104.
6. *Lettres latines*, t.1, p.168.

préparés par une hostilité viscérale à l'encontre du dogme aristotélicien, soient globalement acquis à la cause de l'astronomie nouvelle. Dans l'arsenal conceptuel de ceux que René Pintard nommait les 'libertins érudits', l'héliocentrisme, avec ses multiples conséquences théologiques et philosophiques, figure en bonne place parmi les moyens de se fortifier l'esprit afin de l'élever au-dessus du vulgaire.[7]

Cependant, les mêmes milieux qui font très bon accueil aux découvertes les plus récentes ne souscrivent pas nécessairement au mythe du progrès tout tracé de la connaissance, à l'idéologie d'une science conquérante dissipant soudain, grâce à quelques grandes figures héroïques, les ténèbres de l'ancienne ignorance. Si elle intègre volontiers les nouvelles hypothèses et les nouvelles preuves, la culture libertine se révèle moins prompte à accepter le 'grand récit' de leur émergence. Au moins trois facteurs en font même un terrain peu propice à la mise en place d'une telle mythologie du progrès scientifique.

C'est tout d'abord le poids de la tradition sceptique dans la libre pensée de la première moitié du dix-septième siècle qui fait obstacle à un tel enthousiasme cognitif. Que l'on penche pour son versant pyrrhonien ou, plus rarement, pour son versant académique, le scepticisme ne se nourrit des nouvelles 'connaissances' que pour faire contrepoids aux anciennes et neutraliser ainsi la valeur de vérité des unes et des autres. Cette stratégie d'*isosthénie* (c'est-à-dire de force égale accordée à des arguments, jugements ou perceptions contraires) est doublement incompatible avec l'idée d'un progrès des sciences: non seulement elle vise à ruiner la possibilité même d'une connaissance définitivement acquise, mais elle évacue pour ce faire toute historicité, les opinions des Anciens et celles des Modernes se trouvant en quelque sorte mises à plat, déployées dans la synchronie de leur divergence. Selon une telle perspective, les prétendues découvertes de la science et de la philosophie se réduisent à un instrument de plus contre les prétentions excessives de la raison humaine. Si l'on peut estimer que Gassendi a surtout fait usage du scepticisme dans son combat contre le dogmatisme aristotélicien[8] avant de prôner une conception plus optimiste de la connaissance, on sait bien que La Mothe Le Vayer a cultivé, dans le prolongement de Montaigne et de Charron, un pyrrhonisme jovial qui a durablement marqué les milieux libertins. Dans ses célèbres *Dialogues faits à l'imitation des anciens*

7. Quelle que soit la pertinence de la catégorie historiographique de 'libertin érudit', ou même de 'libertin', l'ouvrage ancien, mais très informé, de Pintard apporte constamment la preuve d'un engouement pour l'héliocentrisme dans les milieux qu'il étudie. Voir René Pintard, *Le Libertinage érudit dans la première moitié du XVIIe siècle* (Paris, 1943).
8. Voir Pierre Gassendi, *Dissertations en forme de paradoxes contre les aristotéliciens (Exercitationes Paradoxicae Adversus Aristoteleos): livres 1 et 2*, trad. Bernard Rochot (Paris, 1959).

par Orasius Tubero (1633), la théorie de Copernic ne se trouve convoquée que pour intégrer aussitôt la longue liste des idées fixes auxquelles s'accrochent les esprits opiniâtres:

> Ainsi le Philosophe Musicien Aristoxenus dans Ciceron, ab artificio suo non recedit, voulant que nostre ame ne soit autre chose qu'une douce harmonie; ainsi Pythagore assubjettissoit toute sa philosophie aux mysteres de ses nombres; Aristote luy-mesme aux regles de sa Logique; Platon à ses Idées; Democrite et vostre Epicure à leurs Atomes ou corps insectiles; les Chimistes, à leurs principes et fourneaux; les Cabalistes et Rosecroix à leurs traditions et figures enigmatiques; Gilbertus à la vertu aimantée; Copernicus (après Philolaos et Hicetas autheurs de cette pensée) à la mobilité de la terre; bref, chascun se forme une ratiocination, et en suitte un systeme à part, et à sa mode.[9]

En régime sceptique, les nouvelles opinions scientifiques et philosophiques ne font progresser que l'interminable catalogue des fragiles conceptions humaines.

Même en partie dégagée de l'argumentaire sceptique, l'approche érudite et non systématique de la connaissance telle que la promeut Gassendi, en cela héritier direct des humanistes, constitue un deuxième obstacle à l'idée d'un progrès scientifique. Sans doute le philosophe provençal élève-t-il Galilée au rang des plus grands esprits de tous les temps, mais il ne fait pas de lui une icône moderne qui viendrait brusquement se substituer aux anciennes. Foncièrement hostile à la logique de la *tabula rasa* cartésienne, il conçoit davantage les nouvelles découvertes dans leur complémentarité avec celles d'autrefois. Alors que l'approche sceptique dresse les opinions les unes contre les autres pour qu'elles s'affaiblissent mutuellement, la perspective érudite et doxographique les considère plutôt comme des facettes de vérité qui s'apportent un soutien réciproque et permettent d'accéder à une connaissance vraisemblable. Là non plus, les questions chronologiques n'ont guère d'importance, si bien que les vérités d'Epicure et de Galilée peuvent se côtoyer dans la synchronie de leur convergence. Le probabilisme éclectique de Gassendi, en ce qu'il refuse d'opposer tradition et modernité, ne saurait servir d'assise à une véritable conception du progrès des sciences.

C'est enfin dans l'épicurisme que l'on peut identifier, même si elle semble a priori moins évidente, une dernière source de résistance envers la mythologie naissante de la science conquérante. On connaît la fonction primordiale du hasard dans l'atomisme exposé par Lucrèce: s'il existe des configurations d'atomes, et non seulement une chute

9. François de La Mothe Le Vayer, 'Dialogue sur l'opiniastreté', in *Dialogues faits à l'imitation des anciens* (Paris, 1988), p.358-59. Voir de même la convocation de Copernic par Montaigne (*Les Essais*, éd. Pierre Villey (Paris, 1988), II, 12, 570c).

parallèle de ceux-ci dans un vide sans fin, c'est que des déviations spontanées et aléatoires se produisent, et produisent des effets en cascade.[10] Une telle théorie n'autorise évidemment aucun schème téléologique, et c'est bien pourquoi Gassendi et son disciple Bernier s'efforceront de l'infléchir en y ménageant une place pour la Providence. Mais le *De rerum natura* circule largement et demeure sur ce point sans ambiguïté: on verra dans les pages qui suivent que sa théorie du hasard a pu être non seulement accueillie favorablement, mais encore transposée de façon ingénieuse sur le plan d'une épistémologie de la découverte scientifique.

Le cas Cyrano

Les tensions qui traversent la culture libertine dans son rapport à la nouvelle science se manifestent de façon particulièrement prononcée dans l'œuvre romanesque de Cyrano de Bergerac, que l'on voudrait ici soumettre à l'analyse non au titre d'une quelconque représentativité, mais plutôt en raison de sa radicalité et des questionnements qui en découlent. L'ambivalence du rapport à la science est d'autant plus forte chez Cyrano que le diptyque composé des *Etats et empires de la lune* et des *Etats et empire du soleil*[11] doit clairement son existence à l'apparition d'une nouvelle cosmologie. Malgré les précédents d'Icaroménippe (Lucien) ou d'Astolphe (l'Arioste), les aventures du 'héros' et narrateur Dyrcona se déploient dans un espace profondément reconfiguré à la suite de l'effondrement de la distinction aristotélicienne entre la zone sublunaire (caractérisée par la présence des quatre éléments ainsi que par le cycle des générations et des corruptions) et la zone supra-lunaire (composée d'éther et vouée à l'immuabilité). Depuis que les révolutions de la Terre ont fait voler en éclat le dogme d'un tel cloisonnement, depuis que les observations de Galilée ont fait apparaître sur la Lune des montagnes comparables à celles du relief terrestre, la fiction peut investir l'espace interplanétaire avec une vraisemblance et une pertinence nouvelles, dans un dialogue serré avec la science ou même à son secours:

> Parce que l'astronomie pose des problèmes spécifiques d'accessibilité, de visibilité et de crédibilité, elle rejoint des questionnements littéraires. L'inaccessibilité de l'objet considéré suppose en effet des techniques d'écriture pour décrire l'invisible et dire l'inconnu des nouveaux mondes

10. Voir Lucrèce, *De rerum natura*, II, v.216-24.

11. Il existe trois manuscrits de la première partie du diptyque, *L'Autre monde ou Les Estats et empires de la lune*, qui ne fut publiée dans une version expurgée qu'en 1657, deux ans après la mort de l'auteur. La seconde partie, dont on ne conserve aucun manuscrit, parut en 1662. On a pris l'habitude de désigner l'ensemble du diptyque sous le titre de *L'Autre monde*, et de donner au personnage principal du premier roman le nom de Dyrcona (anagramme de 'Cyrano D'), bien que celui-ci n'apparaisse que dans la deuxième partie.

cosmologiques. Dans ce contexte, la fiction joue un rôle central, car elle permet de substituer une nouvelle image mentale du cosmos à l'ancienne. Seule la fiction peut permettre de dépasser les limitations du réel observable pour trouver un point de vue nouveau d'où décrire le monde. Tel est le paradoxe: au XVIIe siècle, les textes les plus efficaces dans la transformation des représentations du cosmos sont des fictions.[12]

Le roman de Cyrano, loin d'occulter ce que ses envolées imaginaires doivent au tremplin copernicien, mentionne Copernic et Kepler dès ses premières pages et inscrit la figure emblématique de Galilée au cœur de l'un de ses grands épisodes, dans lequel Dyrcona, pour avoir imprudemment déclaré aux Lunaires que leur monde était une lune, et que leur lune (la Terre) était un monde, se voit traîné en justice par l'Eglise, accusé par le 'grand pontife' et finalement contraint lui aussi à une humiliante et peu crédible rétractation: 'Peuple, je vous déclare que cette lune ici n'est pas une lune, mais un monde; et que ce monde de là-bas n'est point un monde, mais une lune. Tel est ce que les prêtres trouvent bon que vous croyiez.'[13] On perçoit toute l'ironie de cette situation où le monde lunaire se révèle imperméable aux hypothèses mêmes qui le rendent possible. Si la fiction sélénographique de Cyrano, à l'instar de celles de Kepler et de Godwin,[14] participe bien d'une exploration virtuelle du cosmos, elle se propose surtout de mettre en jeu, afin d'en révéler le caractère problématique, les processus d'acquisition et de validation des nouvelles connaissances. A cet égard, le roman cyranien relève d'une fiction moins scientifique que philosophique, plus précisément épistémologique, comme n'ont pas manqué de le souligner les commentateurs.[15] C'est en privilégiant une telle perspective que je me propose d'examiner les premiers épisodes des *Etats et empires de la lune* afin de dégager ce qu'ils impliquent sur le plan d'une épistémologie de la découverte et, partant, du rapport que Cyrano entretient avec l'idée d'un progrès héroïque de la science.

12. Frédérique Aït-Touati, *Contes de la lune: essai sur la fiction et la science modernes* (Paris, 2011), p.18.
13. Cyrano de Bergerac, *L'Autre monde ou Les Etats et empires de la lune*, dans *Œuvres complètes I*, éd. Madeleine Alcover (Paris, 2000), p.100. Les références indiquées désormais entre parenthèses renvoient toutes à cette édition.
14. Le *Somnium* de Kepler paraît de façon posthume en 1634; Francis Godwin publie *The Man in the moone* en 1638. Pour des éditions bilingues, voir Johann Kepler, *Le Songe ou Astronomie lunaire*, éd. Michèle Ducos (Nancy, 1984) et Francis Godwin, *L'Homme dans la lune*, éd. Annie Amartin (Nancy, 1984).
15. Voir notamment Jacques Prévot, *Cyrano de Bergerac romancier* (Paris, 1977), p.59-67, et le grand livre d'Isabelle Moreau, *'Guérir du sot': les stratégies d'écriture des libertins à l'âge classique* (Paris, 2007), p.462-75.

Mission spatiale?

Que le roman nous propose une fantastique aventure de la connaissance, voilà qui ne saurait être mis en doute. Les hésitations sont en revanche permises quant au statut de cette épopée spatiale, qui débute de façon singulière lors d'une promenade entre amis au clair de lune. L'humeur étant à l'invention subtile, à la pointe, les compagnons improvisent un jeu d'esprit qui consiste à imaginer, sur un mode burlesque, les définitions ou descriptions de la Lune les plus ingénieuses. Lorsque le narrateur énonce avec sérieux que 'la Lune est un monde comme celui-ci, à qui le nôtre sert de Lune', il provoque une réaction à laquelle il ne s'attendait guère:

> La compagnie me régala d'un grand éclat de rire.
> 'Ainsi peut-être, leur dis-je, se moque-t-on maintenant dans la lune de quelque autre, qui soutient que ce globe-ci est un monde.'
> Mais j'eus beau leur alléguer que Pythagore, Epicure, Démocrite et, de notre âge, Copernic et Kepler, avaient été de cette opinion, je ne les obligeai qu'à s'égosiller de plus belle. (p. 6)

Cette moquerie redoublée revêt une fonction importante: elle constitue le premier moteur de la mission d'exploration à laquelle se consacrera Dyrcona, l'humeur 'affermie par la contradiction'. Une telle origine n'a pourtant rien d'univoque, car la réaction de la compagnie peut être rapportée à diverses causes. Selon une lecture charitable envers le narrateur (celle à laquelle il souscrit manifestement), l'hilarité de ses amis pourrait être un signe d'ignorance, d'incapacité à saisir la profondeur de l'hypothèse relativiste qu'il a formulée avec audace. Dyrcona intégrerait alors la troupe des génies incompris, raillés par ceux qui n'ont pas les moyens de voir aussi loin qu'eux: il apparaîtrait en victime symbolique sinon en véritable martyr du progrès scientifique. Mais il n'est pas du tout certain que la cible du rire soit la valeur de vérité de l'hypothèse avancée: ce pourrait être aussi bien l'esprit de sérieux manifesté de manière inopportune par le narrateur, puis l'opiniâtreté avec laquelle il s'attache à son invention, ou encore sa façon de convoquer une étrange palette d'autorités au secours de son assertion.[16] Le rire pourrait en somme sanctionner une faute de goût, un travers psychologique, un vice de méthode ou même un déficit d'information. Dans l'un ou l'autre cas, la figure de Dyrcona ne sortirait pas indemne de

16. Sur le caractère problématique du processus de légitimation mis en place par Dyrcona, qui, plutôt que de mentionner les sulfureux Bruno et Galilée, attribue abusivement à Epicure, Démocrite et Copernic la thèse d'une équivalence entre la Terre et la Lune, voir mon article 'Un libertin dans la lune? De la distraction scientifique chez Cyrano de Bergerac', dans *Les Libertins et la science*, éd. Antony McKenna, Pierre-François Moreau et Frédéric Tinguely, *Libertinage et philosophie au XVIIe siècle* 9 (2005), p.75-76.

la confrontation et le roman amorcerait dès l'incipit le processus de dévalorisation de son 'héros', dont les signes se multiplient par la suite.

Il suffit, pour s'en rendre compte, de considérer le second élément qui conforte le narrateur dans son projet d'exploration lunaire. De retour chez lui, Dyrcona découvre sur la table de sa chambre un livre qu'il n'y a point mis. Il s'agit d'un volume de Jérôme Cardan, ouvert à la page où se trouve évoquée la rencontre de visiteurs lunaires! Il ne lui en faut pas davantage pour conclure, de façon assez peu scientifique, à un signe divin: 'Je demeurai si surpris, tant de voir un livre qui s'était apporté là tout seul, que du temps et de la feuille où il s'était rencontré ouvert, que je pris toute cette enchaînure d'incidents pour une inspiration de Dieu qui me poussait à faire connaître aux hommes que la lune est un monde' (p.8).

Au possible malentendu de la scène initiale s'ajoute désormais une interprétation abusive explicitement dénoncée a posteriori par le narrateur, qui parle même un peu plus loin de 'boutades de fièvre chaude'. Une simple 'enchaînure d'incidents' a été prise par vanité et superstition pour un événement miraculeux et lourd de sens, pour une élection à laquelle on ne saurait se soustraire: le hasard fait d'autant mieux les choses qu'il passe inaperçu.

La distance qui s'instaure ici, et qui se creusera encore par la suite, entre Dyrcona narrateur et Dyrcona personnage ne laisse pas seulement entrevoir le déniaisement partiel d'un cosmonaute. En ce qu'elle révèle des interprétations fautives, des hypothèses erronées, elle nous invite à activer une lecture à la fois épistémologique et souriante qui interroge les raisons de telle ou telle insuffisance. Le récit, loin de passer sous silence les travers et les ratages, les met en avant et les constitue en objets de réflexion et de plaisir. On reconnaît ici, à peu de chose près, le parti pris explicité par Kepler au seuil de son *Astronomia nova* (1609), alors qu'il justifie son recours à la 'présentation historique', c'est-à-dire narrative, de ses découvertes:

> Il s'agit là non seulement de guider le lecteur vers une compréhension du sujet de la façon la plus simple, mais surtout d'expliquer par quelle voie moi, l'auteur, suis arrivé à cette compréhension par des réflexions, des errances ou par hasard. Non seulement nous pardonnons à Christophe Colomb, à Magellan, aux Portugais de rapporter les erreurs par lesquelles ils firent connaître le premier l'Amérique, le second l'Océan Indien, les derniers leurs Circumnavigation autour de l'Afrique, mais, bien plus, nous ne voudrions certes pas qu'elles soient omises, ce qui nous priverait d'un immense plaisir de lecture. Qu'il ne me soit donc pas reproché d'avoir procédé de même, dans cet ouvrage, dans l'intérêt du lecteur.[17]

17. Voir Johannes Kepler, *Astronomia nova*, 'Argumenta Singulorum Capitum', dans *Gesammelte Werke*, éd. Max Caspar, t.3, (Munich, 1937), p.36. Je donne ici la traduction proposée par Frédérique Aït-Touati (*Contes de la lune*, p.35).

Sans doute faut-il s'étonner que Colomb l'illuminé côtoie les patients navigateurs portugais sous la plume de Kepler, pourtant féru de relations de voyage. Entre le formidable coup de chance du premier et l'exploration systématique des seconds, on ne voit guère, en effet, de commune mesure sur le plan méthodologique. Au-delà de cet amalgame, on retiendra que le récit du processus cognitif et de ses bégaiements se charge à la fois, conformément à l'idéal horatien, d'une vertu instructive et d'une valeur d'agrément. Qu'il évoque la naissance de sa trouble vocation d'explorateur lunaire ou qu'il relate, nous allons le voir, les vicissitudes de ses différents vols, Dyrcona se souvient d'autant mieux de la leçon képlérienne qu'il s'inscrit à plus d'un titre, lui aussi, dans le sillage du 'découvreur' de l'Amérique.

Sérendipité I (mode Colomb)

Dès le premier envol, celui qui se rêvait en nouveau Prométhée se découvre en partie placé sous le signe d'Icare. Il faut avouer que le dispositif imaginé afin de rallier la Lune a de quoi laisser songeur:

> Je m'étais attaché tout autour de moi quantité de fioles pleines de rosée, et la chaleur du soleil qui les attirait m'éleva si haut, qu'à la fin je me trouvai au-dessus des plus hautes nuées. Mais comme cette attraction me faisait monter avec trop de rapidité, et qu'au lieu de m'approcher de la lune, comme je prétendais, elle me paraissait plus éloignée qu'à mon partement, je cassai plusieurs de mes fioles, jusqu'à ce que je sentisse que ma pesanteur surmontait l'attraction et que je descendais vers la terre. (p.9-11)

Les expériences menées à l'époque avec des œufs remplis de rosée nous obligent sans doute à relativiser l'étrangeté et l'invraisemblance de cette invention aéronautique, qui relève de l'extrapolation à partir de phénomènes physiques avérés.[18] Que les coquilles d'œufs soient remplacées par des fioles suggère au demeurant un réel souci de consolider l'appareillage employé. Mais si l'entreprise n'est pas totalement extravagante sur le plan technologique, elle demeure absurde sur un plan logique: quels que soient les moyens techniques mobilisés, on n'atteindra jamais la Lune en utilisant une force qui entraîne irrémédiablement vers le Soleil... L'apprenti spationaute a tout fait de travers. Son manque de compétence et de prévoyance a programmé une situation véritablement icarienne, d'échec par trop grande proximité avec l'astre solaire.

Mais alors que l'erreur a été fatale au fils de Dédale, elle profite de façon inespérée à Dyrcona, qui prendra peu à peu conscience d'avoir

18. Voir Madeleine Alcover, *La Pensée philosophique et scientifique de Cyrano de Bergerac* (Genève, 1970), p.24, ainsi que la note 61 à son édition de Cyrano, *Œuvres complètes*, p.9-10, qui renvoie à une conférence de Renaudot intitulée 'De la rosée'.

atterri en Nouvelle France, ce qui constituera à ses yeux une preuve décisive en faveur de l'hypothèse copernicienne: 'il fallait que la terre eût tourné pendant mon élévation, puisque ayant commencé de monter à deux lieues de Paris, j'étais tombé par une ligne quasi perpendiculaire en Canada.' (p.14). On ne s'attardera pas ici sur la question de la fausseté de la preuve: tout comme la pierre lancée du haut d'un mât accompagne le navire dans sa course, le 'héros' aurait dû accompagner la Terre dans sa rotation et par conséquent retomber à proximité de Paris; même si l'on accepte sa trajectoire en tant qu'élément fictif, elle n'en constitue pas pour autant une preuve recevable, comme le remarquera avec pertinence le gouverneur de la Nouvelle France:

> Ce qui fait que je ne suis pas bien fort de votre opinion, c'est qu'encore qu'hier vous fussiez parti de Paris, vous pouvez être arrivé aujourd'hui en cette contrée, sans que la terre ait tourné; car le soleil vous ayant enlevé par le moyen de vos bouteilles, ne doit-il pas vous avoir amené ici, puisque, selon Ptolémée, Tycho-Brahé, et les philosophes modernes, il chemine du biais que vous faites marcher la terre? (p.15-16).

Pour l'auteur et pour le lecteur attentif, l'atterrissage canadien valide moins l'héliocentrisme qu'il n'entretient le sens du relatif déjà manifesté à travers l'hypothèse de l'équivalence Terre-Lune.[19]

Reste que le héros a le sentiment d'avoir apporté une preuve décisive au grand débat cosmologique et que, de toute façon, l'échec de son vol vers la Lune n'a pas pris la forme d'un simple retour à la case départ. C'est précisément ce déplacement fécond qu'il faut interroger de près: Dyrcona voulait démontrer l'équivalence de la Terre et de la Lune, mais il a selon lui démontré la rotation terrestre; il avait entrepris de rallier l'Autre Monde, mais il est parvenu au Nouveau Monde. Bien que l'ironie complique les choses, il est clair que le roman met en scène un processus de découverte fortuite, non contrôlé, qui ressortit à ce que l'on appelle aujourd'hui, en calquant un terme anglais forgé par Horace Walpole à partir d'un conte oriental, la *sérendipité*.[20]

19. Sur le relativisme chez Cyrano, voir en particulier Erica Harth, *Cyrano de Bergerac and the polemics of modernity* (New York et Londres, 1970), ch.3 et 4.
20. La bibliographie sur la sérendipité (que l'on pourrait rebaptiser 'fortuité' selon une proposition québécoise) croît aujourd'hui de façon vertigineuse. Pour une première exploration, voir Pek van Andel, 'Anatomy of the unsought finding, serendipity: origin, history, domains, traditions, appearances, patterns and programmability', *The British journal for the philosophy of science* 45:2 (1994), p.631-48; Robert K. Merton et Elinor Barber, *The Travels and adventures of serendipity: a study in historical semantics and the sociology of science* (Princeton, NJ, 2004); *La Sérendipité: le hasard heureux*, éd. Danièle Bourcier et Pek van Andel (Paris, 2011). On trouvera la célèbre lettre de Walpole et l'ancienne traduction française du conte persan dont il s'est inspiré dans Louis de Mailly, *Les Aventures des trois princes de Serendip: suivi de Voyage en Sérendipité*, éd. Aude Volpilhac, Dominique Goy-Blanquet et Marie-Anne Paveau (Vincennes, 2011). Sur les rapports entre découverte fortuite et

La forme la plus élémentaire de sérendipité consiste simplement en la découverte d'autre chose que ce que l'on cherchait: on cherche A et, par un hasard dont on sait tirer profit, on trouve B. Parmi les découvertes récentes, celle du citrate de sildénafil, commercialisé sous le nom de Viagra, semble avoir obéi à ce schème simple: on testait un médicament contre les angines de poitrine, et ses effets secondaires sont vite devenus prioritaires. B s'est substitué à A pour le plus grand plaisir de tout le monde. Dans le cas qui nous occupe, les choses sont toutefois un peu plus complexes: Dyrcona cherchait à prouver l'équivalence Terre-Lune mais, *à cause de son échec*, il a découvert la 'preuve' de la vérité de l'héliocentrisme; il cherchait à gagner l'Autre Monde mais, *en raison de sa trajectoire mal calculée*, il a pris pied au Nouveau Monde. Au principe de la découverte fortuite s'ajoute désormais celui, toujours spectaculaire, de l'échec fécond, retourné en succès. L'exemple récent le plus connu est sans doute celui du post-it: on cherchait la formule d'une colle extra-forte, mais on a par erreur produit une colle extra-faible, dont on a su tirer grand profit par la suite.

De ce processus où l'erreur devient subitement l'instrument de la réussite, l'exemple emblématique est évidemment celui de Christophe Colomb: le navigateur génois n'a pas seulement trouvé d'autres terres que celles qu'il cherchait; c'est parce que ses calculs sur les dimensions de l'Océan étaient complètement erronés qu'il a pu s'embarquer vers l'ouest et découvrir, sans l'avoir nullement prévu, le Nouveau Monde.[21] On comprend mieux désormais le sens de la trajectoire suivie par Dyrcona: son atterrissage fortuit en Nouvelle France ne doit rien au hasard; il le place d'entrée de jeu sous les auspices épistémologiquement troubles du plus célèbre chanceux de tous les temps.

A y regarder de près, on s'aperçoit que l'épisode canadien, jusque dans ses infimes détails, rejoue sur un mode comique la geste de Colomb. La scène de rencontre avec les 'sauvages' parodie ainsi deux des lieux communs du récit de découverte géographique. C'est tout d'abord le moment du premier contact qui se trouve subtilement revisité:

> Equipé comme j'étais, je m'acheminai vers une chaumière, où j'aperçus de la fumée; et j'en étais à peine à une portée de pistolet, que je me vis entouré d'un grand nombre de sauvages. Ils parurent fort surpris de ma rencontre, car j'étais le premier, à ce que je pense, qu'ils eussent jamais vu habillé de

---

poétique de l'écriture scientifique, voir le récent volume *Histoires et savoirs: anecdotes scientifiques et sérendipité aux XVIe et XVIIe siècles*, éd. Frédérique Aït-Touati et Anne Duprat (Berne, 2012).

21. Dans la mesure où Colomb, qui se croyait parvenu en Asie, n'avait pas véritablement conscience de sa 'découverte', on parle parfois à son sujet de *sérendipité négative* (voir van Andel, 'Anatomy of the unsought finding' p.639). Il va de soi que je ne peux pas ici entrer dans toutes les subtilités des typologies actuelles de la sérendipité.

bouteilles. Et pour renverser encore toutes les interprétations qu'ils auraient pu donner à cet équipage, ils voyaient qu'en marchant je ne touchais presque point la terre: aussi ne savaient-ils pas qu'au premier branle que je donnais à mon corps, l'ardeur des rayons de midi me soulevait avec ma rosée, et sans que mes fioles n'étaient plus en assez grand nombre, j'eusse été possible à leur vue enlevé dans les airs. (p.11-12)

Les Indiens sont comme il se doit ébahis, mais pour des raisons différentes de celles que l'on pourrait attendre. Tout se joue en une phrase, qui semble d'abord reconduire le schème topique de la première rencontre entre 'sauvages' et 'civilisés', puis s'achève de façon inédite: 'Ils parurent fort surpris de ma rencontre, car j'étais le premier, à ce que je pense, qu'ils eussent jamais vu habillé de bouteilles.' Jusqu'au terme 'habillé', la phrase est parfaitement conforme aux attentes du lecteur familier des relations de voyage. L'effet parodique se concentre dans la chute, dans le syntagme 'de bouteilles' qui produit un bel effet burlesque. Le mouvement de l'énoncé n'est pas loin de reproduire la trajectoire même qui a conduit le 'héros' en Nouvelle France. En tous les cas, le lecteur comprend soudain que la surprise des Indiens n'est pas imputable à *leur* différence: ils ont réagi comme un Européen l'aurait fait face à l'étrange attirail de Dyrcona, lequel conserve ici le monopole de l'altérité et de l'incongruité.

Le second lieu commun retravaillé par Cyrano est celui du motif ornithologique. La diversité des oiseaux, la beauté de leur ramage, sont des composantes topiques du *locus amoenus* que s'emploient à décrire Colomb et d'autres découvreurs de régions tropicales.[22] On retrouve ici le motif transposé, associé à un processus d'animalisation des Indiens: tout d'abord ceux-ci se dispersent dans la forêt 'comme si la frayeur les eût changés en oiseaux', puis le langage incompréhensible d'un vieillard indigène est assimilé au 'gazouillement enroué d'un muet' (p.12).[23] L'atterrissage canadien confronte Dyrcona à des hommes-oiseaux dont la nature anticipe les problèmes de classification des êtres qui jalonneront son parcours sur la Lune, où la capacité langagière lui sera refusée et où il sera considéré comme un 'perroquet plumé' (p.89). Le détour par le Nouveau Monde constitue par conséquent un

22. Ainsi, par exemple, dès la célèbre lettre de Colomb à Luis de Santángel: 'Et le rossignol et mille autres sortes d'oiseaux chantaient en ce mois de novembre partout où je suis passé.' Christophe Colomb, *La Découverte de l'Amérique I. Journal de bord et autres écrits, 1492-1493*, éd. Soledad Estorach et Michel Lequenne (Paris, 2002), p.307.

23. En assimilant les 'sauvages' en fuite à des oiseaux, Cyrano retrouve fortuitement une analogie présente dans le *Journal de bord* du premier voyage de Colomb, alors inédit: 'Ainsi donc, la barque toucha terre et les Indiens l'abandonnèrent; quelques-uns de ma compagnie se jetèrent à la côte derrière eux et tous s'enfuirent comme des poules.' (Colomb, *La Découverte de l'Amérique*, p.135). Etrange sérendipité négative dans cette parodie qui reproduit fidèlement (mais sans le savoir) sa cible.

prélude à l'aventure lunaire – le décentrement géographique offrant le modèle du décentrement astronomique – en même temps qu'il tisse des liens solides, fondés sur une profonde parenté épistémologique, entre le voyage de Dyrcona et celui de Colomb, l'icône inégalée du progrès par erreur et par chance.

Sérendipité II (mode Apelle)

Et pourtant le 'héros' parvient bientôt à dépasser ce premier modèle, car le principe du ratage profitable préside de manière encore plus radicale à ses deuxième et troisième tentatives d'envol vers la Lune, effectuées depuis la Nouvelle France.

A la suite de son premier échec, Dyrcona opte pour un moyen plus mécanique de voyager dans les airs, dans le prolongement des projets de Léonard de Vinci, ou plus encore de John Wilkins:[24]

> Avec une machine que je construisis et que je m'imaginais être capable de m'élever autant que je voudrais, je me précipitai en l'air du faîte d'une roche. Mais parce que je n'avais pas bien pris mes mesures, je culbutai rudement dans la vallée. Tout froissé que j'étais, je m'en retournai dans ma chambre sans pourtant me décourager. Je pris de la moelle de bœuf, dont je m'oignis tout le corps, car il était meurtri depuis la tête jusqu'aux pieds; (p.28)

Affecté jusque dans sa chair, s'enduisant de moelle de bœuf comme le boxeur vaincu applique une escalope sur son visage tuméfié, le protagoniste semble plus que jamais éloigné de son objectif. Or, c'est précisément parce qu'il se trouve ainsi au plus bas qu'il va parvenir, de façon absolument imprévisible, à réaliser son rêve. Après avoir repris ses esprits, Dyrcona s'en va récupérer sa machine accidentée, mais ne la trouve pas, car des soldats en quête de bois pour les feux de la Saint-Jean l'ont 'rencontrée par hasard' et emportée au fort. Ils ont même décidé d'y attacher des fusées afin de l'envoyer au ciel en guise de beau feu d'artifice. C'est au moment précis de l'allumage – autre coïncidence heureuse – que le 'héros' aperçoit son ingénieuse invention 'au milieu de la place de Québec'. Il se précipite alors, bien décidé à empêcher l'irréparable:

> La douleur de rencontrer l'ouvrage de mes mains en un si grand péril me transporta tellement que je courus saisir le bras du soldat qui l'allumait. Je lui arrachai sa mèche, et me jetai tout furieux dans ma machine pour briser l'artifice dont elle était environnée; mais j'arrivai trop tard, car à peine y eus-je les deux pieds que me voilà enlevé dans la nue.
>
> L'épouvantable horreur dont je fus consterné ne renversa point tellement les facultés de mon âme, que je ne me sois souvenu depuis de tout ce qui m'arriva dans cet instant. Vous saurez donc que la flamme ayant dévoré un

24. Sur les arts de voler de John Wilkins et de son disciple Robert Hooke, mais aussi de Godwin et de Cyrano, voir Aït-Touati, *Contes de la lune* ch.3.

> rang de fusées (car on les avait disposées six à six par le moyen d'une amorce qui bordait chaque demi-douzaine), un autre étage s'embrasait, puis un autre, en sorte que le salpêtre embrasé éloignait le péril en le croissant. La matière toutefois étant usée fit que l'artifice manqua; et lorsque je ne songeais plus qu'à laisser ma tête sur celle de quelque montagne, je sentis (sans que je remuasse aucunement) mon élévation continuer, et ma machine prenant congé de moi, je la vis retomber vers la terre. (p.28-29)

Cette ascension inattendue, qui mènera enfin Dyrcona à destination, est d'abord perçue par lui comme miraculeuse, puis rapportée à une étrange cause physique: la Lune étant en décours, elle exerce une attraction forte sur la moelle de bœuf dont il s'est enduit le corps![25]

De cette séquence incongrue, on peut dégager au moins deux aspects qui permettent de préciser l'éclairage que le roman jette sur les dynamiques d'invention et de découverte.

Tout d'abord, le récit invite à poser la question de l'intentionnalité au sein du processus heuristique. Est-il possible de trouver ce que l'on cherche, et cherche-t-on vraiment ce que l'on trouve? Pas dans le cas qui nous occupe. C'est très précisément au moment où Dyrcona ne veut pas s'envoler qu'il se trouve malgré lui emporté dans les airs avec sa machine. Le voilà en quelque sorte privé de toute initiative, réduit au statut de simple projectile. On imagine difficilement une posture moins prométhéenne. Quant aux soldats qui donnent l'impulsion de cet heureux envol, ils se préoccupent exclusivement de réjouissances et, si c'est à eux que revient sans doute le mérite de l'invention aéronautique la plus prometteuse (des séries de fusées se relayant selon un principe d'allumages successifs), ils n'ont jamais souhaité propulser qui que ce soit dans les nuages ou au-delà. Le lancement réussi intervient en somme au moment où le 'héros', devenu passif, fait le contraire de ce qu'il désire, et où ceux qui agissent sur lui effectuent autre chose que ce qu'ils prévoyaient. Le succès des opérations tient à la conjonction d'intentions contrariées ou déviées.

Ensuite, si cette mise en crise de l'intentionnalité nous ramène évidemment au principe de sérendipité, il faut insister sur le fait que celui-ci obéit ici à une structure tout à fait inédite, dont on peinerait sans doute à trouver un quelconque équivalent dans la littérature sur les découvertes scientifiques. Rappelons les deux formules que nous avons jusqu'ici rencontrées:

1. On cherche A (un médicament contre l'angine de poitrine) et l'on trouve B (le Viagra).

25. Cyrano ne peut évidemment croire à la réalité d'un tel phénomène, qui renvoie 'à la croyance populaire, étayée par l'astrologie, d'après laquelle la quantité de la moelle augmente ou diminue selon les aspects et le cours de la lune' (note de Madeleine Alcover à son édition des *Œuvres complètes*, p.29). Mais cela fonctionne dans l'univers de la fiction...

2. On cherche A (une colle extra-forte ou la route des Indes par l'ouest), et l'échec de cette recherche permet de découvrir B (la colle extra-faible du post-it ou le Nouveau Monde).

La première formule constitue le schème élémentaire de la sérendipité, alors que la seconde, que j'ai baptisée 'mode Colomb', est celle qui régit le premier envol de Dyrcona. Mais les choses sont encore bien plus paradoxales dans le cas des deuxième et troisième envols, qui doivent être considérés de façon conjointe. Le schème qui s'en dégage est logiquement le suivant:

3. On cherche A (à atteindre la Lune) et l'échec de cette recherche permet justement de trouver A (d'atteindre la Lune).

C'est bien parce qu'il a lourdement chuté dans un premier temps (ce qui l'a obligé à enduire son corps de moelle) que Dyrcona est parvenu dans un second temps à s'élever en direction de la Lune plutôt que de tomber une nouvelle fois. Non seulement le 'héros' s'écrase quand il pense voler et vole quand il croit s'écraser, mais surtout *il vole parce qu'il s'est écrasé*!

De cette forme rarissime de sérendipité, un seul autre exemple vient à l'esprit. Un exemple dédoublé que Cyrano ne pouvait ignorer, puisqu'il concerne, aux origines mêmes du scepticisme pyrrhonien, la découverte de la voie menant à l'ataraxie, ou absence de trouble. Les *Hypotyposes pyrrhoniennes* de Sextus Empiricus, manuel de pyrrhonisme connu de tous les esprits forts, relate de la façon suivante la trouvaille inopinée:

> En fait, il est arrivé au sceptique ce qu'on raconte du peintre Apelle. On dit que celui-ci, alors qu'il peignait un cheval et voulait imiter dans sa peinture l'écume de l'animal, était si loin du but qu'il renonça et lança sur la peinture l'éponge à laquelle il essuyait les couleurs de son pinceau; or quand elle l'atteignit, elle produisit une imitation de l'écume du cheval. Les sceptiques, donc, espéraient aussi acquérir la tranquillité en tranchant face à l'irrégularité des choses qui apparaissent et qui sont pensées, et, étant incapables de faire cela, ils suspendirent leur assentiment. Mais quand ils eurent suspendu leur assentiment, la tranquillité s'ensuivit fortuitement, comme l'ombre suit un corps.[26]

Trouver parce que l'on n'a pas trouvé, voler parce que l'on s'est écrasé: la même structure en retournement paradoxal préside à la découverte de l'ataraxie à travers la suspension du jugement (*epochè*), au geste du peintre grec qui l'emblématise et à l'ascension du 'héros' des *Etats et empires de la lune*. C'est bien dans le 'mode Apelle', plus radical encore que le 'mode Colomb', que culmine le principe de sérendipité mis en scène et en jeu par Cyrano de Bergerac au seuil de son roman.

26. Sextus Empiricus, *Esquisses pyrrhoniennes*, éd. Pierre Pellegrin (Paris, 1997), Livre I, 12, p.71.

Retombées

Par le détour de ces péripéties aériennes, le roman de Cyrano, sans pour autant cesser de jouer, interroge de façon sérieuse et radicale la possibilité même d'une science maîtrisée. Non qu'il véhicule un pessimisme absolu sur le plan cognitif: tout comme il est finalement possible au 'héros' d'atteindre la Lune, puis le Soleil, il est vraisemblable que l'on puisse accéder à des parcelles de vérités et en tous les cas s'affranchir de certaines croyances irrationnelles. Ce qui est plus douteux, en revanche, c'est que l'on puisse parvenir à ces résultats en suivant une méthode fiable, se traduisant en programmes et en protocoles. La trajectoire de Dyrcona fait apparaître l'aventure de la connaissance comme un processus chaotique, incontrôlé et incontrôlable, dans lequel l'intention du chercheur, si elle donne bien comme une impulsion première, se trouve vite entravée par la complexité des phénomènes, emportée dans le tourbillon des paramètres. On voit mal comment pourrait prendre corps, dans de telles conditions, un mythe du progrès scientifique célébrant quelques incontournables figures héroïques. Le messager des étoiles que Cyrano met en scène est aussi éloigné du grand homme de science qu'il l'est des nobles héros du roman baroque. L'antihéros propre au genre de l'histoire comique incarne ici le contre-modèle subversif d'une icône en voie de consécration.

Si l'aventurier de la connaissance souffre d'une telle perte de statut, c'est sans doute qu'il lui manque quelques lumières, mais c'est aussi que la vedette lui est ravie par un autre protagoniste: le hasard. Des origines du projet à sa réalisation, seule une remarquable 'enchaînure d'incidents' a rendu possible un voyage lunaire plutôt mal engagé. Que se serait-il passé sans la découverte du livre de Cardan? Sans le recours à la moelle de bœuf? Sans la découverte de la machine par les soldats? Sans leur idée saugrenue de feu d'artifice? Sans l'arrivée de Dyrcona ni trop tôt ni trop tard? On dira peut-être qu'une telle succession de coïncidences est au contraire la marque d'une volonté supérieure, d'une Providence guidant secrètement le progrès de la connaissance.[27] Ce serait oublier la grande leçon dispensée par l'atomiste lunaire, rencontré plus avant dans la fiction:

27. Telle semble par exemple la position de Robert Hooke dans la préface à ses *Lectiones Cutlerianae* de 1679: '(The greatest part of Invention being but a luckey bitt of chance, for the most part not in our own power, and like the wind, the Spirit of Invention bloweth where and when it listeth, and we scarce know whence it came or whither 'tis gone.) 'Twill be much better therefore to embrace the influence of Providence, and to be diligent in the inquiry of everything we meet with. For we shall quickly find that the number of considerable observations and Inventions this way collected will a hundred fold out-strip those that are found by Design.' Cité par van Andel, 'Anatomy of the unsought finding', p.634, à la suite de Merton et Barber.

> Mais, me direz-vous, comment le hasard peut-il avoir assemblé en un lieu toutes les choses qui étaient nécessaires à produire ce chêne? Je réponds que ce n'est pas merveille que la matière ainsi disposée [ait] formé un chêne, mais que la merveille eût été bien grande si, la matière ainsi disposée, le chêne n'eût pas été formé. [...] Quand, ayant jeté trois dés sur une table, il arrive ou rafle de deux, ou bien de trois, quatre et cinq, ou bien deux six et un, direz-vous: 'O le grand miracle! à chaque dé il est arrivé même point, tant d'autres points pouvant arriver! O le grand miracle! il est arrivé en trois dés trois points qui se suivent! O le grand miracle! il est arrivé justement deux six et le dessous de l'autre six!' Je suis très assuré qu'étant homme d'esprit, vous ne ferez point ces exclamations, car puisqu'il n'y a sur les dés qu'une certaine quantité de nombres, il est impossible qu'il n'en arrive quelqu'un. (p.125-26)

C'est ici une vraie pensée du hasard qui s'exprime, contrairement à ce qui s'observe dans l'atomisme édulcoré de Gassendi et de Bernier.[28] Transposée à une réflexion sur les processus heuristiques, elle rend compte de la possibilité d'une découverte par déviations imprévisibles, en fonction de ce que l'on pourrait appeler des *clinamens cognitifs*.

La part de l'aléatoire, dans les processus de sérendipité que nous avons analysés, est telle qu'elle mettrait en échec toutes les tentatives de récupération méthodologique. Pour Walpole comme pour les théoriciens modernes, la sérendipité suppose chez le chercheur certaines qualités d'ingéniosité et de disponibilité qui lui permettent de reprendre la main, de tirer rationnellement profit de l'irruption de l'imprévu. Dans la mythologie du progrès scientifique qui se met en place à partir du dix-septième siècle, la capacité à extraire le sens d'une observation fortuite apparaît d'ailleurs volontiers comme la marque du génie: avant même la pomme de Newton, c'est Galilée déduisant des oscillations d'une lampe du dôme de Pise le principe d'isochronisme des pendules, ou Harvey formulant l'hypothèse de la circulation sanguine en contemplant le mouvement des eaux dans les canaux hollandais.[29] Projectile ébahi enduit de moelle de bœuf, Dyrcona ne manifeste en rien une telle capacité de réponse et de participation à l'inattendu. Avec un tel partenaire, le hasard fait mieux les choses tout seul. Le roman de Cyrano ne laisse ainsi entrevoir qu'une seule icône, paradoxale, d'un éventuel progrès scientifique: la Fortune, avec pour instrument une paire de dés.

28. Sur cette question, voir Darmon, *Philosophie épicurienne*, p.225-28.

29. Sur ces 'hasards topiques', voir Karine Abiven, '*Eurêka*! Anecdotes emblématiques au temps de la science expérimentale', dans *Histoires et savoirs: anecdotes scientifiques et sérendipité aux XVI*e *et XVII*e *siècles*, p.21-35.

La figure de Descartes au XVIIIe siècle

JOSIANE BOULAD-AYOUB

Descartes est parmi ces rares philosophes qui, tel Janus, ont un double visage: l'icône et la doctrine; visages distincts mais inséparables. La force du cartésianisme est, en effet, d'engendrer ses contraires, au point qu'en dérivent tous les mouvements philosophiques après lui. Mais, en même temps, c'est la puissance dynamique de l'icône qui le révèle. L'interprète, le commentateur, le critique ou l'héritier en circonscrivent, à différents moments de l'Histoire, des facettes spécifiques et recomposent, à leur manière propre, conflictuelle ou polémique, l'unicité de cette figure emblématique de la modernité. Se sédimentant en couches successives, la doctrine cartésienne permet de conduire aux théories opposées du sensationisme et de l'idéalisme, de l'empirisme rationaliste et du criticisme, comme l'ont montré de nombreux commentateurs d'obédience différente. Se conjuguant avec l'icône, avec la figure, le cartésianisme peut encore ouvrir la voie au pragmatisme des émotions, des sentiments et des passions, à l'éclectisme et au naturalisme des *Philosophes* jusques dans sa pointe la plus radicale, c'est-à-dire l'athéisme matérialiste de d'Holbach, d'Helvétius ou de La Mettrie, enfin à la physiologie et à la médecine de Cabanis, voire à la constitution de l'anthropologie en tant que telle à partir des évidences rousseauistes de la conscience et des développements contemporains de la physicalité de l'âme.

Le discours du progrès scientifique auquel s'intéressent les contributions de cet ouvrage passe, pour ainsi dire, par un détour obligé: l'appel à l'icône Descartes, ou, au contraire, son rejet. De Vésale, le 'restaurateur de l'anatomie', au médecin Bordeu, ce 'moderne Hippocrate', ne négligeant ni Buffon et l'histoire naturelle, ni, encore moins, Harvey et la circulation du sang, la volonté d'*aggionarmento* se conforte, à travers les trois siècles que décline la modernité, aux développements de l'observation, des sciences expérimentales et physiques ainsi que de la médecine. Son centre de gravité s'inscrit, comme le souligne, dans son introduction (p.8), le directeur de l'édition, Frédéric Charbonneau, au dix-huitième siècle, 'époque où l'idéologie du progrès, avec sa doctrine et son panthéon, s'est peu à peu constituée'.

C'est dire aussi qu'à cette même époque, en dépit de l'engouement envers Locke et le newtonisme, une certaine réception des problématiques cartésiennes allant à contre-courant de l'éclipse temporaire du philosophe, offre en creux des cadres théoriques entièrement nouveaux pour penser les transformations des sciences et des méthodes qui ont alors cours. On le constate, en particulier, autour de la question de l'empirisme et de sa définition, mais aussi des querelles liées au matérialisme ou aux résistances à Newton, ainsi que le montre, par exemple, le chapitre de Joël Castonguay-Bélanger (p.111), 'Une icône en procès: à propos de quelques résistances tardives à Newton'. Aussi bien, les représentations que se font les auteurs de Descartes, successivement ou parallèlement, au long du dix-huitième siècle et au-delà, soulignent-elles, en pointillé, les arêtes de ce qui est en débat ou encore en travail dans leur propre philosophie. Ces représentations témoignent à même les sélections, retraits, dépassements, entêtements, et autres partis-pris qu'elles opèrent, des questions dominantes propres aux théoriciens et aux réseaux scientifiques d'un siècle donné et du tour particulier que prendra leur mimésis conceptuelle d'ensemble, autrement dit, du sens vers lequel tendra la re-production, dans le sens aristotélicien, adaptation, transformation, re-création symbolique et culturelle. En somme, Descartes, sa figure, sa (ses) doctrine(s) nous arrivent aujourd'hui tels que près de quatre siècles d'interprétation-réappropriation-transformation les ont façonnés et qui demeurent inséparables de l'œuvre. Des discours du passé, impossible à ses héritiers de faire table rase!

Au dix-huitième siècle qu'ouvre Voltaire en prônant Newton et Locke contre Descartes, que retiennent de ce dernier les *Encyclopédistes*, mais aussi Rousseau, qui s'oppose 'à l'orgueilleux despotisme de la philosophie' de son siècle mais dont la syntaxe est marquée par le cartésianisme? Que revendiquent, en revanche, les plus radicaux, les plus matérialistes d'entre eux, en ne laissant pas de s'appuyer sur Descartes, tels La Mettrie, ou Naigeon, l'ami de Diderot et de d'Holbach, l'auteur du très polémique *Dictionnaire de philosophie ancienne et moderne* de l'*Encyclopédie méthodique*? Bref, à quelles facettes de la figure de Descartes, les dix-huitièmes siècles se rallient-ils dans les combats qu'ils livrent, au nom de la raison, pour l'accomplissement du progrès scientifique en même temps que du mieux-être social? Et de quels matériaux enrichit-on à l'époque l'icône? Deux autres questions qui sont liées entre elles, en découlent: Dans quelle mesure ces représentations composites peuvent-elles s'harmoniser et nous aider à mettre à jour ce qui donne aux thèses cartésiennes, leur fécondité, leur caractère heuristique ou encore leur pérennité? Nous autorisent-elles à comprendre du même coup comment se développent celles de ses adversaires qui s'entrecroisent à celles de ses fidèles?

Je commencerai par examiner la facette volontairement neutre, objective, une sorte de bilan donnant le ton, que construit, ni 'en sectateur, ni en apologétiste', l'*Encyclopédie*, et d'Alembert en particulier, en m'appuyant sur le *Discours préliminaire* et sur les *Eléments de philosophie*. Les partages que trace d'Alembert sont emblématiques de ce que retient chez Descartes la philosophie expérimentale et scientifique du dix-huitième siècle, principalement la méthode et le mathématicien qui a inventé d'appliquer l'algèbre à la géométrie. Mais d'Alembert dévoile aussi, en insistant sur le caractère novateur de la méthode, sa dimension révolutionnaire; c'est ce côté de l'icône qui frappera à la fin du siècle les orateurs révolutionnaires.

Rousseau, comme toujours, brise cet accord. Le *Vicaire savoyard* fait apparaître une facette autre, plus conservatrice, teintée cette fois-ci du spiritualisme annonciateur de celui du dix-neuvième siècle français. En revendiquant contre Diderot et les matérialistes 'l'honneur de penser', il invoque la volonté-liberté cartésienne et les évidences de la conscience que viendra réactualiser l'Idéologue Maine de Biran.

Où prend alors naissance la composante qui entre en scène avec fracas, et qui est tout aussi déterminante pour l'héritage contemporain d'un 'autre' Descartes? *L'Homme-machine* de La Mettrie impose avec fermeté, dès 1748, le visage matérialiste de Descartes qu'il identifie avec celui du progrès philosophique. Cette facette sera creusée avec profit dans la vague physiocratique par Quesnay et ses disciples, un peu plus tard, par la branche physiologiste de l'Idéologie, et, dans leur mouvance, les médecins cartésiens recueillant, transformant, adaptant la leçon des *Passions*. Dira Cabanis, au tournant du siècle: *Descartes n'a pas toujours atteint le but mais il a souvent tracé la route*.

Je voudrais, surtout, au long de cette étude, dégager le fil rouge qui m'apparaît relier entre elles les différentes facettes de la figure de Descartes présentes, successivement ou parallèlement, au siècle des Lumières. Les regards reviennent par ici, les autres s'attardent par là, au vent de l'histoire, sinon de l'idéologie, façonnant l'icône Descartes au long du siècle qui s'identifie au siècle du progrès. Ce fil commun qui, partant de la même source cartésienne, court à travers des chemins contradictoires faisant emprunter à tel ou tel philosophe, tantôt la voie matérialiste et naturaliste, tantôt la voie méthodologique et mathématique, tentôt encore la voie spiritualiste. Ce fil est celui qui coud ensemble, qui accorde entre elles, les figures de Descartes, en tissant le filigrane de sa philosophie dans sa radicale nouveauté: une philosophie du contentement qui réside dans la juste estime de soi et dans la pratique de la liberté que tous les hommes sont appelés à réaliser.

Le chef des conjurés

Comme tous les philosophes de son siècle, d'Alembert est sensible au déroulement de l'histoire de l'esprit humain, entendre comme avec

Condorcet plus tard, l'histoire des progrès de la raison. Cette histoire est dynamique: ses moments décisifs se marquent par les bouleversements, le renouveau qu'opère, selon les exemples qu'il en donne, au milieu de chaque siècle, une 'révolution qui se fait dans l'esprit humain'.[1] Ainsi, après la prise de Constantinople, au quinzième siècle, et la renaissance des lettres qui s'en suivit, après la Réforme, au seizième siècle, qui a donné le branle à un accroissement des connaissances, c'est la révolution cartésienne: 'Enfin Descartes au milieu du dix-septième siècle a fondé une nouvelle philosophie.'[2]

Ce premier coup de burin, associant coupure d'avec les Anciens et cartésianisme, fixe en même temps que les conditions d'apparition d'un nouveau régime, les effets de progrès pour les connaissances introduits par le changement. Une époque lorsqu'elle arrive au mitan de sa course atteint son point d'équilibre optimum, condition nécessaire mais pas encore suffisante qui se complète audacieusement par une autre: une rupture soudaine avec le passé qui s'identifie avec une révolution intellectuelle; à son tour celle-ci ne peut être qualifiée de révolution que si elle est génératrice d'une avancée de l'esprit humain.[3]

Contre Voltaire, qui date de 1730 et de l'introduction dans l'Académie des sciences du système de Newton, l'abandon effectif de la physique de Descartes, et par contrecoup de sa métaphysique,[4] contre toute la polémique anticartésienne du premier quart du dix-huitième siècle, d'Alembert ne craint pas d'aller à contre-courant et d'associer l'avènement de la philosophie cartésienne à la nouveauté d'une révolution. Il entend par là que Descartes demeure, en compagnie de Bacon et de Newton, un de ces 'maîtres de l'esprit humain'. Et peut-être même le plus grand, aux yeux de ce siècle qui s'est appelé lui-même 'le siècle par excellence de la philosophie': auteur de la plus grande révolution, selon

1. Jean Le Rond d'Alembert, *Essai sur les éléments de philosophie* (Amsterdam, Z. Chatelain et fils, 1759), réédition Catherine Kintzler dans le *Corpus des œuvres de philosophie en langue française* (Paris, 1986), p.9.
2. D'Alembert, *Essai*, p.10.
3. Les contemporains partagent presque unanimement le jugement de d'Alembert sur l'étendue, la force de la révolution cartésienne et le mouvement fécond qu'elle a imprimée dans tous les domaines. Ainsi de l'influent Jean Terrasson, l'auteur de *Séthos*, à l'origine du succès de la notion de 'mystères égyptiens'; il soutient, dans sa *Dissertation critique sur l'Iliade*, que si les poètes du dix-huitième siècle dépassent de très loin ceux de la Grèce antique c'est grâce à la science et à la philosophie cartésienne qui ont donné un puissant essor à l'esprit humain.
4. C'est Voltaire qui joua le rôle au début du dix-huitième siècle de chef de la polémique anticartésienne. Ses *Lettres anglaises*, publiées d'abord à Londres, parurent en France en 1734. Dans trois célèbres Lettres, Voltaire se fait le héraut de Newton, de l'attraction et de Locke, donnant le signal de la réaction contre le cartésianisme. Il vante Locke comme le philosophe par excellence, qui a écrit 'l'histoire de l'âme', contrairement à Descartes qui en a donné le roman.

d'Alembert, il a su, le premier, nous remettre en possession de notre propre entendement. Sans Descartes, l'Angleterre n'aurait pu achever 'cette philosophie que nous avons reçue d'elle',[5] affirme fortement le *Discours préliminaire* en conclusion de tout ce développement consacré à la réhabilitation de Descartes.

D'Alembert écrit, au milieu du siècle, en 1751; cette date renvoie pour lui à ces moments cruciaux qui laissent présager une révolution dans les esprits. Ainsi l'*Encyclopédie* initierait, tel Descartes au dix-septième siècle, aux nouvelles façons de penser. Descartes est grand, précise d'Alembert, comme philosophe qui 'nous a ouvert la route' mais, ce qui compte davantage à ses yeux, il s'est surtout immortalisé comme mathématicien. Il a été beaucoup plus heureux dans l'élan qu'il a su donner au développement des sciences de la nature, de la géométrie, de la physique, des nouvelles formes prises par les autres sciences ainsi que de la 'perfection' apportée au 'vrai système du monde'.[6]

L'icône se construit, se parant, grâce à l'*Encyclopédie*, des couleurs mêmes de cette œuvre emblématique des Lumières: la nouveauté, la liberté de pensée et le progrès. Certes Descartes, malgré les critiques de Voltaire qui, contre ce 'faiseur de roman', contre une 'philosophie imaginaire', s'est fait en France l'admirateur de Newton et de Locke,[7] a encore sa troupe de fidèles; notamment Mairan, le chancelier d'Aguesseau qui refuse en cartésien le privilège au livre de Voltaire sur les *Eléments de la philosophie de Newton*, surtout Fontenelle qui le défendra durant près d'un siècle, toute sa longue vie, avec virtuosité, clarté et persévérance, y compris la physique mécaniste et les célèbres tourbillons,[8] notamment dans *La Pluralité des mondes* et ses entretiens spirituels avec la belle marquise.[9] La philosophie cartésienne, persécutée

5. Jean Le Rond d'Alembert, *Discours préliminaire* (1751), réédition Alain Pons, *Encyclopédie ou Dictionnaire raisonné des sciences, des arts et des métiers*, articles choisis (Paris, 1986), t.1, p.147.
6. D'Alembert, *Essai*, p.10-11.
7. Voltaire, bien qu'il affirme dans son *Dictionnaire philosophique*, t.2, article 'Cartésianisme', p.387 , dans *Œuvres complètes*, éd. Kehl (Paris, Imprimerie de la Société littéraire-typographique, 1784), t.37-43, 'qu'il n'y eut pas une seule nouveauté dans la physique de *Descartes* qui ne fût une erreur', et il en énumère près de 27, reconnaît tout de même qu'il 'était un des plus grands géomètres de l'Europe'.
8. D'Alembert voyait les preuves du 'génie inventeur' de Descartes jusque dans 'ces tourbillons devenus aujourd'hui presque ridicules', car on pouvait alors, dit-il 'imaginer rien de mieux' dans l'état où se trouvaient en ce temps les observations astronomiques. D'Alembert trouve même que l'explication cartésienne de la pesanteur est 'une des plus belles et des plus ingénieuses hypothèses que la philosophie ait jamais imaginées'. D'où sa conclusion qui réhabilite la physique de Descartes en vertu de la thèse de l'erreur féconde: dans d'Alembert, *Discours*, t.1, p.141. Sur cette doctrine de l'erreur féconde ou sérendipité, voir ici-même la contribution de Frédéric Tinguely, p.67.
9. Bernard Le Bouyer de Fontenelle fit paraître à l'âge de 95 ans, en 1752, la *Théorie des tourbillons cartésiens avec des réflexions sur l'attraction* avec une préface d'un autre savant cartésien, Falconnet.

d'abord au début de sa diffusion, a conquis très vite tous les esprits, de la Sorbonne aux Jésuites, de la cour à l'armée, et s'est partout imposée, au siècle précédent, rappellent les partisans de Descartes. Force est de constater, maintenant, que si sa doctrine est largement décriée, elle reste cependant encore vivace dans l'enseignement philosophique, témoignant des aspects novateurs survenus dans le passage de l'héritage aristotélicien au cartésianisme, particulièrement dans le domaine du progrès scientifique.[10]

D'Alembert en filtrant ses traits caractéristiques selon la perspective générale des Lumières, et, en particulier, selon l'idéologie des Encyclopédistes, retient chez Descartes, maintenant qu'il est débarrassé de ces agitations qui brouillent la vue, de ses adversaires comme de ses partisans, son indépendance d'esprit, son refus de l'autorité, ses contributions en tant que savant et mathématicien, et dans sa philosophie, selon les critères-maîtres du siècle, ce qu'elle 'contient d'utile et de vrai'.[11] Voltaire même, tout en l'attaquant sur son 'refus de consulter l'expérience', contribue à la construction de l'icône, en soulignant dans une note, à la fin de l'article, les contributions de Descartes au 'progrès de l'esprit humain', dans la même optique que d'Alembert. Il en fait la liste, saluant le mathématicien, la méthode de raisonnement, le rejet de toute entrave:

1. Par ses découvertes mathématiques qui changèrent la face de ces sciences.
2. Par ses discours sur la méthode où il donne le précepte & l'exemple.
3. Parce qu'il apprit à tous les savants à secouer en philosophie le joug de l'autorité, en ne reconnaissant pour maîtres que la raison, le calcul & l'expérience.[12]

Diderot, qui trace au tome cinq de l'*Encyclopédie* l'image idéale du philosophe, et en miroir son propre portrait, à l'entrée 'Eclectisme', penserait-il aussi à Descartes? En tous cas le philosophe éclectique tel que Diderot en brosse l'allure répond en beaucoup plus vigoureux à la représentation que se font de Descartes les Encyclopédistes, et avec beaucoup plus d'alacrité que de ce qui se dégage de l'article 'Cartésianisme'. L'éclectique est ce philosophe de combat qui ne reconnaît aucun maître: 'foulant aux pieds le préjugé, la tradition, l'ancienneté, le consentement universel, l'autorité, en un mot tout ce

10. Voir Alain Firode, 'Le cartésianisme dans le cours de philosophie au début du XVIIIe siècle', *Histoire de l'éducation*, 120 (2008), p.55-76. L'article étudie le cours de philosophie dicté en 1731-1733 par le régent de collège Adrien Geffroy en mettant à jour les marques de présence de Descartes dans les *Cayers*.
11. D'Alembert, *Essai*, p.10.
12. Voltaire, *Dictionnaire*, p.387.

qui subjugue la foule des esprits, [il] ose penser de lui-même, remonter aux principes généraux les plus clairs, les examiner, les discuter, n'admettre rien que sur le témoignage de son expérience et de sa raison'.

Le *Discours préliminaire*, rédigé en 1751, fait ressortir deux autres caractères, en consonnance avec la dimension politique de l'*Encyclopédie*, que reprendront plus tard les *Eloges des académiciens* de la fin du siècle, et surtout le rapport que fait Chénier, en 1793, à la Convention nationale, au nom du Comité d'instruction publique, sur la translation des cendres de Descartes au Panthéon.[13] 'Changer la face de la philosophie' comme l'a accompli 'l'illustre Descartes', requiert, souligne d'Alembert, en plus de la force de l'esprit, de la cohérence, de l'originalité de la réflexion, de la puissance créatrice, 'beaucoup de courage pour combattre les préjugés les plus généralement reçus';[14] courage intellectuel du philosophe pour faire triompher le vrai, qui s'amplifie d'autant par la représentation, récurrente avec abondance par la suite, que la philosophie cartésienne a été, dans ses débuts, 'persécutée avec fureur',[15] à l'instar des *Philosophes*. Les révolutionnaires reprendront également cette image de la persécution, de l'oppression, en dénonçant ses auteurs, les prêtres, les rois, les tyrans de toutes sortes, ennemis communs aussi bien des fiers républicains de l'an II et de leur combat pour la liberté que de Descartes. Sous cet angle, le parallèle avec Newton tourne à l'avantage de Descartes. Newton est mort en paix, révéré de tous, dans sa patrie, asile de la liberté, alors que Descartes, en martyr de la libre pensée, s'est exilé de son pays pour pouvoir philosopher à l'abri des troubles qui agitaient la France. N'a-t-il pas dû fuir la Hollande en butte aux fausses accusations d'athéisme proférées par Voët, et mourir, enfin, au 'pays des ours et des neiges', loin de ses amis?

Le *Discours préliminaire*, en se fondant sur le *Discours de la méthode*, fait gloire à Descartes de son audace: il a enseigné aux 'bons esprits à secouer le joug de la scolastique, de l'opinion, de l'autorité, en un mot des préjugés et de la barbarie'.[16] C'est là la plus grande utilité de sa philosophie: 'par cette révolte dont nous recueillons aujourd'hui les fruits, il a rendu à la philosophie un service plus essentiel peut-être que tous ceux qu'elle doit à ses illustres successeurs'.[17] Les images de rébellion, de révolte, de révolution, de lutte contre les autorités finissent

13. On sait que cette translation n'a jamais eu lieu, en raison des circonstances historiques particulières, et, plus tard, pour les mêmes raisons, quand, en 1796, l'Institut, composé en majorité d'Idéologues, presserent les Cinq-Cents de faire exécuter le décret de la Convention.
14. D'Alembert, *Discours*, t.1, p.139.
15. D'Alembert, *Essai*, p.10.
16. D'Alembert, *Discours*, t.1, p.142.
17. D'Alembert, *Discours*, t.1, p.142.

par culminer dans cette représentation qui assure à l'icône, la baignant d'une héroïque fraicheur, une prégnance symbolique rarement égalée. En même temps, d'Alembert, par ses allusions aux luttes du *parti philosophique* auxquelles il identifie le défi cartésien et les effets politiques et sociaux qui le débordent, confère légitimité et perennité à cette lutte commune pour débarrasser l'humanité de ses précepteurs, lutte qu'unifient deux siècles et qui est menée avec les armes fournies le premier par Descartes:

> On peut le regarder comme un chef de conjurés, qui a eu le courage de s'élever le premier contre une puissance despotique et arbitraire, et qui en préparant une révolution éclatante, a jeté les fondements d'un gouvernement plus juste et plus heureux qu'il n'a pu voir établi. S'il a fini par croire tout expliquer, il a du moins commencé par douter de tout; et les armes dont nous nous servons pour le combattre ne lui appartiennent pas moins, parce que nous les tournons contre lui.[18]

Chénier, comme tous les gens éclairés de son siècle, s'est imprégné de l'*Encyclopédie*. Pour écrire le rapport commandé par l'Assemblée nationale, il va puiser chez d'Alembert les arguments pour célébrer la mémoire de Descartes et conforter cette image de précurseur dans le combat pour la liberté. Par exemple, Chénier convient avec l'Encyclopédiste que les erreurs de Descartes, concernant la métaphysique et la physique, ont du moins fait place nette, et surtout, 'bienfait public'[19] parmi le plus éclatant, a accoutumé 'les hommes à examiner et non pas à croire'. Mais il accentue la symbolique guerrière au bénéfice des représentants de la nation à qui il s'adresse puisqu'il s'agit de décréter les honneurs du Panthéon à Descartes. Ne s'attardant pas sur le métaphysicien, ni même sur le mathématicien, Chénier met en relief les 'nombreux services' d'intérêt public que le philosophe a rendu à l'humanité et à la France; rythmant son discours par un mot clé du discours républicain, le mot de *liberté*, il exalte la gloire révolutionnaire dont il nimbe la figure de Descartes.

Le discours de Chénier magnifie surtout les traits qui permettent de déclarer Descartes comme ayant bien mérité de la patrie, selon la

18. D'Alembert, *Discours*, t.1, p.142.
19. Voir pour cette citation et toutes les citations qui suivent concernant le texte de Chénier, le *Rapport fait à la Convention nationale au nom du comité d'instruction publique, par Marie-Joseph Chénier, député du département de Seine-et-Oise; suivi du décret rendu à la séance du 2 octobre 1793, l'an second de la République* (Paris, Imprimerie nationale, s.d., Bibliothèque nationale, Le38 481, in-8°). Nous avons reproduit le texte du rapport de Chénier dans notre édition (J. Ayoub et M. Grenon) en 9 tomes des *Procès-verbaux du Comité d'instruction publique de la Législative et de la Convention* (Corpus J. Guillaume) (Paris, 1997), t.4, 133e séance, samedi 5 octobre 1793, annexe B, p.418-19.

formule très prisée, en usage à ce moment, une gloire nationale,[20] lançant la première représentation de Descartes comme le philosophe français par excellence, autrement dit le philosophe de la liberté. En rendant les honneurs qui sont dus à Descartes, la République le reconnaît comme son enfant, davantage, elle en fait son patron, lui, le défenseur de la liberté, et peut se débarrasser du temple, désormais caduc, élevé à l'antique Sainte Geneviève, la protectrice de Paris contre l'invasion des barbares. En faisant entrer ses cendres au Panthéon, et, en attendant, en y transportant du Cabinet des Antiques sa statue faite par Pajou, comme le réclame le député Guffroy, la 'Convention nationale et la nation française, s'associant à la gloire de ce profond penseur', rendront hommage avec lui à la philosophie, 'source des bonnes institutions et des lois vraiment populaires', et vengera le persécuté, victime du 'fanatisme' religieux ainsi que des 'despotes en tout genre'. Chénier, avant de présenter le décret, résume sa pensée et exhorte ses concitoyens: 'C'est à vous, républicains, qu'il appartient de venger du mépris des rois la cendre de René Descartes.'

Le génie s'élève d'un vol d'aigle vers une vérité lumineuse, source de mille vérités

Si les adeptes de la philosophie expérimentale enrôlant Descartes dans le 'parti de l'humanité', préfèrent surtout révérer dans l'icône le mathématicien, l'éclat du 'restaurateur du raisonnement' les conduit à célébrer sa fécondité en tant que philosophe. Face à 'Platon, Bacon, Malebranche, Leibnitz' – la sélection est de Diderot – de quelle trempe est fait le 'génie' qui 'anima' pareillement Descartes, le philosophe? 'Le génie, écrit Diderot, s'élève d'un vol d'aigle vers une vérité lumineuse, source de mille vérités auxquelles parviendra par la suite en rampant la foule timide des sages observateurs.' C'est ainsi, ajoute Diderot, que:

> le *génie* hâte [...] les progrès de la Philosophie par les découvertes les plus heureuses & les moins attendues [...] il est *primesautier* [...] Il imagine plus qu'il n'a vu [...] & selon le plus ou le moins que l'imagination domina dans ces grands hommes [les Platon, les Descartes, les Malebranche, les Bacon, les Leibnitz], il fit éclore des systèmes brillants, ou découvrir de grandes vérités.[21]

20. Voir l'ouvrage très fouillé de François Azouvi sur le thème de Descartes comme symbole national et mythe universel: *Descartes et la France: histoire d'une passion nationale* (Paris, 2002). Dans la deuxième partie du livre consacree aux Lumières et aux anti-Lumières, l'auteur met en évidence à partir de la critique voltairienne des *Lettres philosophiques* les ambiguïtés qui entourent l'image de Descartes à cette époque: d'une part les attaques contre l'esprit de système, d'autre part, les louanges célébrant dans le cartésianisme les audaces de la philosophie moderne et la liberté de pensée. Voir notamment p.69-94.
21. *Encyclopédie*, article 'Génie', t.7, p.583.

La question se pose: Descartes en tant que philosophe apparaît-il dans la représentation des *Philosophes* de la deuxième moitié du dix-huitième siècle avec des couleurs négatives comme auteur de système ou, au contraire, positives comme découvreur de vérités, fondateur de la philosophie moderne, inventeur d'une nouvelle méthode rationnelle qui ouvre en droite ligne à l'analyse des *Philosophes*, de Condillac aux Idéologues? Quelle part du discours du philosophe est-elle compossible avec l'icône du progrès?

Diderot, quant à lui, a choisi: c'est le Descartes logicien qui le retient, et plus particulièrement, l'inspirateur de la logique de Port-Royal qui, à son tour, a permis d'engendrer Locke. Diderot fait remarquer dans l'article 'Logique' de l'*Encyclopédie* que:

> Descartes a été le vrai restaurateur du raisonnement, le premier qui a amené une nouvelle méthode de raisonner, beaucoup plus estimable que sa philosophie [comprendre sa métaphysique], dont une bonne partie se trouve fausse ou fort incertaine selon les règles mêmes qu'il nous a apprises [...] En général les principes et la méthode de Descartes ont été d'une grande utilité par l'analyse qu'ils nous ont accoutumé de faire plus exactement des mots et des idées, afin d'entrer plus sûrement dans la route de la vérité. La méthode de Descartes a donné naissance à la *logique*, dite l'*art de penser*. Cet ouvrage conserve toujours sa réputation.[22]

L'auteur de la *Lettre sur les aveugles* lui reconnaît, de plus, à côté de l'utilité de sa méthode de raisonner, sa perspicacité à faire du 'toucher', à l'instar des philosophes sensualistes, l'instrument privilégié de la connaissance. Il écrit, faisant remarquer que Descartes, avant Berkeley, a construit une théorie de la vision: 'Ouvrez la Dioptrique de Descartes, et vous y verrez les phénomènes de la vue rapportés à ceux du toucher, et des planches d'optique pleines de figures d'hommes occupés à voir avec des bâtons.'[23]

C'est ce qu'amplifieront, au tournant du siècle, Destutt de Tracy, et la branche des Idéologues rationalistes. Ainsi le philologue Thurot, professeur à l'Ecole Normale, dans le *Discours préliminaire* à sa traduction du *Hermès* de Harris, marquait, par le *Discours de la méthode*, l'époque d'une véritable et heureuse révolution dans les idées en France. Destutt de

22. *Encyclopédie*, vol.20, LIG-MAQ (Berne et Lausanne, Sociétés typographiques, 1780) p.242-43.

23. Denis Diderot, *Lettre sur les aveugles à l'usage de ceux qui voient* (1749) in *Œuvres philosophiques* (Paris, 1964) p.87. La *Lettre* est parcourue par cette image que Diderot reprend de Descartes, séduit par la substitution cartésienne de la vision par le toucher. Encore une fois les Encyclopédistes tirent Descartes dans leur camp sensualiste et expérimental: d'Alembert fait de Descartes le géniteur, pour ainsi dire de Newton, et le loue de son attention à l'observation et à l'expérience, pendant que Diderot ajoute: 'tous ceux qui sont venus depuis, n'ont pu nous donner d'idées plus nettes de la vision', Diderot, *Lettre*, p.87.

Tracy va plus loin encore: il met Descartes au-dessus de Bacon et ne trouve 'dans toute la Grande Rénovation rien d'aussi précis, d'aussi profond et d'aussi juste que les quatre règles de la méthode cartésienne. Le Je pense, donc je suis, est le mot le plus profond qui ait jamais été dit et le seul vrai début de toute saine philosophie'.[24]

Aussi Destutt préfère l'ensemble de la philosophie de Descartes, qui, affirme-t-il, a toujours eu pour principe d'employer l'expérience et l'observation, à celle de Leibniz, qui donne plus à l'imagination et aux conjectures.[25] Retenant de la philosophie de Descartes, son *Discours de la méthode*, ses *Méditations* et les deux premières parties de ses *Principes*, il reconnaît chez Descartes ce qui lui apparaît comme les prémisses de la science des idées tout en regrettant que le philosophe ait manqué l'occasion d'analyser le fonctionnement de l'entendement humain ainsi que l'a entrepris l'Idéologie. Descartes, écrit-il, a jeté les 'fondements de la science de l'entendement humain sur laquelle reposent toutes les autres'.

Reportant de la logique et du raisonnement à la science de l'entendement, la même image que fait jouer Diderot, celle du génie à la source d'un premier principe fécond, Destutt admire Descartes pour les 'deux grands pas' qu'il a fait de plus que Bacon 'dans le chemin de la vérité': avoir commencé par 'étudier son propre esprit', et, ensuite, avoir découvert un 'premier fait inacessible à tout incertitude'. Cependant, en bon héritier de Condillac, il déplore que Descartes, après avoir reconnu la certitude de son existence pensante, ne soit pas allé plus loin et n'ait pas réussi à en examiner, comme le fait l'Idéologie, 'toutes les modifications, ses diverses pensées, [...] comment s'étaient formées toutes ses idées et ses sentiments, comment elles lui avaient appris toutes les autres circonstances de son existence et l'existence des êtres autres que lui'.[26]

L'article 'Cartésianisme',[27] dans l'*Encyclopédie*, de l'abbé Pestré, lié avec les abbés encyclopédistes Yvon et de Prades, auteur également de l'article 'Baconisme', entend apprécier l'ensemble de la doctrine cartésienne, tout en soulignant ce qui, du point de vue du sensualisme, mérite d'être retenu, mais rejetant tout ce qui apparaît stérile depuis Locke et Newton, et, au premier chef, la théorie des idées innées. Il s'agit de débarrasser

24. Voir François Thurot in *Mémoires de l'Institut national*, Sciences morales et politiques (Paris, an IV de la République 1798), t.26.

25. Antoine Destutt de Tracy in *Mémoires de l'Institut national*, Sciences morales et politiques (Paris, an IV de la République 1798), t.26.

26. Toutes ces citations sont tirées d'une lettre du 1er juin 1806 de Destutt de Tracy aux rédacteurs de *La Décade* dans laquelle il revendique Régius comme précurseur des Idéologues, à défaut de Descartes qui 'aurait pu faire beaucoup plus'. Nous citons le texte de Destutt d'après notre édition de *La Décade philosophique*: Josiane Boulad-Ayoub (éd.), *La Décade comme système*, t.1, *L'Encyclopédie vivante*, p.411-17 (Rennes, 2003).

27. *Encyclopédie*, t.2, 1752.

l'icône des filaments métaphysiques, pour ainsi dire, qui dérobent ses traits à la lumière et l'empoussièrent.

La structure de l'article est intéressante: elle consomme le clivage qu'avait esquissé d'Alembert distinguant chez Descartes le mathématicien dont le legs est inestimable et le philosophe dont ne restera que la méthode et l'analyse scientifique des passions. Pestré renvoie, dès le début de son texte, l'évaluation du savant aux articles traitant de géométrie et d'optique, tel 'Algèbre' (de d'Alembert) pour l'apport éminemment positif de Descartes. Il est plus nuancé pour le grand nombre des autres articles auxquels il renvoie et où l'on peut voir 'les obligations que les Sciences ont à Descartes, les erreurs où il est tombé, & ses principaux disciples. *Voyez* Algèbre, Equation, Courbe, Mouvement, Idée, Âme, Percussion, Lumière, Tourbillon, Matière subtile, &c.' Quant à lui, il se réserve l'exposé des 'principes de sa philosophie',[28] ce qui a pour effet, par son statut d'article ressortissant à l'*Encyclopédie* de faire, selon les objectifs de l'ouvrage, le point actuel des connaissances sur Descartes.[29] Mais, du même coup, il fixe la vulgate du cartésianisme pour un bon moment, témoin les *Eloges* de Descartes, mis en concours par l'Académie française, qui s'en inspirent largement, et surtout l'*Encyclopédie méthodique* qui voudrait compléter et surpasser le *Dictionnaire raisonné*. L'article de Pestré (avec les *addenda* de d'Alembert mis entre crochets) sera, en effet, repris en 1791 *in extenso* par le *Dictionnaire de philosophie ancienne et moderne* de Naigeon, l'ami de Diderot et de d'Holbach, dans l'*Encyclopédie méthodique*.

L'article de Pestré commence par faire le récit, plus ou moins idéalisé, de la vie de Descartes, et termine en se lamentant sur la persécution injuste qu'il eut à subir de la part de Voetius; un tel procédé sera repris par les auteurs des *Eloges*. Il rend hommage ensuite au *Discours de la méthode* grâce auquel Descartes donna à tout le monde le goût de philosopher,[30] ce qui suscita l'émulation des nations voisines. Pestré va jusqu'à comparer cette conquête française des esprits aux conquêtes coloniales des Espagnols. Mais Pestré ne se fait pas entièrement

28. Pour l'étude de toutes les images qu'offre de Descartes l'*Encyclopédie*, voir le livre foisonnant et d'une profonde érudition de Maria Franca Spallanzani, *L'Arbre et le labyrinthe: Descartes selon l'ordre des Lumières* (Paris, 2009), traduction française de Martin Rueff.

29. L'article de Pestré a été repris de nombreuses fois au dix-huitième siècle, par exemple dans *L'Histoire générale des dogmes et des opinions* (Londres, 1769) et dans *L'Esprit de l'Encyclopédie, ou Choix des articles les plus curieux* (Genève et Paris, chez Vincent, 1768). Et également dans l'*Encyclopédie méthodique* (Paris, Charles Panckoucke, 1791-1797) par Naigeon, comme nous l'étudions plus loin.

30. On peut déceler ici une pointe de revendication nationaliste, bien que Pestré ne mette guère en avant le fait que le *Discours* est écrit en français, et non dans la langue savante, et, en tant que tel, voulu explicitement par Descartes accessible aux femmes, à tous les honnêtes gens qui ne seraient pas forcément versés dans les langues anciennes, et, comble d'audace pour l'époque, même aux Turcs, paradigme de l'étranger et de l'infidèle.

l'admirateur aveugle de Descartes. Même s'il le louera *in fine* d'avoir, malgré les persécutions endurées, déclaré la guerre aux préjugés et à l'ignorance, ce qui, ajoute-t-il, en pensant aux persécutions auxquelles sont en butte les Encyclopédistes, peut consoler ceux qui en sont pareillement victimes. Ainsi il critique sa façon de définir d'abord et de chercher ensuite les propriétés au lieu que c'est le contraire qu'il faudrait faire comme l'ont montré les philosophes expérimentaux. Dégageant les grandes lignes du système cartésien, il en montre l'ordre et l'unité tout en résumant les thèses principales de ses ouvrages. Ce qui ne l'empêche pas de remarquer qu'aujourd'hui 'l'édifice de Descartes' est regardé par tout le monde comme 'un assortiment de pierres qui s'écroulent'. Il donne en preuve la liste des affirmations de Descartes qu'il juge caduques: le vide, la transmission instantanée de la lumière.

Tous ses suffrages sont réservés d'abord à la morale dans ses entretiens avec la princesse Elisabeth, puis au *Traité des passions*. 'On ne peut s'empêcher de regarder ce traité de M. Descartes, comme l'un des plus beaux et des plus utiles de ses ouvrages' écrit-il en reprenant l'appréciation de Baillet, le premier biographe de Descartes.[31] Annonçant l'avenir et le recueil matérialiste du cartésianisme, il lui fait honneur, comme Descartes le dit lui-même d'ailleurs, d'avoir traité son sujet non point comme orateur ou philosophe moral mais en physicien, autrement dit en médecin. 'Il s'en acquitta d'une manière si nouvelle, que son ouvrage fut mis fort au-dessus de tout ce qu'on avait fait avant lui dans ce genre.' La conclusion rend hommage à la philosophie d'ensemble de Descartes car quelque parti qu'on en prenne, 'on ne peut s'empêcher de regarder ce grand homme comme un génie sublime et un philosophe très conséquent'.

Le dictionnaire polémique de Naigeon qui exclut Rousseau en raison de son antimatérialisme, fait pourtant sa place à Descartes, vraisemblablement à cause du *Traité des passions* et de l'efficacité de la table rase opérée par le cartésianisme. Les parti-pris de Naigeon sont significatifs: ils révèlent quelles portions de la philosophie de Descartes seront retenues par la pensée dominante, au tournant du siècle, quels traits de l'icône sont accentués au détriment d'autres retombant dans l'ombre quand on la regarde après Condillac. 'Il n'est presque plus

31. Pestré n'est pas le seul des Encyclopédistes à admirer tant la morale de Descartes que son analyse des Passions, qui non seulement renouvelle toutes les perspectives sur ce thème traditionnel mais qui se fonde sur la science. Maria Franca Spallanzani dans le livre si riche que nous avons déjà évoqué, *L'Arbre et le labyrinthe*, étudie avec minutie les nombreux articles de l'*Encyclopédie* faisant état de ce jugement positif. Elle donne en exemple, notamment, les articles 'Bonheur', 'Moraliste', 'Peinture', 'Sagesse', 'Vertu' ainsi que les planches représentant les passions de Charles Le Brun, inspirées par Descartes. Voir p.233-35.

aujourd'hui de cartésiens rigides, c'est-à-dire qui suivent Descartes exactement en tout.'[32] Naigeon ajoute au texte de Pastré une dernière partie très critique,[33] due à Charles Batteux,[34] sur la réputation de précurseur de Descartes. Il la juge surfaite que ce soit en regard du doute, de la méthode, ou encore du procès fait aux sens. Renvoyant à l'article 'Baconisme', ses attaques les plus vives sont dirigées contre sa métaphysique, l'idée de Dieu qui seul meut le monde et le gouverne, l'obscurité de ses explications touchant les causes premières et les causes finales. Que reste-t-il alors de son legs? Naigeon-Batteux répond par le combat victorieux de Descartes pour la vérité qui rappelle celui de ses amis Diderot et d'Holbach, et avant eux ceux de Lucrèce ou d'Epicure: 'il a purgé la terre de deux monstres sourds et aveugles, le Préjugé et la Prévention qui fermaient aux hommes les avenues de la vérité depuis deux mille ans.' En somme pour Naigeon-Batteux, en ses propres termes assez sévères: 'Descartes a fait une nouvelle édition de l'esprit humain, mais le livre avait été fait avant lui.'[35]

Du côté des institutions culturelles, la plus prestigieuse était sans conteste l'Académie française. Elle était gagnée à ce moment au parti des Philosophes. Il est alors d'autant plus symptômatique de l'apaisement des querelles entourant l'œuvre cartésienne que de la voir proposer en 1762 pour sujet de prix l'éloge de Descartes. Antoine Léonard Thomas, un ami des Philosophes, et un habitué des salons de Mme Geoffrin, de Mlle de Lespinasse, de Mme Necker, remporte le prix en 1765; élu l'année suivante à l'Académie, il reçoit de surcroît les félicitations de Voltaire pour son appréciation des rapports de la philosophie cartésienne avec le dix-huitième siècle. Reprenant les comparaisons de d'Alembert tout en les amplifiant, Thomas écrit, soulignant le fait que la gloire de Newton n'efface pas celle de Descartes, formule qui retentira par ailleurs tel un mot d'ordre dans les *Eloges* concurrents:

> Descartes a des vues aussi nouvelles et bien plus étendues que Bacon [...] il a eu l'éclat et l'immensité du génie de Leibnitz, mais bien plus de consistance et de réalité dans sa grandeur; enfin il a mérité d'être mis à côté de Newton,

32. Jacques-André Naigeon, article 'Cartésianisme', *Philosophie ancienne et moderne*, 3 t., *Encyclopédie méthodique* (Paris, Charles Panckoucke, 1791-1797) t.1, p.731.
33. Naigeon, article 'Cartésianisme', *Philosophie*, p.730: 'Nous terminerons cet article par quelques réflexions sur la haute idée qu'on a eu longtemps de la philosophie de Descartes; je dis de sa philosophie, car nous ne le considérons ici que comme philosophe: (*voyez* APPLICATION DE L'ALGÈBRE À LA GÉOMÉTRIE & les articles DIOPTRIQUE, TOURBILLONS, &c., &c.).'
34. Charles Batteux est l'auteur matérialiste de *La Morale d'Epicure tirée de ses propres écrits* (1758) et surtout d'une *Histoire des causes premières* dont la hardiesse lui fit perdre sa chaire de professeur. Batteux s'y fait le défenseur d'Epicure et de Gassendi contre les attaques dont ils étaient l'objet.
35. Naigeon, article 'Cartésianisme', *Philosophie*, p.731.

> parce qu'il a créé une partie de Newton et qu'il n'a été créé que par lui-même [...] Il n'est plus, mais son esprit vit encore. Cet esprit est immortel, il se répand de nation en nation et de siècle en siècle.[36]

L'Eloge couronné de Thomas ne devrait pas faire oublier celui de Gabriel-Henri Gaillard,[37] historien renommé qui fut élu en 1771 à l'Académie française, ni celui de l'écrivain Louis Sébastien Mercier[38] qui paraissent la même année que le discours de Thomas. A eux trois, ils consolident les contours les plus connus de l'icône, mais surtout ils mettent en place une nouvelle perspective: Descartes joue désormais non plus comme icône du progrès mais comme point iconique de départ du progrès. Ce qu'illustrent à merveille du reste ceux qu'on a appellé les grands cartésiens, les Malebranche, les Leibniz, les Spinoza: ils se sont confrontés à Descartes, reprenant les problèmes qu'il avait laissés, fondant à leur tour, après lui, une philosophie originale qui ne rompt pourtant pas entièrement avec la métaphysique cartésienne, notamment avec le substantialisme.

> On peut avoir été plus loin que Descartes, mais c'est dans la route qu'il a tracée; on peut s'être élevé plus haut, mais c'est en partant du point d'élévation où il a porté les esprits; on peut enfin l'avoir combattu lui-même avec succès, mais c'est en se servant des armes qu'il a fournies. Voilà ce dont le temps ne saurait lui enlever.[39]

Loin de se montrer aussi critiques de la doctrine philosophique que ne le sera le radical Batteux dans le *Dictionnaire* de Naigeon au tournant du siècle,[40] les auteurs ne sont pas non plus entièrement apologétiques. Tous trois semblent appliquer dans leur discours le jugement de Fontenelle que rapporte l'article 'Cartésianisme' de l'*Encyclopédie*: 'Il faut admirer toujours Descartes, et le suivre quelquefois', ce qui résume en définitive la direction de la pensée au dix-huitième siècle. Descartes, génie inspirateur, pionnier sublime, philosophe de la liberté mais guide métaphysique incertain.

Ce qu'il faut alors *admirer* chez Descartes, soutiennent en chœur les Eloges, c'est qu'à défaut de nous avoir donné la 'vraie philosophie', c'est

36. Antoine Léonard-Thomas, *Eloge de René Descartes: discours qui a remporté le prix de l'Académie française en 1765* (Paris, 1765), p.67-68.
37. Gabriel-Henri Gaillard, *Eloge de René Descartes* (Paris, 1765).
38. Louis Sébastien Mercier, *Eloge de René Descartes* (Paris, 1765).
39. Gaillard, *Eloge*, p.43.
40. L'un des auteurs d'un des Eloges de Descartes, paru en 1765, Louis Sébastien Mercier, votera au Conseil des Cinq-Cents où il siégeait contre la motion de la translation des cendres de Descartes au Panthéon au motif que la métaphysique de Descartes est entachée d'erreurs, en particulier la doctrine des idées innées. Surtout il considère que Descartes, en inventant la liberté de pensée, est à l'origine des courants révolutionnaire et contre-révolutionnaire et donc coupable de la Terreur in *Discours de L.-S. Mercier prononcé le 18 floréal sur René Descartes* (Paris, 1796).

du moins de nous avoir enseigné 'la vraie manière de philosopher',[41] c'est d'avoir mis de l'ordre dans la philosophie et séparé la métaphysique de la physique, c'est l'art de penser qui a permis à la 'raison de rentrer dans ses droits',[42] c'est le traité 'admirable' des Passions 'où aidé du flambeau de la physique', Descartes se rend 'l'apologiste' des hommes,[43] c'est 'd'avoir analysé les ressorts de la nature',[44] c'est d'avoir appliqué l'algèbre à la géométrie. C'est aussi la liberté de penser que Descartes a pratiqué avec une fermeté exemplaire contre les 'tyrans de la raison', selon la forte formule de Thomas,[45] la philosophie libre qu'il a instituée, qui en a fait la cible des persécutions des prêtres. C'est, enfin, conformément à l'image de l'article 'Philosophe' de l'*Encyclopédie*, de se rendre utile aux hommes en brandissant le flambeau de la raison dans la nuit des passions et des préjugés.

Trois éléments, annonciateurs des développements philosophiques de leur siècle, et qui jusqu'alors n'avaient pas encore été dégagés dans l'élaboration de l'icône sont repris à l'unisson dans les *Eloges*: d'abord la mise en évidence du critère-maître au dix-huitième siècle: l'utilité de la méthode cartésienne lorsqu'elle est appliquée à la recherche en santé et en médecine avec aussi, en finale de chacun des discours, l'accent mis sur l'utilité générale de l'œuvre cartésienne pour les hommes.

Ensuite la part heuristique qui est faite à l'erreur; l'idée très actuelle que l'erreur peut être féconde permet de souligner ce que la gloire de Newton doit à Descartes. 'Honorons les philosophes qui se trompent, si leur erreur même a été utile au genre humain',[46] s'écrie, par exemple, Mercier. La physique de Descartes a beau s'être écroulée, la 'gloire de Descartes n'est point effacée par celle de Newton',[47] argumente-t-il, un peu plus loin. Et Thomas de remarquer: ' il y a des erreurs de grands hommes qui deviennent fécondes en vérités. Anglais, vous avez été plus loin que Descartes; mais Descartes vous a frayé la route.'[48]

Enfin, et c'est Thomas qui le relève explicitement, le caractère pionnier de Descartes en anatomie, en particulier dans le *Traité sur l'homme* qu'il composa après 'quinze ans d'observations anatomiques'.[49] Même si son esprit de système l'empêcha d'aller aussi loin que ses successeurs, remarque Thomas, Descartes a été le premier à expliquer

41. Gaillard, *Eloge*, p.41-42.
42. Gaillard, *Eloge*, p.41.
43. Mercier, *Eloge*, p.71.
44. Mercier, *Eloge*, p.4.
45. Thomas, *Eloge*, p.19.
46. Mercier, *Eloge*, p.40.
47. Mercier, *Eloge*, p.42.
48. Thomas, *Eloge*, p.5.
49. Thomas, *Eloge*, p.58.

les passions par le physique et à faire voir l'influence sur elles du mécanisme:

> L'anatomie créée par Hippocrate, cultivée par Aristote [...], rassemblée en corps par Galien, suspendue et presque anéantie près de onze siècles, avait été ranimée tout à coup par Vésale.[50] Depuis cent ans elle faisait des progrès en Europe; mais ses progrès étaient lents, comme toutes les connaissances humaines qui sont filles du temps. Descartes eut aussi la gloire d'être un des premiers anatomistes de son siècle: mais comme il était né encore plus pour lier des connaissances et les ordonner entre elles que pour faire des observations, il porta dans l'anatomie ce caractère qui le suivait partout. En découvrant l'effet, il remontait à la cause; en analysant les parties, il examinait leurs rapports entre elles, et leurs rapports avec le tout.[51]

En revanche, ce qu'il ne faut surtout pas 'suivre', met en garde Thomas, reprenant ici l'argumentation de d'Alembert, et parlant en philosophe expérimental, c'est la doctrine cartésienne des idées innées: 'Ce grand Homme, malgré la circonspection de sa marche, s'égar[e] dans la métaphysique et cré[e] son système des idées innées. Mais cette erreur même tenait à la grandeur de son génie.' La condamnation de l'innéisme va de pair avec le rejet de la facette métaphysique de la figure cartésienne. Thomas, sous prétexte d'excuser Descartes, critique sévérement sa façon de philosopher qui lui fait chercher l'origine des connaissances dans des abstractions: 'Accoutumé à des méditations profondes, habitué à vivre loin des bornes des sens, à chercher dans l'intérieur de l'âme ou dans l'essence de Dieu, l'origine, l'ordre et le fil de ses connaissances, pouvait-il soupçonner que l'âme fut entièrement dépendante des sens pour les idées?' Pis, la métaphysique cartésienne et ses hypothèses non fondées sont mises au rang des vieilleries dépassées: 'Descartes vit dans les idées innées un pont de communication entre l'âme et la matière? Depuis on a eu l'audace de rompre le pont.'[52] Pourtant la revanche de Descartes n'attendra pas très longtemps. Seules quelques années le séparent de la 'révolution copernicienne'; autrement dit, du triomphe du kantisme et des a priori transcendantaux que déploreront par ailleurs les Idéologues rationalistes car ils y voient le retour des idées innées.

Si la méthode de la métaphysique cartésienne décriée qui fait emprunter au philosophe un chemin allant des définitions aux propriétés à l'inverse de la philosophie expérimentale de l'époque, ses objets traditionnels, Dieu, l'âme, les principes généraux des sciences, ne sont pas entièrement mis à l'écart. Jean-Jacques Rousseau, alliant

50. Voir dans ce livre pour une discussion approfondie de Vésale, le chapitre de H. Cazes, p.9.
51. Thomas, *Eloge*, p.57-58.
52. Thomas, *Eloge*, p.30.

sensibilité et syntaxe cartésienne, se veut dans le *Vicaire savoyard* (1762) le restaurateur d'une saine métaphysique dans le sillage de Descartes. Revendiquant l'honneur de penser,[53] n'appartenant à aucune clique, il fait jouer à sa façon l'icône et la métaphysique dualiste cartésienne sur la triple question de Dieu, de l'âme et de l'homme, contre l'ontologie matérialiste, au fondement de *L'Interprétation de la nature* (1753) de Diderot.

Le point de départ de la réflexion de Rousseau est, à l'instar de Descartes, la nature de l'homme plutôt que la nature du monde; le premier trait caractérisant son ontologie se rapporte à la thèse d'un dualisme substantiel. Il existe, attesté par le 'sentiment intérieur', une matière qui m'affecte mais qui est séparé de moi et, par conséquent, Rousseau peut déclarer qu'il y a, d'une part, une réalité matérielle constituée par les corps et dont fait partie mon propre corps, d'autre part, une réalité spirituelle. Rousseau s'appuie ensuite sur ce dualisme ontologique pour se séparer, sur le terrain de la théorie de la connaissance, de ses adversaires 'philosophes': il abandonne leur sensualisme plus radical et, récusant le postulat maître de cette doctrine, il affirme la distinction entre le jugement et la sensation. S'élevant explicitement ensuite contre les définitions que donne Diderot des propriétés de la matière, Rousseau affirme qu'il y a un premier moteur, un Dieu dont la volonté est créatrice. Cela constitue même son 'premier principe': 'Je crois donc qu'une volonté meut l'univers et anime la nature.'[54]

De là, Rousseau entreprend, en suivant le cartésianisme tel que relayé par Fontenelle, de défendre le dualisme substantiel en montrant, premièrement, qu'il existe une volonté active mouvant un corps passif; deuxièmement, en faisant remonter aux desseins ordonnateurs d'une intelligence suprême, le déterminisme observé dans le monde physique. A cet ensemble de thèses ontologiques, s'ajoutent enfin deux thèses supplémentaires portant sur le statut de l'homme au sein de la création, d'inspiration cartésienne: il s'agit des stipulations sur les 'évidences' de la conscience et sur la liberté première de l'homme sur laquelle repose l'unité du moi intérieur en dépit du dualisme des deux substances, spirituelle et corporelle. L'activité libre constitue pour Rousseau, retenant la leçon cartésienne, comme l'activité-pivot des activités de l'âme en même temps que la manifestation la plus claire de sa 'spiritualité'. Toutes ces thèses rousseauistes joueront comme la préface, peut-être contre la signification plus profonde de la doctrine, des

53. Jean-Jacques Rousseau, *Emile*, *Œuvres complètes*, éd. Barnard Gagnebin et Marcel Raymond (Paris, 1969) t.4, p.573.

54. Rousseau, *Emile*, p.576.

positions spiritualistes du dix-neuvième siècle français, en tous cas de l'apologie de la liberté et du volontarisme.

Rousseau, par ailleurs, prend parti dans le parallèle Newton-Descartes que personne n'évite à son époque mais c'est pour récuser la science où ils ont œuvré et leur esprit de système. Dans le *Mémoire présenté à Mr de Mably sur l'éducation de son fils* (1740), s'inspirant des ouvrages de l'abbé Pluche, Rousseau donne son avis, en fin de son *Mémoire*, sur les matières à apprendre et conseille sur la façon de les apprendre. S'il fait l'éloge de l'Histoire naturelle, il déclare vouloir 'ôter la physique du rang de nos études réglées pour en faire un sujet de récréation et de promenades'.[55] Il prend là, une fois de plus, une position contraire à celle des tendances de son siècle, exception faite de l'attaque qu'il livre contre les faiseurs de systèmes. Rousseau juge vain de prétendre avec cette soi-disant science connaître l'origine des choses. Et c'est pour cette raison qu'il renvoie dos à dos les deux modèles,[56] tout système de physique relevant de l'imagination, son implacable réalisme lui fait souhaiter: 'Contentons-nous de savoir ce qui est, sans vouloir rechercher comment les choses sont, puisque cette connaissance n'est pas à notre portée.'[57]

Nemo ante me

Rousseau, ici plus retardataire qu'anticipateur, retient comme inspiration métaphysique le dualisme ontologique propre à Descartes, creusant ainsi le filon spiritualiste que recueillera, dans l'héritage cartésien, au siècle suivant, Maine de Biran dans sa psychologie. Le filon matérialiste a de son côté plus d'avenir. L'actualité philosophique de nos jours l'exploite abondamment autour du problème des rapports de l'esprit et du corps, mais c'est surtout, du point de vue qui nous intéresse ici, l'originalité des *Passions* et de leur traitement qui parent l'icône du philosophe de ses couleurs les plus vivaces. L'article de l'*Encyclopédie*, les *Eloges* couronnés par l'Académie saluent sans réserves le *Traité de l'homme* et le *Traité des passions*, les deux ouvrages où affleure explicitement le matérialisme de Descartes, ce qu'avait bien compris Helvétius, qui emprunte à Descartes le point de départ de sa doctrine, le cite partout comme un grand homme, et le suit en même temps que Locke tout comme La Mettrie et son *Homme-machine*.

Cet ouvrage étend à l'homme le principe de l'animal-machine de Descartes, le précipitant du côté des matérialistes mécanistes monistes

55. Jean-Jacques Rousseau, *Mémoire présenté à Mr de Mably sur l'éducation de son fils*: 'les Cartésiens me paraissent ridicules de vouloir rendre raison de tous les effets naturels par leurs suppositions, et les Neutoniens encore plus ridicules de donner leurs suppositions pour des faits'. *Œuvres complètes*, t.4, p.30.
56. Rousseau, *Mémoire*, p.30.
57. Rousseau, *Mémoire*, p.30.

des Lumières. Le médecin Théophile Bordeu[58] dans ses *Recherches sur l'histoire de la médecine* (1768) ne manque pas de souligner, à propos de la théorie des animaux-machines que Descartes reprend du médecin Pereira, le rôle de modèle que la médecine a joué dans ses conceptions du corps vivant. C'est la médecine qui aurait été, pour Bordeu, à l'origine des révolutions que Descartes a ouvertes dans cet art comme dans la philosophie. L'Idéologue physiologue Cabanis, à son tour, saluant le Descartes des *Passions* comme un de ses prédécesseurs, rappelera, dans les *Rapports du physique et du moral de l'homme* (1802), que les erreurs de Descartes ne doivent pas faire oublier les immortels services qu'il a rendus aux sciences et à la raison humaine. Marx et Engels puiseront également de ce côté de l'icône pour soutenir que le matérialisme français du dix-huitième siècle résulte de la fusion du courant qui vient d'Angleterre et qui part de Bacon tandis que l'autre vient de Descartes, luttant ainsi contre les critiques réactionnaires du dix-neuvième siècle qui escamotent le legs matérialiste, celui des Encyclopédistes ensemble avec celui de Descartes.

L'article 'Cartésianisme' indique avec netteté pour quelles raisons on peut 'sauvegarder', pour ainsi dire, la représentation de Descartes comme grand philosophe aux côtés de son image indiscutable de grand géomètre et de mathématicien. L'*Encyclopédie* se réjouit d'y voir la métaphysique de l'âme remplacée par la physique expérimentale des rapports de l'esprit et du corps, le recours au mécanisme pour expliquer les phénomènes matériels et vitaux. Cabanis plus tard, ou encore Degérando, s'appuyant sur les assertions mêmes de Descartes dans le *Discours*, reprises dans le *Traité de l'homme* et dans les *Passions*, renforcent de toute leur autorité scientifique cet aspect de l'icône consonnant avec les conquêtes de l'Idéologie, celui d'un Descartes cherchant dans la médecine le moyen de rendre les hommes plus sages et plus habiles, parce que l'esprit dépend du tempérament et de la disposition des organes du corps.

La déclaration d'intention de la *Lettre du 14 août 1649* de Descartes est en effet claire: 'mon dessein n'a pas été d'expliquer les passions en Orateur, ni même en Philosophe moral, mais seulement en Physicien.'[59] Le ton polémique de l'article 1 des *Passions de l'âme*: 'C'est pourquoi je serai obligé d'écrire ici en même façon que si je traitais d'une matière

58. Voir dans cet ouvrage le chapitre de A. Wenger qui analyse les théories de Bordeu à travers le portrait qu'en trace Diderot dans le *Rêve de d'Alembert*, p.199.

59. René Descartes, Lettre du 14 août 1649 à l'auteur de l'*Avertissement* se trouvant en-tête du *Traité* et reprise dans Préface des *Passions de l'âme* (éd. Ferdinand Alquié), *Œuvres philosophiques* (Paris, 1963-1973), 3 vols, t.3, p.949.

que jamais personne avant moi n'eut touchée,' dément cependant la fausse humilité du *seulement en physicien.*

Dans l'article 1 l'attaque contre les Anciens reproduit celle du début du *Discours de la méthode*: après avoir lu tous les livres et le livre de la nature, il ne reste pour fonder le savoir sur les passions, que l'expérience directe de soi-même. *Nemo ante me*: fidèle à sa démarche, Descartes reconstruit tout à nouveau frais, comme si personne avant lui n'avait traité de la question, ce qui conforte dans leurs représentations de Descartes comme iniateur, les auteurs des Eloges et de l'article 'Cartésianisme'.

Les principes qui dictent l'analyse des passions, exposés à l'article 2 de la première partie[60] montrent à l'évidence aussi bien sa nouveauté que la physique mécaniste qu'elle applique:

Un axiome: 'nous devons penser que ce qui est dans l'âme une passion est dans le corps communément une action.'

Une vérité d'expérience: 'Puis aussi je considère que nous ne remarquons point qu'il y ait aucun sujet qui agisse plus immédiatement contre notre âme, que le corps auquel elle est jointe.'

Une vérité d'entendement: 'que pour connaître les passions de l'âme, il faut distinguer ses fonctions d'avec celles du corps.'

Descartes commence ainsi l'analyse des passions en termes de force et de mouvement mais finit en parlant d'admiration, de générosité, de vertu et de liberté. Le plan de l'analyse mécaniste ne peut être, en effet, que provisoire parce qu'il reste abstrait et parce que cette abstraction est radicalement incapable d'entamer la dimension humaine de la passion.

Trois desseins s'entremêlent ainsi dans les *Passions de l'âme*, répondant à la complexité, voire à l'ambiguïté de l'icône elle-même:

Le premier est l'explication physiologique des passions par *leurs dernières et plus prochaines causes*, les esprits animaux qui sont les parties les plus subtiles du sang raréfié par la chaleur du cœur.

Le deuxième est de montrer le dénombrement et la composition progressive des passions, parallèlement à une recherche de la causalité élargi: *la cause première, ordinaire et principale* est l'objet affectif, l'objet de ma haine, de mon admiration, etc. Le dénombrement (et non pas la classification) se fait à partir de l'importance des objets passionnants, selon qu'ils nous conviennent ou nous disconviennent: nous assistons à une véritable quête de la signification.

60. René Descartes, *Passions de l'âme* (1649), dans *Œuvres complètes*, éd. Adam et Tannery (Paris, 1896-1909), t.11, p.327-488.

Le troisième dessein est moral (dessein aperçu tout au long du traité); il s'articule sur le désir, l'entendement jugeant selon les intérêts de l'être passionné. D'où une technique morale pour discerner cet intérêt et les remèdes contre les passions qui consistent en un bon usage de la volonté éclairée et culmine dans l'exaltation de la générosité.

Ces trois desseins correspondent à une véritable progression: la générosité, cette admiration à l'égard de soi-même comme sujet d'une volonté libre, n'est pas justifiée par l'analyse mécaniste qui y introduit, elle en est plutôt la clé.[61]

L'Homme et les *Passions* ne portent pas seuls le travail des thèses matérialistes chez Descartes. Il est possible d'envisager l'œuvre entière sous l'angle des enjeux et des conséquences matérialistes.[62] Ainsi, en métaphysique, la conception cartésienne de la matière en fait une substance, au même titre que la pensée, et indépendante de cette dernière. En physique, le mécanisme qui rend compte des phénomènes uniquement à partir de l'étendue et du mouvement s'applique à tous les êtres, et donc également aux êtres vivants. Il rend compte, non seulement des processus vitaux et des actions des animaux, mais encore de ce qui, dans l'homme, relève de phénomènes corporels ou implique une relation de l'âme au corps.

Il manquait encore une appréciation d'ensemble de Descartes comme savant et comme philosophe, une critique qui fusionnât icône et doctrine. Ce fut Condorcet, au terme du siècle des Lumières, Condorcet savant, historien et philosophe, qui la donna, avec une sereine hauteur de vue. Condorcet, accusé et mis hors la loi, s'attelle, dans une retraite précaire, à retracer la marche du progrès culminant avec l'avènement de la République française. Et à peu près à l'époque où la majorité triomphante de la Convention décrétait la translation des cendres de Descartes au Panthéon, c'est lui qui trace du philosophe la représentation la plus grandiose. Dans son *Esquisse d'un tableau historique des progrès de l'esprit humain*, achevée en 1793, Condorcet présente Descartes comme celui qui inaugure avec éclat les temps nouveaux de l'histoire. Sa

61. Contrairement du reste à ce qu'une lecture matérialiste trop hâtive pourrait le supposer. Voir pour une analyse plus détaillée de la doctrine, notre ouvrage, J. Boulad-Ayoub et P.-M. Vernes, *La Révolution cartésienne* (Sainte-Foy, Québec, 2006), et, plus particulièrement, les chapitres VIII à X.

62. Voir les Actes du colloque que nous avons organisé avec Alexandra Torero-Ibad et Pierre-François Moreau à l'Université du Québec à Montréal en 2009, *Philosophie cartésienne et matérialisme*. Les diverses contributions reflètent la richesse inépuisable de 'l'autre Descartes', la pluralité des héritages, la variété des contextes d'examen et de réélaboration des problèmes. Elles ont parues en deux séries dans deux numéros spéciaux: une série dans la revue *Dialogue* 49:4 (2010), une autre dans la *Revue Corpus* 61 (2011).

philosophie qui est une philosophie de liberté se place tout naturellement en-tête de la généalogie des révolutions de l'esprit en marche vers la vérité.

Condorcet marque dans son *Tableau,* mieux encore peut-être que d'Alembert et Chénier, le rôle de Descartes dans le développement de la philosophie et des sciences. Avec Bacon et Galilée, Descartes ouvre le passage de la VIIIe à la IXe période qui décrit la formation de la République française et l'établissement du dernier degré du progrès. Fixant avec sûreté pour la postérité la figure de Descartes comme ce 'philosophe ingénieux et hardi' à qui il était réservé l'honneur 'd'imprimer aux esprits ce mouvement qu'ils semblaient attendre', ce mouvement que Bacon avec sa philosophie plus sage, Galilée avec sa marche plus sûre dans les sciences physiques, n'avaient pu leur donner, Condorcet, réunissant l'icône à la doctrine, parachève la figure de Descartes au dix-huitième siècle. C'est décidément Descartes l'éveilleur qui polarise les regards, lui qui a su, s'enthousiasme Condorcet, apprendre aux hommes qu'ils étaient formés pour être libres et ne reconnaître que l'autorité de la raison.[63]

L'apothéose de Descartes

Les images que les lectures rivales, parallèles, successives du dix-huitième siècle reconstruisent à partir des points sensibles de la démarche cartésienne, agissent tels des véhicules des choix théoriques de leurs auteurs. Elles résument, en même temps, les expressions de leurs positions idéologiques. Le Descartes de la seconde moitié des Lumières n'apparaît guère comme une icône en procès. Loin de là. Comme le soutient d'Alembert, et comme le reprend Condorcet, 'l'audace même de ses erreurs servit aux progrès de l'espèce humaine'.[64] Et même pour Diderot qui est, à son égard, le plus indifférent peut-être, Descartes est le nom que les Modernes peuvent opposer avec avantage aux plus grands génies de l'Antiquité.[65]

L'icône se découpe alors selon trois principales arêtes dont les contours se chevauchent, se fondent les uns dans les autres: le savant, le philosophe, le moraliste-médecin. Descartes, selon les termes de l'Encyclopédie, est un de ces 'hommes rares qui sont allés au-delà de leur siècle', incarnant sans désemparer la figure de la liberté dans son combat pour la vérité: telle se profile la représentation récurrente au

63. Voir Jean-Antoine-Nicolas de Caritat, marquis de Condorcet, *Esquisse d'un tableau historique des progrès de l'esprit humain* (1793), éd. Monique et François Hincker (Paris, 1972), p.201-202.
64. Condorcet, *Esquisse,* p.202.
65. *Encyclopédie,* article 'Leibnitzianisme ou Philosophie de Leibnitz', t.9, p.369.

long du dix-huitième siècle, chez ses partisans comme chez ses adversaires. En sciences, c'est le génie qui a appliqué l'algèbre à la géométrie; en restaurant la raison dans ses droits, il s'est fait le 'chef des conjurés' qui, de tout temps, ont dû lutter et devront lutter contre les 'tyrans de la raison'. En philosophie, c'est le plus hardi des Modernes, qui, engageant l'homme par sa méthode dans la voie de l'autodétermination, l'a encouragé à oser penser de lui-même et à secouer le joug des Anciens. Comme *personne avant lui*, Descartes a mis à l'avant-scène le libre-arbitre infini dont nous jouissons, ce libre-arbitre qui nous 'rend en quelque façon pareils à Dieu et semble nous exempter de lui être sujets'.[66] Pragmatique, en physique, en médecine, il a cherché à nous rendre comme maître et possesseur de notre propre nature, de notre entendement, de nos passions, de la nature et du monde.

Derechef, Descartes est ce philosophe intrépide, défiant toute forme de persécutions et d'oppressions, qui ose penser par lui-même. Il institue la modernité et, ouvrant la marche de l'esprit humain, pose pour la postérité comme le paradigme du progrès scientifique. Les Encyclopédistes célèbreront dans le premier tome des *Suppléments* le véritable triomphe de Descartes: 'Il n'est plus, mais son esprit vit encore. Son esprit est immortel: il se diffuse de nation en nation et de siècle en siècle.'[67]

Une passerelle aérienne, virtuelle, fait se rejoindre les strates interprétatives s'accumulant au cours des siècles autour d'une figure révolutionnaire qui ne cesse de se construire et de se renouveler. Nous la voyons s'élancer de l'éloge de Thomas, couronné par l'Académie en 1765, jusqu'à notre époque qui remet à l'honneur en philosophie des sciences tant la théorie si décriée des tourbillons que les hypothèses cartésiennes sur l'union de l'âme et du corps, ou encore dans les sciences cognitives qui arpentent les sillons matérialistes que creuse le *Traité de l'homme*. Et comme autant d'arches étincelantes soutenant cette passerelle, voici, au début du siècle, en 1707, la gravure de Picart, l'*Apothéose de Descartes suivi par les philosophes anciens et modernes*, mise en frontispice de l'édition française[68] de *La Vérité recherchée par les philosophes* de Brillon de Jouy; voici, à la fin du siècle, en 1793, l'abbé Grégoire réclamant devant la Convention que le grandiose événement de la translation des cendres de Descartes au Panthéon se tienne le jour anniversaire de la mort du philosophe; enfin, à l'aube du dix-neuvième siècle, voici la célébration de Descartes par Hegel dans ses *Leçons sur*

66. René Descartes, 'A C. de Suède', Lettre du 20 novembre 1647, *Œuvres complètes*, t.5 (85, 1).
67. *Encyclopédie*, article 'Avantages des Académies', *Supplément*, I, p.94.
68. Il est assez piquant de constater que Newton prend la place de Descartes pour guider les philosophes anciens et modernes vers la Vérité, dans la copie anglaise de la gravure.

l'histoire de la philosophie, comme ce héros révolutionnaire de la pensée qui 'a repris les choses entièrement par le commencement, et a constitué à nouveau le sol de la philosophie sur lequel elle est enfin retournée après que mille années se soient écoulées'.[69]

69. Georg Wilhelm Friedrich Hegel, *Leçons sur l'histoire de la philosophie*, t.6, trad. P. Garniron (Paris, 1986), p.1404: 'René Descartes est de fait le véritable initiateur de la philosophie moderne, en tant qu'il a pris le penser pour principe. Le penser pour lui-même est ici distinct de la théologie philosophante, qu'il met de côté; c'est un nouveau sol. On ne saurait se représenter dans toute son ampleur l'influence que cet homme a exercée sur son époque et sur les temps modernes. Il est ainsi un héros qui a repris les choses entièrement par le commencement, et a constitué à nouveau le sol de la philosophie sur lequel elle est enfin retournée après que mille années se soient écoulées.'

Une icône en procès: à propos de quelques résistances tardives à Newton

JOËL CASTONGUAY-BÉLANGER

Une icône en procès: à propos de quelques résistances tardives à Newton

L'historiographie du siècle des Lumières a longtemps été prisonnière des mythes forgés et transmis par les hommes du dix-huitième siècle pour décrire la genèse de leur époque et en célébrer la modernité éclairée. Selon le récit classique, la marche triomphale du progrès aurait été annoncée et incarnée par quelques figures emblématiques autour desquelles se serait opérée une fameuse 'révolution scientifique' qui a longtemps été entendue comme le moment d'une rupture fondatrice dans l'histoire des sciences et des idées. Au sein de l'hagiographie traditionnelle des Lumières, le nom et l'image de Newton occupent une place centrale. On connaît les vers fameux de Pope 'Nature and nature's law lay hid in night / God said: Let Newton be! and all was light' et les infinies variations qu'il allait inspirer chez les poètes, philosophes et savants contemporains. Porté aux nues par ceux qui prétendront engager les sciences physiques et expérimentales sur le chemin entrouvert par ses travaux, Newton est souvent présenté comme le Titan de la science, le génie prométhéen qui a tiré l'humanité des ténèbres où la scolastique et la métaphysique l'avaient trop longtemps tenue enfermée.[1]

Publiés en 1687 en Angleterre, ses *Principes mathématiques de la philosophie naturelle (Philosophiæ Naturalis Principia Mathematica)* ont pourtant mis quelques décennies avant de s'imposer en France. Les débats et les résistances qui ont entouré la réception du newtonianisme sur le continent forment un épisode bien connu du grand récit mis en place par la philosophie des Lumières pour célébrer ses propres origines. Ce récit, c'est celui de la diffusion d'une idée – l'attraction – née dans l'esprit du génie anglais, traversant la Manche grâce aux efforts de Maupertuis, de Voltaire et de Mme Du Châtelet, délivrant la France du 'roman cartésien' et de son systèmes des tourbillons, et lui révélant les lois mathématiques permettant de calculer l'orbite des planètes, de

1. Sur la genèse de cette figure, voir Patricia Fara, *Newton: the making of genius* (New York, 2002).

prédire le passage des comètes, les éclipses et le mouvement des marées.[2] C'est la version qu'en donne déjà d'Alembert en 1751 dans le 'Discours préliminaire' de l'*Encyclopédie*, lorsque, après avoir retracé en quelques paragraphes le rôle de précurseur de Descartes, mais aussi ses errances dans le domaine de la philosophie naturelle, il écrit: 'Newton [...] parut enfin et donna à la philosophie une forme qu'elle semble devoir conserver. Ce grand génie vit qu'il était temps de bannir de la physique les conjectures et les hypothèses vagues, ou du moins de ne les donner que pour ce qu'elles valaient.'[3]

Ce discours assimilant la réception des idées newtoniennes en France à un affranchissement des 'conjectures cartésiennes' a fini par imposer l'idée d'un affrontement réduit à deux partis et d'une disparition quasi complète des dernières résistances à l'attraction au milieu du dix-huitième siècle, avec la reddition des derniers défenseurs de l'hypothèse tourbillonnaire.[4] Près d'un demi siècle après ce que l'histoire des sciences nous présente souvent comme le triomphe probant et définitif du newtonianisme comme nouveau modèle normatif de la pratique scientifique, se trouvent pourtant encore des philosophes, des écrivains et des savants qui persistent à remettre en doute des éléments fondamentaux de ses théories. Très vites invalidées, dévaluées et oubliées quelques années après leur parution, ces oppositions exprimées sur le tard n'ont jusqu'ici guère retenu l'attention des chercheurs.[5] Si elles paraissent difficiles à catégoriser ou à prendre au sérieux, leur simultanéité et leur résonnance invitent pourtant à une redéfinition du concept d'antinewtonianisme et à son élargissement au-delà du traditionnel affrontement avec le système cartésien. Elles semblent du moins justifier la réévaluation de leur rôle et de leur portée dans l'histoire des idées philosophiques, littéraires et esthétiques de la fin du dix-huitième siècle et du début du dix-neuvième siècle.

2. L'histoire de la diffusion des idées de Newton en France a fait l'objet de plusieurs études depuis l'ouvrage de Pierre Brunet, *L'Introduction des théories de Newton en France au XVIIIe siècle avant 1738* (Paris, 1931). Parmi celles-ci, signalons les nuances et les mises au point apportées par Henry Guerlac, *Newton on the Continent* (Ithaca, NY, 1981) et, plus récemment, par John Bennett Shank, *The Newton wars and the beginning of the French Enlightenment* (Chicago, IL, 2008).
3. Jean Le Rond d'Alembert, 'Discours préliminaire', *Encyclopédie, ou Dictionnaire raisonné des sciences, des arts et des métiers* (Paris, chez Briasson, David, Le Breton, Durand, 1751), t.1, p.26.
4. Sur la fortune de Descartes au dix-huitième siècle, voir dans ce volume la contribution de Josiane Boulad-Ayoub, p.85.
5. Citons néanmoins quelques exceptions notables: Philippe Hamou et Neil Ribe (éd.), 'Figures de l'antinewtonianisme / Faces of anti-Newtonianism. Actes du colloque international de Nanterre mai 2002', *Archives internationales d'histoire des sciences* 53 (2003), 150-51; James Evans, 'Fraud and illusion in the anti-Newtonian rear guard: the Courtaud-Mercier affair', *Isis* 87 (1996), p.74-108.

La résistance tardive aux théories newtoniennes, souvent perçue comme marginale, passéiste et représentative d'une pensée d'arrière-garde négligeable sur le plan historique, n'a pourtant pas été le fait exclusif d'une poignée d'excentriques obscurs et totalement dénués de crédit dans l'opinion publique. Quelques figures littéraires et intellectuelles importantes de la fin du dix-huitième siècle ont aussi été associées à ces prises de position: Jean-Paul Marat, quelques années avant de devenir l'agitateur politique que l'on sait sous la Révolution, entreprend de traduire Newton et d'attaquer ses théories sur l'optique et la lumière; Bernardin de Saint-Pierre, niant quant à lui l'effet de la gravitation sur le mouvement des marées, entend démontrer que l'on a également eu tort de croire, sur la foi des calculs de Maupertuis et de La Condamine, que la terre était aplatie aux pôles comme Newton l'avait avancé; Louis-Sébastien Mercier, écrivain, dramaturge et auteur célébré du *Tableau de Paris*, s'attire l'incompréhension de son public en publiant en 1806 un ouvrage intitulé *De l'impossibilité du système de Copernic et de Newton*; deux ans plus tôt, Pierre Hourcastremé, entre un chapitre consacré à la pierre philosophale et un autre à la résolution de la quadrature du cercle, introduit dans ses *Essais d'un apprenti philosophe* une démonstration visant à prouver 'l'absurdité' de la rotation de la terre autour du soleil; Claude-Henri de Saint-Simon, quant à lui, soumettant la théorie de la gravitation universelle à une réévaluation ambivalente, en appelle dans son *Introduction aux travaux scientifiques du dix-neuvième siècle* (1807) et dans ses *Lettres au bureau des longitudes* (1808) au remplacement du système du monde 'trop vanté' du savant anglais.

Sans aller jusqu'à plaider pour une révision de leur validité scientifique, le présent chapitre voudrait montrer que la persistance, voire l'émergence, de critiques de Newton au tournant des Lumières signale peut-être autre chose que les symptômes de quelques esprits fatigués ou mal éclairés, et que ces attitudes sceptique doivent au contraire être regardées comme l'expression d'un phénomène culturel peut-être plus significatif que ce que l'on en a pensé jusqu'ici. En dépit de l'hétérogénéité formé par ces voix discordantes, il paraît légitime de chercher à comprendre les motifs d'un tel procès à une époque où l'icône de Newton est justement réputée inattaquable.

Ces critiques, ainsi que leur coïncidence, semblent a priori d'autant plus difficile à comprendre que les auteurs qui s'y trouvent mêlés prennent la plume au moment même où le marché du livre propose de plus en plus de titres permettant aux lecteurs moins avertis de se familiariser avec les idées de Newton. Le ton de ces ouvrages n'est peut-être plus celui des conversations galantes qu'Algarotti donnait à voir dans son *Newtonianisme pour les dames* en 1737, mais la vulgarisation est toujours au cœur de ces entreprises qui, par la traduction ou la forme dialoguée, proposent de mettre Newton à la portée d'un nouveau public, à commencer par cette jeunesse visée par les réformes napoléoniennes de l'instruction publique.[6]

Ces ouvrages, qui contribuent à maintenir le nom de Newton au panthéon des grands découvreurs, bénéficient par ailleurs de la caution que lui apporte le discours scientifique contemporain, alors dominé par la figure de l'astronome qu'on surnomme le 'Newton français', Pierre-Simon de Laplace. Son *Exposition du système du monde* (1796) et, plus encore, son *Traité de mécanique céleste* dont le premier volume paraît en 1798 sont en effet reçus comme une confirmation mathématique du système newtonien couronnant les recherches menées tout au long du dix-huitième siècle par les Maupertuis, Clairaut, d'Alembert, Euler et Lagrange. Son approche de l'astronomie, fondée sur l'analyse mathématique, lui permet d'affirmer la stabilité à long terme du système solaire et l'amène à défendre l'idée d'un déterminisme universel. Ainsi, rejeter Newton au moment même où Laplace confirme l'autorité de son système du monde, ce n'est même pas se livrer à un combat d'arrière-garde: il ne se trouve à peu près plus personne dans la communauté scientifique pour penser qu'une telle bataille mérite encore d'être livrée.

C'est d'ailleurs l'une des premières observations qui s'imposent lorsqu'on analyse l'identité des auteurs qui participent au procès de Newton après 1800: on s'aperçoit vite qu'il s'agit d'un procès exogène à la communauté scientifique et à ses institutions officielles. Son théâtre est celui des traités philosophiques à faible tirage et des 'systèmes inédits' qui trouvent souvent très peu d'écho au-delà des journaux qui annoncent leur parution. S'ils daignent parfois en faire le compte rendu, ces journaux ne manquent pas de souligner le caractère curieux des idées en contradiction avec les théories admises, même si cela se traduit moins souvent par une condamnation explicite du système en question que par une invitation prudente à laisser aux savants le soin de juger l'affaire.

Quelques années plus tôt, les batailles menées par Marat et par Bernardin de Saint-Pierre pour faire reconnaître leurs théories avaient déjà révélé l'existence de ce fossé séparant, d'un côté, la science légitime des corps académiques et, de l'autre, les idées défendues par des individus dépourvus d'attaches institutionnelles. Le rejet par l'Académie des sciences des travaux de Marat sur le feu avait d'ailleurs inspiré à Brissot de Warville, dans son traité *De la vérité*, sa fameuse diatribe décriant le 'despotisme' des académies et leur esprit fermé à toute innovation.[7] Il était, selon Brissot, dans la nature même des corps

6. Citons par exemple *L'Arithmétique universelle de Newton traduite du latin en français avec des notes explicatives* (Paris, 1802) et *Le Newton de la jeunesse ou Dialogues instructifs entre un père et ses enfants sur la physique, l'astronomie et la chimie* (Paris, 1804).

7. Jacques-Pierre Brissot de Warville, *De la vérité ou Méditations sur les moyens de parvenir à la*

académiques d'être hostile à tout écart d'opinion, de persécuter les auteurs isolés qui se mettaient en tête de contredire les doctrines reconnues ou qui osaient simplement questionner leur infaillibilité. La répugnance des institutions à cautionner les idées nouvelles constituait à ses yeux une sérieuse entrave au progrès scientifique et ce, même si l'histoire avait plus d'une fois prouvé que ce progrès pouvait être tributaire des découvertes réalisées par des individus qui n'étaient embrigadés dans aucune corporation.

Cette apologie d'une vérité libre et affranchie de l'inertie des idées reçues, Bernardin de Saint-Pierre la fait sienne lorsque, dans ses *Etudes de la nature*, il se présente lui aussi comme la victime du mépris et de l'incompréhension des savants. Son crime? Avoir osé expliquer le mouvement périodique des marées par la fonte des glaces polaires plutôt que par l'attraction. Il se défendait pourtant d'avoir fait autre chose que remplacer une hypothèse erronée par un système appuyé sur des faits avérés. La première jouissait du prestige d'un nom célébré dans toutes les académies, mais la justesse du second n'en finirait pas moins par triompher: 'Je respecte Newton pour son génie et pour ses vertus, mais je respecte beaucoup plus la vérité. L'autorité des grands noms ne sert que trop souvent de rempart à l'erreur.'[8] Le modèle ellipsoïdal de la figure de la terre figurait également parmi les erreurs à combattre. Contre l'idée d'un aplatissement de la planète en ses pôles, Bernardin de Saint-Pierre défendait au contraire celle de sa forme allongée. Sur ce point encore, disait-il, le temps saurait bien lui donner raison: 'Que peut-on répondre à la démonstration géométrique que j'en donne? Pour moi, je suis bien sûr que Newton lui-même, aujourd'hui, abjurerait cette erreur, quoiqu'il l'ait le premier mise en avant.'[9] Si les théories du savant anglais avaient fait autant de partisans, c'était en vertu du principe qu'il était beaucoup plus facile de se ranger derrière un système généralement accepté que de suivre l'individu isolé qui le premier avait le courage d'en reconnaître les contradictions. Les chemins de la fortune paraissaient plus certains dans la première option. Les idées déjà adoptées, écrit-il, étaient d'autant plus imposantes qu'il fallait pour les comprendre être déjà admis dans les arcanes de la science. Procédant à un renversement complet des critères déterminant l'autorité de la science académique, Bernardin de Saint-Pierre parvient à faire de la non-conformité de son système avec celui de la communauté des savants et des obstacles

vérité dans toutes les connaissances humaines (Neuchâtel, Société typographique, 1782). Voir particulièrement la section VII de la Méditation V, 'Que l'institution et la multiplicité des académies nuisent à la recherche de la vérité', p.163 et suivantes.

8. Bernardin de Saint-Pierre, *Etudes de la nature* (Paris, Didot le jeune / Méquignon l'aîné, 1786), p.ix.

9. Bernardin de Saint-Pierre, *Etudes de la nature*, p.x.

rencontrés pour le faire accepter la marque d'une distinction qui en annonce déjà le prix: 'Dans les routes solitaires et libres où je cherchais la vérité, je me rassurais avec les nouveaux rayons de sa lumière, en me rappelant que les savants les plus célèbres avaient été, dans tous les siècles, aussi bien aveuglés par leurs propres erreurs que le peuple par celles d'autrui.'[10] A ses yeux, les figures statufiées du progrès n'étaient pas toujours des guides dignes de confiance sur le chemin de la vérité.

Cette croisade de Bernardin de Saint-Pierre pour faire entendre une théorie prenant le contre-pied de celle de Newton durera quelques années et sera menée sur divers fronts. Elle s'invitera jusque dans les préfaces de son roman le plus célèbre, *Paul et Virginie*.[11] Son importance tient surtout au fait que s'y trouvent concentrés quelques-uns des arguments qui seront repris par d'autres critiques de Newton après lui: les systèmes reçus sont des systèmes qu'on n'interroge plus; la réputation d'un savant nous abuse parfois et il arrive trop souvent qu'elle fasse écran face à la vérité; à l'instar de tout ce que produit l'esprit humain, et sans égard aux signes algébriques avec lesquels astronomes et géomètres les embellissent, les idées de ces derniers ne sont pourtant pas infaillibles, etc. Bien que les thèses de Bernardin de Saint-Pierre n'aient pas connu une très grande fortune, il ne sera du reste pas le dernier à rejeter la 'chimère de l'attraction newtonienne'. En 1806, un prêtre du nom de Laurent Potier-Deslaurières, deux ans après avoir annoncé en grande pompe la résolution des problèmes de la quadrature du cercle et de la trisection de l'angle, revient à la charge avec une 'nouvelle découverte' susceptible de révolutionner la compréhension du phénomène des marées.[12] Malgré la disparition de l'Académie des sciences, emportée comme les autres institutions monarchiques par le souffle de la Révolution, les savants de l'Institut national nouvellement fondé ne se montreront pas plus enclins à donner leur approbation à ses idées géométriques qu'à son élucidation du mouvement périodique des mers. Incompris comme son prédécesseur, Laurent Potier-Deslaurières n'en invoquera pas moins comme lui une soumission complète aux faits observés dans la nature ainsi qu'aux lois de la 'vraie' et 'saine' physique. La même année, au nom des mêmes principes, un certain d'Aguila, ancien élève du Génie, remettra quant à lui le soleil en orbite autour de

10. Bernardin de Saint-Pierre, *Etudes de la nature*, p.xi-xii.

11. Sur cette question, je me permets de renvoyer à mon article 'Le sort de Galilée: *Paul et Virginie* et la théorie des marées de Bernardin de Saint-Pierre', *Eighteenth-century fiction* 20:2 (2007-2008), p.177-96.

12. Laurent Potier-Deslaurières, *Nouvelle découverte sur le flux et le reflux des mers, dont la cause physique est le double mouvement du globe. Explication simple et naturelle de toutes les circonstances qui accompagnent ce phénomène admirable. Chimère de l'attraction newtonienne. Mécanisme du mouvement général des mers etc.* (Paris, 1806).

la terre et prétendra, à l'aide de calculs, de figures et d'une relecture des anciens systèmes astronomiques, pouvoir réfuter le modèle de l'aplatissement de la terre aux pôles.[13]

Le silence dont fit preuve l'Institut à l'égard de ces ouvrages en dit long sur la crédibilité accordée à ceux qui prétendaient alors être en mesure d'opérer dans l'ordre scientifique une révolution semblable à celle qui venait de frapper l'ordre politique en France. Les journaux de la capitale, hormis quelques comptes rendus polis, ne leur donnèrent guère plus d'attention. Un auteur toutefois, lui-même membre de l'Institut national, parviendra à faire de son combat contre Newton une cause connue de tous et un sujet de débats dans les journaux: Louis-Sébastien Mercier. Le traité qu'il publie en 1806, la même année que ceux de Potier-Deslaurières et d'Aguila, arrive comme la consécration d'une longue et bruyante campagne menée pendant près de six ans pour soutenir une thèse qu'il venait à présent couronner d'un titre on ne peut plus explicite: *De l'impossibilité du système de Copernic et de Newton.*[14]

Le cas de Louis-Sébastien Mercier incarne sans conteste l'exemple le plus déroutant et le plus original des réactions anti-newtoniennes qui subsistent en France parallèlement au triomphe de la *Mécanique céleste* de Laplace. Ce cas, qui ne ressemble à aucun autre, est pourtant aussi celui qui fédérera une bonne partie de ces résistances tardives, puisqu'il servira de référence à partir de laquelle seront jugés et reçus quelques-uns des prétendants au renversement de la statue de Newton. La réputation littéraire de l'auteur du *Tableau de Paris*, de *La Brouette du vinaigrier* et de *L'An 2440* ainsi que ses rapports directs avec plusieurs membres de l'Institut ne sont certainement pas étrangers à la résonnance que connaîtra un discours que l'on aurait pourtant pu croire d'emblée irrecevable. Jouant lui aussi la carte du génie solitaire et incompris, Mercier n'hésitera pas à inscrire son combat dans celui d'une rectification générale des conceptions astronomiques officielles et à voir des alliés objectifs chez ceux qui, comme lui, et contre les travaux des plus grands savants du temps, voulaient remettre en question la théorie de l'attraction et défier le culte du savant anglais.

Sans raconter une nouvelle fois les détails d'une affaire que l'on voulut très vite expliquer par l'inclination naturelle de Mercier pour les paradoxes et les opinions propres à faire du bruit,[15] rappelons seulement

13. C. J. E. H. D'Aguila, *Découverte de l'orbite de la terre du point central de l'orbite du soleil, leur situation, leur forme; de la section du zodiaque par le plan de l'Equateur et du mouvement concordant des deux globes* (Paris, 1806).
14. Louis-Sébastien Mercier, *De l'impossibilité du système de Copernic et de Newton* (Paris, 1806).
15. J'ai eu l'occasion de résumer dans un précédent article les principaux moments de cette affaire: J. Castonguay-Bélanger, 'Comme un dindon à la broche. La campagne de Louis-Sébastien Mercier contre Newton', Katherine Astbury (éd.), *Le Tournant des Lumières* (Paris,

qu'elle prit naissance au début de l'année 1800. Un témoin rapporte alors dans la presse avoir entendu l'écrivain bien connu promettre de 'détrôner' Newton lors d'une séance du Lycée républicain.[16] Le principal intéressé, se déclarant outré d'avoir vu sa promesse être ridiculisée sur la place publique, se mettra dès lors à produire un grand nombre d'articles et de textes satiriques dans lesquels il s'efforcera de défendre son rejet du système astronomique le plus admis. Entre les premiers moments de l'affaire et la publication du traité *De l'impossibilité du système de Copernic et de Newton*, en 1806, les lecteurs auront l'occasion de voir son discours emprunter différentes formes et se déployer sur différentes tribunes. Ses arguments, appuyés sur un 'bon sens' dont il déplorait un manque chez les newtoniens, lui inspireront une abondante correspondance reproduite dans les journaux, mais aussi des épigrammes et des poèmes dirigés contre les mathématiciens, les géomètres, les astronomes et autres représentants de la 'secte' qu'il entendait pourfendre.[17] Dans la *Néologie* qu'il fait paraître en 1801, parmi les quelque 300 entrées que compte ce dictionnaire de 'mots nouveaux', la notice qu'il consacre au 'Newtonianisme' résume en quelques lignes sa position à l'égard de l'héritage du savant:

> NEWTONIANISME: C'est la plus absurde extravagance scientifique qui soit sortie de l'imagination humaine. Ce système est contraire à toutes les lois physiques connues, et outrage à l'excès le simple bon sens. Les géomètres et les mathématiciens n'en ont pas moins fait une religion, à l'aide de signes algébriques qu'il faut vénérer. La risée de la génération future fera justice de cette haute folie et de cette insolente dictature. Cet oracle est plus sûr que celui de Calchas.[18]

Au sein des textes que produira Mercier dans son combat contre la 'dictature' du newtonianisme, on retrouve des motifs narratifs qui étaient déjà présents lors des premiers débats contre les cartésiens et qui sont plus ou moins adroitement recyclés pour l'occasion: l'attraction n'est qu'une manière de renouer avec les propriétés occultes de la matière; l'existence du vide est aussi inconcevable que celle d'une force agissant à distance; cette théorie n'est guère plus éclairante que celle des

---

2012), p.45-61. Sur l'image d'écrivain 'hérétique' et polémique très souvent associée à l'auteur, voir Jean-Claude Bonnet (éd.), *Louis-Sébastien Mercier (1740-1814), un hérétique en littérature* (Paris, 1995).

16. 'J'ai, pour la première fois de ma vie, entendu le citoyen Mercier, le 29 pluviôse au Lycée. Je ne suis pas encore bien revenu de l'étonnement que m'a causé la lecture qu'il a faite sur, ou pour parler plus juste, contre Newton. Il a modestement annoncé qu'il le détrônerait dans la séance prochaine.' (V. D. M. 'Aux rédacteurs', *La Décade philosophique, littéraire et politique*, 30 ventôse, an VIII, p.565).
17. Louis-Sébastien Mercier, *Satires contre les astronomes* (Paris, 1803).
18. Louis-Sébastien Mercier, *Néologie ou Vocabulaire de mots nouveaux, à renouveler ou pris dans des acceptions nouvelles* (Paris, 1801), p.144-45.

tourbillons qu'elle prétend remplacer, si ce n'est qu'elle s'appuie sur des équations que presque personne n'est en mesure de comprendre ou de contredire; etc. Si certains de ces arguments semblent n'avoir subi aucune transformation depuis les premières attaques lancées par les partisans de Descartes, ils sont désormais teintés de la hargne de l'apostat convaincu d'avoir été trompé par des théories qu'on lui demandait d'accepter telles quelles – comme un dogme – sans qu'il soit cependant à sa portée de les entendre. D'un système à un autre, il n'est de différence que dans la manière de faire oublier les conjectures et les hypothèses qui ont servi à son élaboration: 'Descartes et Newton se sont également trompés sur le mécanisme du monde. [...] Ils ont avoué qu'ils n'avaient écrit que par hypothèse, un roman, l'un philosophique, l'autre mathématique.'[19] Mercier justifie son désir d'en finir avec le système du 'romancier' Newton en vertu d'une vision du progrès qu'il compare à une succession de modes intellectuelles jamais définitives: 'Il y a cent ans que l'on était cartésien; on est aujourd'hui newtonien; l'on sera dans cent ans . Je laisse ici du blanc, pour qu'on y grave un jour ce nom inconnu.'[20] Le rejet de la théorie de l'attraction par Mercier va ainsi beaucoup plus loin que la simple réactivation d'une querelle déjà ancienne. Il s'accompagne d'une contestation non moins surprenante de l'hypothèse copernicienne de la révolution de la terre autour du soleil.

Les raisons données par Mercier sont loin de rendre compte d'une connaissance très à jour des mécanismes naturels qu'il entendait réinterpréter. Ses questions posées à l'astronomie contemporaine sont à l'avenant: pourquoi un objet lancé en l'air retombe-t-il au même endroit si, comme l'affirme Copernic, notre planète est lancée à grande vitesse dans l'univers? Comment concilier la tranquillité et l'immobilité des nuages avec le déplacement rapide que l'on attribue à la terre? Les oiseaux arriveraient-ils à retrouver leur chemin malgré la perturbation générale qui ne pourrait manquer de résulter de ce mouvement? Est-il enfin légitime de présenter l'attraction comme une loi générale alors que le fer et l'aimant, eux, ne s'attirent pas en raison inverse du carré des distances? A la tentation que l'on pourrait avoir de juger ridicules de pareilles questions, Mercier oppose un scepticisme dont il prétend trouver le fondement dans l'histoire de l'astronomie elle-même: 'S'il a fallu des siècles pour parvenir au système que le soleil était le centre des mouvements célestes, un si long espace de temps consumé à épier le rayon d'une prétendue vérité physique est du moins un avertissement de ne pas condamner dans un jour l'opinion contraire.'[21] Sa démarche,

19. Mercier, *De l'impossibilité du système de Copernic et de Newton*, p.282.
20. *Journal de Paris*, 14 germinal an VIII [27 mars, 1800], p.820.
21. Louis-Sébastien Mercier, 'Sur Copernic-Newton, no.2', *Le Bien informé*, 11 germinal an VIII [1er avril 1800], p.3.

clame-t-il, n'est d'ailleurs motivée que par le désir sincère de redonner à l'homme le droit de douter d'une explication devenue sacrée à force de ne plus être interrogée:

> Il n'est pas tout à fait indifférent de rassurer un peu le pauvre monde, en lui disant que nul ne connaît la charpente, la structure, la marche et les fondements de cet admirable univers; qu'on ne doit point rendre hommage aux pensées des hommes, si la raison n'y acquiesce pleinement et que quand on aime la vérité et qu'on redoute l'erreur, on ne va pas si aisément se retrancher sous le *canon* de la foi newtonienne.[22]

Qui se donne la peine de parcourir l'ensemble des textes relatifs à cette affaire ne sera pas surpris de constater que les preuves mathématiques, à peu près absentes de l'argumentation de Mercier, cèdent le plus souvent leur place aux bons mots, aux images frappantes et aux mises en scènes qui ne manquent pas de rappeler la réputation d'original dont l'auteur jouissait déjà en son temps. C'est d'ailleurs ce qui explique en partie la complaisance des journaux à se faire l'écho d'un débat qui, au bout du compte, relevait peut-être moins de la science elle-même que d'une manière de concevoir sa pratique et son statut dans la société postrévolutionnaire. En attaquant ainsi Newton, Mercier savait bien qu'il s'en prenait au héros emblématique que les Lumières avaient célébré comme un génie immortel. Remettre en question son héritage était une manière de blâmer ceux qui, après lui, avaient prétendu imposer à l'aide de calculs un ordre et une stabilité à l'univers. Pour Mercier, Newton personnifiait le modèle honni de la méthode analytique qui prétendait expliquer les phénomènes naturels en s'appuyant sur des symboles, des chiffres et des figures plutôt que sur la nature elle-même. Il était celui qui avait fait entrer la philosophie dans la chapelle trompeuse des idées dissociées de l'expérience immédiate du monde. Imaginant un dialogue entre lui-même et un interlocuteur perplexe devant l'inactualité de ses attaques, Mercier justifie sa croisade contre le modèle newtonien en refusant de reconnaître l'inviolabilité des vérités démontrées dans un langage réservé aux seuls initiés, celui des mathématiques:

> – Pourquoi osez-vous juger Newton? – A-t-il parlé aux hommes en physicien ou en grand prêtre? – Mais vous n'êtes, je pense, ni mathématicien, ni géomètre, ni astronome. – Si j'étais tout cela, je dirais alors tout comme eux. – Les calculs! – Ce sont des idéalités, et il s'agit ici de l'objet physique. – Quoi! les mathématiques, la géométrie? – Il vaut mieux n'avancer jamais avec elles, que de périr dans les abymes.

22. Mercier, 'Sur Copernic-Newton, no.4', *Le Bien informé*, 13 germinal an VIII [3 avril 1800], p.3.

L'échange, servi en guise d'introduction à l'un des premiers articles écrits par Mercier pour défendre son incroyable entreprise, montre bien qu'il s'agit avant tout pour lui de défier l'interdit et de jouer les iconoclastes. L'image de Newton est malmenée en vertu de ce qu'elle représente et de l'immunité que lui confèrent des découvertes qu'il est beaucoup plus facile d'admirer que de comprendre vraiment. La critique vise donc autant l'icône elle-même que la vénération qu'on lui voue:

> – Ce Newton est un si grand génie! – D'accord, mais le bon sens est infiniment plus rare. – Si vous preniez la peine d'étudier. – J'en sais assez, je vous jure, pour me moquer de tous ces fabricateurs d'univers. Ils sont entrés dans mes pinces. – Je les plains! – Ils n'en sortiront plus qu'après avoir dégorgé leur suprématie académique. – Mais, ils diront que vous êtes un insensé. – *Il n'est point de docteur, qui par bonnes raisons, ne loge son voisin aux petites maisons*, a dit un poète. – Ainsi, vous persistez dans votre incrédulité anti-newtonienne. – Je ne crains point de faire un système longtemps et généralement adopté dans des siècles où l'astronomie, au berceau, était peut-être plus près de la vérité qu'à présent. – Comment, le grand, l'immortel, le divin Newton, *dont les anges sont jaloux*, comme disait Voltaire. – Il est assez généralement reconnu qu'il avait déjà extravagué en chronologie, puis en commentant l'apocalypse, puis en affirmant qu'il était impossible de perfectionner le télescope, ainsi, il se pourrait qu'avec les mondes et les étoiles... – N'achevez pas; ce sont des blasphèmes à faire tomber les voûtes d'un institut.[23]

Mercier s'est manifestement amusé de l'incompréhension suscitée par son combat sacrilège. Sans doute y a-t-il d'ailleurs largement contribué en continuant à servir à la presse des textes toujours plus originaux et polémiques dans lesquels il n'hésitait pas à se mettre lui-même en scène. L'un d'entre eux, publié dans le *Journal des débats* à la fin de 1801, relate un rêve dans lequel l'auteur s'imagine enfermé dans l'abbaye de Westminster et voit soudainement apparaître devant lui l'ombre de Newton. Sa vision lui permet d'établir au premier coup d'œil la figure bien humaine de ce génie immortel et les justes proportions de ce Titan de la science: 'point d'ailes aux épaules, ni aux talons; aucune couronne étoilée, quoiqu'il eut à sa disposition toutes les étoiles autour de sa tête: elle avait les mêmes dimensions que celle de l'abbé Nollet, mon premier professeur de physique.'[24] L'échange qui suit ce premier coup d'œil est complètement surréaliste. 'Salut, grand illusionneur! Hiérophante de la ténébreuse géométrie et du pays désert des abstractions!', lance d'abord le personnage de Mercier au revenant. S'engage un dialogue montrant un Newton contrit et honteux, se repentant de s'être 'jeté dans les

23. Mercier, 'Sur Copernic-Newton, no.4', p.3.
24. *Journal des débats et des décrets*, 10 nivôse an x [31 décembre 1801], p.3.

profondeurs et les incompréhensibilités des mathématiques' et acquiesçant à tous les reproches que lui adresse l'auteur:

> Savez-vous bien que l'on a fait de vous une espèce de Dieu? – Dans votre monde, hélas! – Vous vous êtes trompé en fait de chronologie. – Il est vrai. – Fourvoyé en commentant l'Apocalypse. – Il est vrai. – Et quand vous avez affirmé qu'il était impossible de perfectionner le télescope. – J'avais très mal vu. – Ne pourrait-il pas se faire que votre système du monde ne fût qu'une rêverie? – Quand on entre dans la carrière de la géométrie, la raison humaine... – Quand elle se sent engloutir, elle doit reculer; il vaut mieux n'avancer jamais, que de périr dans des abimes. La folie des géomètres décrédite la science; une de leurs extravagances est de vouloir tout expliquer. – Je prends cela pour moi; j'ai été, je l'avoue, plus systématique que la nature. – Les vérités physiques, Newton! et l'on ne s'égare plus.

Cette conversation avec un revenant au milieu l'abbaye de Westminster paraîtrait presque comique si l'on n'y reconnaissait un discours que Mercier répétera encore et encore dans différents journaux, signant chacun de ses articles en prenant bien soin de rappeler son appartenance à l'Institut national.

Cette recherche de légitimité se donne également à voir dans les références que fait Mercier à d'autres auteurs qui, comme lui et au même moment, entendaient faire un sort à Newton. Il en repère en France, mais également ailleurs en Europe, consacrant notamment un long compte rendu à défendre l'ouvrage d'un ex-dominicain italien, Domenico Pino, qui publie en 1802 un *Esame del Newtoniano sistema* en trois volumes. L'ouvrage, qu'il présente comme celui d'un 'physicien distingué' et d'un 'ex-religieux respectable',[25] contient une série de propositions sceptiques assez similaires aux siennes. On y retrouve la conception d'une histoire du progrès marquée par une série d'aveuglements collectifs dont l'attraction newtonienne pourrait bien incarner un nouvel exemple.[26] Mercier trouve aussi des alliés dans la patrie même du savant anglais: en 1804 paraît en effet à Londres un *Newton refuted* dans lequel un certain W. Parkes tente de faire valoir que l'hypothèse d'une révolution elliptique de la terre se heurte à l'expérience concrète des marins sous la voute étoilée.[27] Ces auteurs n'étaient pas mieux reçus que Mercier lui-même par les rares journalistes qui daignaient prendre la peine de rapporter leurs publications. Aussi se contentait-on souvent d'annoncer ironiquement que le combat contre

25. *Le Citoyen français, journal politique, commercial et littéraire par Lemaire*, 3 brumaire an XII [23 octobre 1803], p.3.
26. Sur la doctrine sceptique face au progrès, voir dans ce volume le chapitre de Frédéric Tinguely, p.67.
27. W. Parkes, *Newton refuted: a geographical, nautical, mechanical, and mathematical view of the universe* (Londres, 1804).

Newton avait fait des émules et que ce n'était sans doute qu'une question de temps avant que l'un d'entre eux affirme avoir en plus découvert la pierre philosophale. L'amalgame des idées de Mercier avec celles de ces originaux est assez révélateur de l'attitude des journaux à l'égard de sa croisade: qu'ils acceptent de reproduire en leurs pages ses opinions paradoxales ne signifiait pas pour autant qu'ils espéraient convaincre leurs lecteurs de renoncer à l'attraction et de remettre la terre au centre de l'univers.

'M. Mercier ne se flattera plus d'être le seul qui ait eu le courage de détrôner Newton. Un nouveau détrôneur qui n'a pas moins de courage et de zèle, M. C. H. Saint-Simon, par de belles lettres qui se vendent chez Debray, libraire, rue St-Honoré, vis-à-vis celle du Coq, vient de se présenter dans l'arène.'[28] Au moment où paraît cet avis annonçant la publication des lettres de Saint-Simon au bureau des longitudes, le nom du nouveau 'détrôneur' est loin d'avoir la notoriété qu'allaient plus tard lui valoir ses conceptions originales en matière de théorie économique et sociale. Avant de donner son nom à une doctrine fondatrice pour le développement du socialisme utopique en France, Claude-Henri de Saint-Simon s'était fait connaître à travers quelques écrits dans lesquels la figure de Newton occupait une large place. En 1803, peu après avoir étudié la physique à l'Ecole polytechnique et la physiologie à l'Ecole de médecine, il publie ses *Lettres d'un habitant de Genève à ses contemporains*, ouvrage dans lequel il propose de jeter les bases d'une nouvelle organisation sociale fondée sur le culte de la science. Au sein de cette nouvelle société qu'il espérait voir émerger en ce dix-neuvième siècle naissant, les fonctions spirituelles autrefois remplies par les prêtres étaient appelées à être prises en charges par les savants et les églises remplacées par des temples abritant chacun un mausolée consacré à Newton. Bien loin de dénigrer l'héritage du savant anglais, Saint-Simon suggérait au contraire dans cette première publication d'y voir le fondement d'une nouvelle religion rationaliste susceptible de faire advenir l'harmonie et la stabilité sociales. Ses ouvrages subséquents, appelés à développer l'utopie de ce 'nouveau christianisme' établi sur les principes de la science, le montreront cependant un peu plus critique à l'égard de Newton, amenant certains de ses lecteurs à le ranger parmi les originaux menant cabale contre l'icône.

Dans l'*Introduction aux travaux scientifiques du XIX*^{e} *siècle* qu'il rédige en 1807, Saint-Simon reprend quelques-unes des idées mises de l'avant dans son premier écrit et appelle à remplacer le déisme par une théorie générale et unifiée du monde. Cette théorie, qu'il perçoit en germe chez Descartes, il accuse la science de son temps, incarnée par les figures de

28. *Journal des arts, de littérature et de commerce*, 14 octobre 1808, p.361.

Newton et de Laplace, de l'avoir perdue de vue en se livrant à l'étude de faits trop particuliers. L'esprit analytique avait selon lui injustement éclipsé le génie synthétique. Malgré tout le bien que l'on peut et que l'on doit effectivement penser du père de l'attraction, dit-il, celui-ci 'n'a su ni généraliser, ni coordonner ses pensées' et sans doute a-t-on eu tort de donner à la collection de ses découvertes le titre de 'système du monde'.[29] Sa philosophie, par trop réductrice, ne lui a pas permis de s'élever à des considérations générales et de rassembler ses idées pour former un vrai système philosophique. Pour Saint-Simon, il s'agissait moins de rejeter l'icône que de la dépasser. Il était temps d'engager la science sur une voie lui permettant d'expliquer par une même cause – la gravitation universelle – l'ensemble des phénomènes physiques et moraux. Là résidait la clef du progrès et de l'amélioration du sort de l'humanité. Pour ce faire, il fallait d'abord se dégager de l'emprise de celui qui avait défini de manière trop étroite les lois du monde physique et ainsi freiné l'avènement d'une véritable science de l'organisation sociale: 'Je vois que l'influence exercée par les mânes de Newton est très nuisible aux progrès de la science, et je crie de toutes mes forces à mes contemporains, et en particulier à mes compatriotes: il est temps de changer de route.'[30] La vénération pour Newton représentait en somme un obstacle épistémologique qui empêchait les savants d'embrasser la totalité.

Etonné et déçu par l'indifférence générale rencontrée par son ouvrage, Saint-Simon adressera une série de lettres au président du Bureau des longitudes dans le but avoué d'attirer l'attention des savants sur sa nouvelle vision du cosmos. Ces lettres, publiées en 1808, ne lui vaudront toutefois guère plus que la comparaison avec Mercier citée plus haut. Les différences entre les deux attitudes à l'égard de Newton étaient pourtant sensibles. Alors que Mercier prônait un renversement complet du système astronomique en invoquant la liberté de douter de preuves mathématiques qu'il n'entendait pas, Saint-Simon invitait quant à lui à une généralisation de la loi de la gravitation universelle qu'il trouvait trop bornée dans son acception newtonienne. L'invitation n'était pas exempte d'un certain patriotisme: la nation française portait selon lui depuis trop longtemps le 'joug scientifique anglais';[31] il était impératif de lui redonner au plus tôt l'ascendant en y encourageant la production d'un nouveau système du monde. L'auteur de la *Mécanique céleste* se mérite pour cette raison un blâme pour s'être livré à des travaux qui n'étaient que le développement des conceptions d'un savant anglais:

29. Claude-Henri de Saint-Simon, *Introduction aux travaux scientifiques du dix-neuvième siècle* (Paris, 1808), t.2, p.161.
30. Saint-Simon, *Introduction aux travaux scientifiques du dix-neuvième siècle*, p.164.
31. Claude-Henri de Saint-Simon, *Lettres de Saint-Simon [au bureau des longitudes]* (Paris, 1808), p.xv.

'L'admiration de M. le comte de Laplace pour Newton me paraît exagérée. Newton était certainement un très grand homme; il a beaucoup contribué aux progrès des lumières; mais, à certains égards, il a nui aux progrès de la science: il a découvert de grandes vérités; mais il a mis des erreurs capitales en circulation.'[32] Parmi ces erreurs capitales, il fallait au premier chef en finir avec cette 'idée absurde du vide' et, sans pour autant renouer avec la thèse mécaniste, reconnaître que Descartes avait au moins fourni avec ses tourbillons une bonne ébauche de la synthèse à faire. La première étape consistait donc à soumettre les travaux scientifiques de Newton à une critique en règle et à renouer avec la méthode du savant français: 'l'Ecole a trop vanté Newton, et elle a trop déprécié Descartes.'[33] Dans sa septième et dernière lettre, exaspéré par la froideur avec laquelle on recevait ses idées neuves, Saint-Simon durcit le ton et accuse les savants du Bureau des longitudes de se soumettre aveuglément et 'comme de vrais moutons' à une théorie qu'il décrie avec une éloquence qui signale l'empreinte laissée sur lui par la Révolution: 'Descartes avait monarchisé la science; Newton l'a républicanisée, il l'a anarchisée. Vous n'êtes, Messieurs, que des savants anarchistes; vous niez l'existence, la suprématie de la théorie générale.'[34]

Ce surgissement de la rhétorique politique dans un discours invitant à réformer le système astronomique est d'ailleurs l'une des rares choses qui rapprochent les discours antinewtoniens de Saint-Simon et de Mercier. Si celui-ci convenait avec son allié de circonstance que cette révision de l'ordre astronomique touchait aussi directement l'ordre social, il assimilait toutefois le régime républicain à un régime scientifique plus égalitaire qu'anarchique: 'Mais pourquoi dans Newton chercher toujours un maître? / Je suis républicain et dans tout je veux l'être', écrit en effet Mercier dans la deuxième de ses *Satires contre les astronomes*.[35] Accusé par l'un d'avoir échoué à proposer une vision unitaire du cosmos et de l'homme, et par l'autre de s'être au contraire proclamé ordonnateur d'un univers auquel il ne lui revenait pas de dicter sa marche, l'icône de Newton se trouvait ici encore soumise à différentes lectures, accusée pour des motifs distincts. En plus d'apparaître comme des voix singulières au milieu du concert célébrant les progrès de la science moderne, Mercier et Saint-Simon demeuraient singuliers même dans ce qui, au sein du cercle restreint des opposants aux théories admises, pouvait les rapprocher.

C'est d'ailleurs l'une des conclusions à laquelle est forcé celui qui voudrait proposer une analyse susceptible d'embrasser l'ensemble des

32. *Lettres de Saint-Simon*, p.35.

33. *Lettres de Saint-Simon*, p.50.

34. *Lettres de Saint-Simon*, p.74.

35. Mercier, *Satires contre les astronomes*, p.19.

résistances à Newton qui se donnent à lire plus d'un siècle après la publication des *Principia.* Au-delà de la cible autour de laquelle se rassemblent ces résistances, de leur quasi simultanéité et de certains discours contemporains qui suggèrent d'y voir la manifestation d'un front commun et d'une même excentricité, on ne peut que constater la difficulté de déceler des convergences parmi les motifs ayant poussé ces auteurs à s'opposer à l'avis de la science officielle et à se récrier contre une figure aussi fortement associée au génie et au progrès. Ces critiques et ces appréciations ambivalentes de Newton embarrassent l'historien des sciences et des idées, elles déconcertent le lecteur de *Paul et Virginie* et du *Tableau de Paris* qui ne dispose pour juger de leurs auteurs que de critères esthétiques et littéraires qui semblent ici de bien peu d'utilité.

L'hypothèse proposée naguère par Georges Gusdorf,[36] qui voyait dans le procès intenté à Newton en Allemagne et en Angleterre à la même époque l'un des signes annonciateurs du romantisme et la fin de l'âge des Lumières, séduit par sa simplicité, mais n'apparaît pas complètement satisfaisante pour rendre compte de la diversité des formes de contestations et des théories de substitutions qui voient alors le jour en France. Par ailleurs, le réflexe qui pousse à ranger ces dernières au rayon des anomalies et des épisodes anecdotiques d'une histoire ascendante du progrès empêche de considérer avec sérieux un phénomène pourtant révélateur des opinions extrêmement variées qui, à cette époque, circulent et s'entrechoquent à l'égard de la science. Ce moment de consécration de la vision analytique de Laplace sur le monde est en effet aussi celui où se font entendre les discours les plus critiques à l'égard d'un ordre hégémonique mis en place par les astronomes algébristes, physiciens et autres 'tristes calculateurs' à qui l'on prêtait l'intention de placer la connaissance sensible à la traîne d'une mathématisation intégrale de la nature. Ces discours témoignent de la survivance d'une tradition sceptique refusant les vérités définitives transmises 'sur parole', mais également du désir de renouer avec une relation au savoir fondée sur la liberté d'examen et la remise en question du régime d'exclusivité institué par la science officielle.

Si on décèle une logique de distinction indéniable derrière la plupart des discours de ces réformateurs du cosmos, il n'est pas anodin de noter de quelle manière leurs idées arrivent néanmoins à trouver un public. Relayés par la presse – non sans parfois une distance critique bien perceptible – ainsi que par les éditeurs qui acceptaient de les imprimer, ces discours révèlent l'existence d'un espace, désormais circonscrit et en marge des institutions, où pouvaient être discutées et disputées les

36. Georges Gusdorf, *Les Sciences humaines et la pensée occidentale IX: fondements du savoir romantique* (Paris, 1982), p.205 et suivantes.

théories les plus admises. Ils donnent à voir la fonction métonymique de l'icône et du nom propre dans les processus de transmission du savoir scientifique ainsi que le rôle de catalyseurs que ceux-ci ont pu jouer dans les débats entourant les frontières entre champs de savoir à l'aube du positivisme. Aussi décalées qu'elles paraissent aujourd'hui, ces critiques tardives de Newton nous rappellent que le statut d'icône du progrès, loin de rendre à jamais intouchable, exposait au contraire aux formes les plus inventives de critiques.

L'apothéose médicale, de Fontenelle à Vicq d'Azyr

FRÉDÉRIC CHARBONNEAU

La notion de progrès a connu au cours du dix-huitième siècle un développement qui l'a conduite d'emplois qu'on pourrait dire restreints – où elle désigne l'avancement (*progressus*) dans des domaines spécifiques, au propre ou au figuré et en bien ou en mal – à une signification générale, lorsque le terme est pris absolument, de mouvement en avant de toute la civilisation. Bien que celle-ci ne soit enregistrée qu'au siècle suivant par les lexicographes – elle figure au septième rang sur neuf chez Littré – on peut formuler l'hypothèse que ses conditions de possibilités – notamment le sens collectif donné au mot de civilisation et la mise au point d'une philosophie de l'histoire[1] – ont été peu à peu réunies aux époques précédentes. Les exemples fournis par les dictionnaires d'Ancien Régime, ou tirés par Littré des auteurs d'âge classique, suggèrent que cette signification générale dérive d'une application aux sciences et aux arts. Ainsi l'édition de 1762 du *Dictionnaire de l'Académie française* ajoute aux différents progrès du soleil, des incendies, des armées, des maladies ou de la religion; aux progrès qu'on fait dans les études, dans la vertu ou dans les bonnes grâces d'un prince, que '[l]es arts, les sciences ont fait depuis peu beaucoup de progrès':[2] dans cette phrase qui rappelle aux lecteurs de Rousseau la question posée par l'Académie de Dijon en 1749, *Si le rétablissement des sciences et des arts a contribué à épurer les mœurs*, le déictique temporel insiste sur le caractère récent de la progression et sur son inscription dans une histoire orientée vers l'avenir.[3]

1. Sur cet élargissement du concept de civilisation, voir Norbert Elias, *La Civilisation des mœurs* (Paris, 1973), p.57. 'Quant aux philosophies de l'histoire de type romantique, rappelons qu'"il y a [pour elles] une logique immanente au processus historique, il y a des "lois de l'histoire", que le philosophe doit découvrir, mais qui n'ont pas besoin de lui pour exister. Pour Condorcet, au contraire, il n'y a pas de lois de l'histoire, parce qu'il n'y a pas d'histoire'. Alain Pons, 'Introduction', dans Nicolas de Condorcet, *Esquisse d'un tableau historique des progrès de l'esprit humain* (Paris, 1988), p.68.
2. Voir l'édition de 1835: 'Les sciences ont fait de grands progrès dans ce siècle. Cette circonstance a suspendu, ralenti, arrêté le progrès de la civilisation, le progrès des lumières.' Furetière déjà, en 1690, notait: 'Dans ce dernier siècle, on a fait de grands *progrès* dans la Physique'.
3. Alors que le terme 'rétablissement' employé par l'Académie orientait encore cette histoire vers le passé. Sur le rapport moderne au temps de l'histoire, voir François Hartog, *Régimes d'historicité: présentisme et expériences du temps* (Paris, 2003), notamment p.28, 105-107.

Entreprise collective,[4] les sciences et les arts, s'ils n'englobent pas tout ce que l'on appelle civilisation, y occupent du moins un emplacement névralgique, dans la mesure où, sur leur versant matériel, ils se prolongent dans les techniques et où, sur leur versant moral, ils impliquent ou supposent le perfectionnement de la raison et l'adoucissement des mœurs. Or un tel progrès dans sa marche glorieuse – quoiqu'en disent les esprits chagrins qui raillent les *produits de la civilisation perfectionnée* (Chamfort) – ne va pas sans rencontrer des obstacles que les Lumières françaises ont constamment rappelés. Ainsi, selon Turgot, '[l]es progrès [de la civilisation], quoique nécessaires, sont entremêlés de décadences fréquentes par les événements et les révolutions qui viennent les interrompre';[5] et pour Condorcet, dans son *Tableau historique des progrès de l'esprit humain*, on a 'vu la raison humaine se former lentement par les progrès de la civilisation; la superstition s'emparer d'elle pour la corrompre, et le despotisme pour la dégrader et engourdir les esprits sous le poids de la crainte et du malheur'.[6] Cette topique d'une lutte entre le mouvement du progrès et les forces contraires de l'obscurantisme trouve dans l'histoire des sciences un vaste champ dans lequel se donner cours.

C'est parmi elles la médecine qui me retiendra ici. Dans un siècle où l'historiographie traditionnelle considère que celle-ci a stagné,[7] sauf peut-être en ce qui concerne la prophylaxie de la petite vérole;[8] où une pratique largement héritière de Galien – saignée, purge, diète[9] – affiche un décalage devenu criant avec la nouvelle théorie anatomique et semble composée d'expédients, on voit se déployer à son sujet une topique du progrès qui étonne et prend le contrepied des sarcasmes auxquels elle est toujours en butte. Alors que Lesage se moque du docteur Sangrado, 'qui depuis quarante ans pour le moins occupoit le cizeau des Parques',[10] alors que Rousseau fustige la médecine, 'art plus

4. 'Non-seulement chacun des hommes s'avance de jour en jour dans les sciences, mais tous les hommes ensemble y sont en continuel progrès, à mesure que l'univers vieillit.' Pascal, *Fragm. sur le vide*, cité par Littré, s.v.
5. Turgot, *Ebauche du 2e disc. sur les progrès de l'esprit humain*, cité par Littré, s.v.
6. Condorcet, *Esquisse*, p.213. Marc André Bernier, 'La rhétorique du *Tableau historique*', dans *Nouvelles lectures du Tableau historique de Condorcet*, éd. Bertrand Binoche (Québec, 2010), p.91: 'les facultés humaines se découvrent une histoire dans la mesure où leur perfectionnement s'inscrit dans le temps; mais, dans le cours même de cette histoire, leurs progrès sont constamment entravés par le pouvoir usurpé du tyran ou du prêtre.'
7. Mirko Grmek (dir.), *Histoire de la pensée médicale en Occident* (Paris, 1997), t.2.
8. Voir Catriona Seth, *Les Rois aussi en mouraient: les Lumières en lutte contre la petite vérole* (Paris, 2008), et, ici-même, 'Esculape Tronchin, le médecin à la mode', p.149.
9. Voir Armelle Debru-Poncet, 'Galénisme', dans *La Science classique, XVIe-XVIIIe siècle: dictionnaire critique*, éd. Michel Blay et Robert Halleux (Paris, 1998), p.541.
10. Alain-René Lesage, *Gil Blas de Sentillane*, éd. Auguste Dupouy (Paris, 1935), t.1, p.98.

pernicieux aux hommes que tous les maux qu'il prétend guérir',[11] des esprits sérieux, des savants réputés, des hommes de lettres célèbres entreprennent à rebours de faire l'éloge de cet art et de ses artistes. Les médecins apparaissent dans leurs œuvres sur la voie d'un statut inouï, celui de sauveurs de l'humanité souffrante, aspirant à remplacer les philosophe dans leur rôle de guide moral et social en éclairant ses pas du flambeau d'un savoir exact.[12] Dans la seconde moitié du siècle particulièrement, une historiographie didascalique consacrée à la médecine, à l'anatomie et à la chirurgie voit le jour en français ou en traduction.[13] L'anatomie, par-delà sa dimension pratique consistant en l'exercice de la dissection, y apparaît comme une branche théorique de la médecine, comme une discipline moins ancillaire que fondatrice d'une véritable science de l'homme. Ainsi Antoine Portal, professeur de médecine au Collège royal, publie en 1770 une *Histoire de l'anatomie et de la chirurgie* en six tomes dans laquelle il retrace 'les progrès de ces Sciences' et dont le chapitre seize – intitulé 'Des Anatomistes et des Chirurgiens qui ont fleuri depuis l'an 1543 jusqu'en l'an 1551, ou depuis Vesale jusqu'à Paré. Epoque intéressante à l'Anatomie, à laquelle on rapporte la plûpart des connoissances, des Anatomistes anciens & modernes' – non seulement confère à Vésale un rôle essentiel, mais distingue en lui le type du grand homme, de ceux auxquels le Panthéon bientôt allait ouvrir ses portes:[14]

> A peine Vésale avoit-il atteint l'âge de vingt-cinq ans lorsqu'il publia son ouvrage sur la structure du corps humain, cette production précoce paroîtroit fabuleuse si elle n'étoit attestée par les Auteurs les plus dignes de foi. Qu'un Auteur publie à un âge aussi tendre un ouvrage de littérature, il n'y a rien d'extraordinaire; mais qu'il donne un ouvrage d'anatomie si

11. Jean-Jacques Rousseau, *Emile*, éd. Pierre Burgelin, dans *Œuvres complètes*, dir. Bernard Gagnebin et Marcel Raymond (Paris, 1969), t.4, p.269.
12. 'Lorsqu'une forme d'éducation, puisée dans la nature, n'est pas universellement reçue, lorsque des loix ne s'opposent pas à ce que le caprice seul en soit l'arbitre, il faudroit dans de pareilles circonstances prendre en main le flambeau de l'Anatomie, pour reconnoître le chemin de la vérité, caché par les préjugés & les erreurs.' Alphonse Leroy, *Recherches sur les habillemens des femmes et des enfans* (Paris, Le Boucher, 1772), p.151-52. Voir également Hélène Cazes, 'Alphonse Leroy, *Recherches sur les habillemens des femmes et des enfans*, 1772: un discours de la réforme des habitudes?', *Tangence* 89 (2009), p.11-34.
13. Selon le P. Claude François Ménestrier, S. J., *Les Divers caractères des ouvrages historiques* (Lyon, de Ville, 1694), p.18, on appelait didascalique l'histoire des arts et des sciences. Voir par exemple Antoine Portal, *Histoire de l'anatomie et de la chirurgie, contenant l'origine et le progrès de ces sciences* (Paris, Didot le jeune, 1770-1773); J. Coakley Lettsom, *Histoire de l'origine de la médecine* (Paris, Hérissant, 1787); William Black, *Esquisse d'une histoire de la médecine et de la chirurgie depuis leur commencement jusqu'à nos jours* [...] (Paris, Fuchs, 1798); Henri Charière, *Aperçu sur l'histoire de la médecine*, thèse de médecine (Montpellier, 1799).
14. On peut noter d'ailleurs à cet égard que parmi les hommes du dix-huitième siècle dont les restes furent accueillis au Panthéon figure le médecin Pierre-Jean-Georges Cabanis (1757-1808). Voir Jean-Claude Bonnet, *Naissance du Panthéon* (Paris, 1998).

ample, si exact, qui suppose des recherches immenses sur l'homme, & dans un temps où c'étoit un sacril[è]ge de disséquer des corps humains, c'est ce qu'on ne sauroit comprendre, sans accorder à Vésale un génie des plus profond[s], & un z[è]le des plus outrés pour l'Anatomie. Vésale me paroît un des plus grands hommes qui ait existé. Que les Astronomes me vantent Copernic; les Physiciens, Galilée, Toricelli; les Géographes, Christophe Colomb, je mettrai toujours Vésale au-dessus de leurs héros. La première étude pour l'homme, c'est l'homme, Vésale a eu ce noble objet & l'a rempli dignement; il a fait sur lui-même, & dans le corps de ses semblables, des découvertes que Colomb n'a pu faire qu'en se transportant à l'extrémité de l'univers.[15]

Les motifs hagiographiques – continuité familiale qui confine à la prédestination,[16] précocité héroïque, unité de la vie marquée par le jeu des annonces et des prédictions[17] – laïcisés par Portal, sont repris dans le cadre d'un discours humaniste, où l'homme est aussi bien le sujet que le moyen, l'objet et la fin du savoir. La rupture d'avec la perspective chrétienne ne saurait être plus marquée; aussi le thème du sacrilège est-il partout présent, inextricalement lié à la grandeur et au zèle,[18] comme leur manifestation paradoxale et comme la voie folle du salut terrestre. 'L'anatomie [écrira quelques années plus tard Vicq d'Azyr] est peut-être, parmi toutes les sciences, celle dont on a le plus célébré les avantages, et dont on a le moins favorisé les progrès:'

c'est peut-être aussi celle dont l'étude offre le plus de difficultés: ses recherches sont non seulement dépourvues de cet agrément qui attire, elles sont encore accompagnées de circonstances qui repoussent; des membres déchirés et sanglants, des émanations infectes et mal saines, l'appareil affreux de la mort, sont les objets qu'elle présente à ceux qui la cultivent.

15. Antoine Portal, *Histoire*, t.1, p.398-99. Voir également ici-même la contribution d'Hélène Cazes, p.9.
16. 'Vésale étoit donc né d'une famille qui avoit naturellement un goût décidé pour la Médecine; aussi n'épargna-t-elle rien pour lui donner une bonne éducation', Antoine Portal, *Histoire*, t.1, p.394-95.
17. 'J. A. de Thou rapporte de lui un fait mémorable; il dit que Vésale ayant averti Maximilien d'Egmont, comte de Bures dans la Gueldre, du jour de l'heure de sa mort, ce Seigneur fit préparer un superbe festin, [...], invita ses amis, s'assit auprès d'eux [...]; puis leur ayant dit adieu, sans aucune émotion d'esprit, il se recoucha & mourut au même temps que Vésale l'avoit prédit. ', Antoine Portal, *Histoire*, t.1, p.397-98. Voir Jacques Le Brun, 'Conversion et continuité intérieure dans les biographies spirituelles françaises du XVIIe siècle', *La Conversion au XVIIe siècle* (Marseille, 1983), p. 317-30.
18. 'Vésale fit paroître tout le zèle qu'il avoit pour la Médecine [...]: c'est ce zèle qui lui fit braver les dangers auxquels il s'exposoit; tantôt il alloit avec quelques-uns de ses condisciples au charnier des Innocens, tantôt aux fourches patibulaires pour y enlever des cadavres. Il ne se borna pas aux cadavres humains, il ouvrit aussi nombre d'animaux, & par ses dissections fréquentes, par ses méditations profondes sur la nature humaine, & par ses lectures longues & répétées, il surpassa bientôt les plus grands Maîtres', Portal, *Histoire*, t.1, p.395. Voir, p.398, le récit de sa condamnation pour vivisection par l'Inquisition.

> Tout-à-fait étrangère aux gens du monde, concentrée dans les amphithéâtres et dans les hôpitaux, elle n'a jamais reçu l'hommage de ces amateurs qu'il faut captiver par l'élégance et la mobilité du spectacle. Ce n'a été qu'en descendant dans les tombeaux et en bravant les loix des hommes, pour découvrir celles de la Nature, que l'Anatomiste a jetté d'une manière pénible et dangereuse les fondements de ses connoissances utiles; et il n'y a point de siecle où des préjugés de divers genres n'aient mis les plus grands obstacles à ses travaux.[19]

Ainsi la dimension sacrilège du progrès, le défi luciférien qu'il suppose de la part de l'homme aux limites que Dieu a voulu imposer à ses connaissances, sa *libido sciendi* en somme, est-elle traduite par les Lumières dans des termes qui reprennent la critique du préjugé: les lois que bravent les anatomistes ne sont pas divines mais humaines; l'horreur sacrée devant la dissection n'est que répugnance d'amateur; et l'interdit jeté sur les opérations qui visent à éclairer les entrailles humaines est simple obscurantisme. La profanation du corps humain vue sous cet angle change entièrement de sens: désacralisation plutôt que sacrilège, elle est le prix à payer pour le progrès. On trouve la même topique dans la poésie didactique, comme l'illustre cette ode de Dorat célébrant l'inoculation de la famille royale suite au décès de Louis XV, atteint de la petite vérole:

> Descartes prouve un Dieu, soudain le Fanatisme
> Vient, la torche à la main, l'accuser d'athéisme.
> De l'axe du Soleil démontrant le repos,
> Le fameux Galilée est déclaré coupable,
> Et l'on couvre d'affronts un vieillard vénérable,
> Blanchi dans les travaux!
> [...]
> L'esclavage n'est plus; nos progrès vont éclore.
> Ils naîtront ces beaux jours dont j'apperçois l'aurore!
> Le pouvoir moins aveugle en sera plus sacré.
> Je vois fuir les erreurs qu'adoptoient nos Ancêtres,
> Et l'Univers plus libre aimera mieux ses Maîtres
> Qui l'auront éclairé.[20]

19. Félix Vicq d'Azyr, *Traité d'anatomie et de physiologie* (Paris, Didot l'aîné, 1786), t.1, p.1. Voir aussi son 'Eloge de M. Navier', dans *Œuvres complètes*, éd. Moreau de La Sarthe (Paris, 1805), t.3, p.144-45: 'Cette science, aux travaux de laquelle les préjugés ont toujours apporté tant d'obstacles, ne peut sur-tout être cultivée avec fruit dans les provinces: il faut presque y commettre un crime, il faut affronter l'opinion publique, pour s'en procurer les moyens. [...] [L]'anatomiste, dont on célèbre tant l'utilité sans en favoriser les découvertes, paroît être condamné à ne faire des progrès qu'au milieu des grandes villes, où les abus étant plus multipliés, il est plus facile de se dérober aux lois qui s'opposent à son avancement'. La source de ce *topos* pourrait bien se trouver chez Herman Boerhaave, préface à Andreas Vesalius, *Opera omnia anatomica & chirurgica* (Leiden, du Vivie, 1725), p.iij v°.
20. Claude-Joseph Dorat, *L'Inoculation, ode* (Paris, Monory, 1774), p.11, 15. Voir sur le même

La médecine, la physique et la philosophie mènent le combat de la raison contre le fanatisme aveugle, les préjugés, les erreurs anciennes, au risque pour l'homme de science de se voir injustement accuser, parfois au péril de sa vie. La valeur libératoire du progrès est mise en contraste avec l'esclavage, mais aussi avec la prison de Galilée, relégué par l'Inquisition dans sa villa d'Arcetri.[21] On pourrait sans doute suivre ces motifs en de nombreux quartiers des Lettres, mais je me contenterai d'examiner plus en détail un seul d'entre eux, les éloges funèbres de médecins, afin d'analyser dans l'une de ses incarnations privilégiées ce discours du progrès.

Dans la 'Préface sur l'utilité des mathématiques et de la physique et sur les travaux de l'Académie des Sciences' parue en tête de son *Histoire du renouvellement de l'Académie royale des sciences*, Fontenelle formule avec sa clarté coutumière la peine qu'éprouvent les sciences à se faire reconnaître du public, en deçà même des dangers que nous venons d'évoquer et qui leur font obstacle:

> Telle est la destinée des Sciences maniées par un petit nombre de personnes; l'utilité de leurs progrès est invisible à la plûpart du monde, surtout si elles se renferment uniquement dans des professions peu éclatantes. [...] L'Anatomie que l'on étudie depuis quelque temps avec tant de soin, n'a pu devenir plus exacte sans rendre la Chirurgie beaucoup plus sûre dans ses operations. Les Chirurgiens le sçavent, mais ceux qui profitent de leur Art n'en sçavent rien. Et comment le sçauroient-ils? Il faudroit qu'ils comparassent l'ancienne Chirurgie avec la moderne. Ce seroit une grande étude, & qui ne leur conviendroit pas.[22]

Le principe directeur de l'ouvrage, qui comprend les premiers éloges funèbres d'académiciens, est un exotérisme dont les fondements avaient été jetés dès la publication des *Entretiens sur la pluralité des mondes* et qui

---

sujet, le poème 'Le pain mollet' de Charles Marie de La Condamine dans le *Choix des poésies de Pezai, Saint-Péravi et La Condamine* (Paris, 1810), p.289-92, et son analyse par Catriona Seth, *Les Rois aussi en mouraient*, p.62-63. Il faut noter par ailleurs le zèle que La Condamine a toute sa vie fait paraître pour le progrès des sciences, jusqu'à faire tenter sur lui une dangereuse opération de l'hernie qu'un jeune chirurgien avait imaginée. On verra plus loin l'importance de ce *biographème*.

21. Sur l'affaire Galilée, voir entre autres Rivka Felday, *Galileo and the church: political inquisition or critical dialogue?* (Cambridge, 1995).

22. Bernard Le Bovier de Fontenelle, *Histoire du renouvellement de l'Académie royale des sciences en M. DC. XCIX. et les Eloges Historiques des tous les Académiciens morts depuis ce renouvellement* (Paris, Boudot, 1708), n.p. Voir Volker Kapp, 'Les qualités du scientifique et le prestige social des sciences dans les éloges académiques de Fontenelle', dans *Fontenelle*, éd. Alain Niderst (Paris, 1989), p.441-53; et Joël Castonguay-Bélanger, 'L'auréole de l'homme de science dans les éloges académiques de Fontenelle', *PFSCL* 29:57 (2002), p.347-60. Voir par exemple p.350: 'Véritables hymnes à l'avenir des sciences, à la gloire du savant et de ses méthodes, les éloges académiques sont d'abord marqués par le désir de rendre compte du progrès scientifique dans son rapport étroit et concret avec l'histoire.'

trouve son explication dans cette méconnaissance. Il s'agira pour le nouveau secrétaire perpétuel – et pour ses successeurs après lui: Dortous de Mairan, Grandjean de Fouchy, Condorcet – de faire au bénéfice de la compagnie la publicité des sciences; troquant le latin pour le vernaculaire et le parant du charme des lettres, son œuvre de vulgarisateur lui a valu, par delà un peu d'agacement, le décisif hommage de Voltaire, qui l'a décrit comme le 'premier des hommes dans l'art nouveau de répandre de la lumière et des grâces sur les sciences abstraites'.[23] Si l'on s'en rapporte aux volumes annuels de l'*Histoire de l'Académie royale des sciences*, des soixante-neuf académiciens dont il prononça l'éloge entre 1699 et 1740, date de sa retraite, dix-sept furent des médecins ou des anatomistes. Dortous de Mairan, dont le mandat fut bref (1740-1743), a laissé deux éloges de médecins. Grandjean de Fouchy lui succéda et, au cours de ses trente années d'exercice, en publia douze. Enfin Condorcet, de 1773 à la dissolution de la compagnie vingt ans plus tard, en fournit vingt-deux de plus, dont cinq concernent des médecins morts avant le renouvellement de 1699.[24] Quant à Vicq d'Azyr, qui fut l'unique secrétaire de la Société royale de médecine (1776-1793), il en a publié cinquante-quatre dans les *Mémoires de la Société royale de médecine*.[25] Je ne chercherai pas, dans les pages qui suivent, à caractériser la manière de chacun d'entre eux: ce qui les distingue m'intéresse moins que leur topique commune et que les modalités de sa mise en œuvre. Au risque de niveler des écarts significatifs, j'étudierai donc ces textes comme s'ils émanaient d'une seule source et traduisaient un discours institutionnel uniforme. Je ne m'arrêterai pas non plus – on l'aura compris – sur les découvertes faites par ces différents médecins, ni même sur les conditions de ces découvertes ou sur la nature du progrès qu'elles ont impulsé, mais plutôt sur la façon dont celui-ci s'inscrit dans l'histoire individuelle et collective – sur le progrès, en somme, comme dispositif dans la narration.

Ce vaste corpus encomiastique de plus d'une centaine de textes est à la fois homogène par sa forme, héritière d'une tradition ancienne qu'a

23. Voltaire, 'Catalogue de la plupart des écrivains français', dans *Le Siècle de Louis XIV*, éd. René Pomeau (Paris, 1957), p.1163.

24. Condorcet a rédigé onze éloges d'académiciens morts avant 1699 et les a publiés dès 1773; il est vraisemblable que cette œuvre de circonstance, écrite avant sa nomination au secrétariat, avait pour fonction de lui en paver la voie. Voir Keith M. Baker, 'Les débuts de Condorcet au secrétariat de l'Académie royale des sciences (1773-1776)', *Revue d'histoire des sciences et de leurs applications* 20:3 (1967), p.229-80 (234). Un vingt-troisième éloge, celui de Camper, ne se trouve que dans les *Œuvres complètes de Condorcet*, éd. Barbier, Cabanis et Garat (Paris et Brunswick, 1804), t.2, p.190-208. Voir Charles B. Paul, *Science and immortality: the Eloges of the Paris Academy of Sciences (1699-1791)* (Berkeley, CA, 1980), p.120.

25. Daniel Roche, 'Talents, raison et sacrifice: l'image du médecin des Lumières d'après les Eloges de la Société royale de médecine (1776-1789)', *Annales, économies, sociétés, civilisations* 32:5 (1977), p.866. Deux éloges ont cependant été ajoutés par Moreau de La Sarthe dans son édition des *Œuvres* de Vicq d'Azyr en 1805, ce qui porte le compte à cinquante-six.

modulée le parangon fontenellien,[26] et inégal du point de vue du discours sur le progrès, car si ces médecins dont on nous trace le portrait et dont on nous raconte la vie se recommandent tous par quelque grande vertu de l'esprit ou du cœur, tous n'ont pas en revanche eu l'avancement de leur art pour premier but. Une majorité paraît s'être distinguée par ce qu'il est convenu d'appeler, à l'instar de l'appel à la vie religieuse, la *vocation*:

> A ne considérer les diverses professions de la société que sous le rapport du dévouement avec lequel on les exerce, je demande s'il en est une où l'on trouve un aussi parfait oubli de soi-même que dans celle de médecin; s'il en est une où l'intérêt, d'accord avec tous les motifs de considération ou de gloire, exige un aussi grand empressement à servir les hommes? Qu'y a-t-il de plus beau qu'un ministère dont tous les devoirs se confondent avec ceux de la plus délicate amitié? Le premier besoin des malheureux est d'épancher leur âme; le médecin prête une oreille attentive au long récit de leurs souffrances; auprès d'eux, rien ne le rebute: c'est par lui qu'ils seront soulagés, c'est au moins par lui qu'ils espèrent; et, réduit aux simples fonctions de consolateur, il serait encore le plus généreux des mortels.[27]

Un 'ministère' où s'excercent l'oubli de soi, l'écoute attentive des épanchements de l'âme et la consolation n'est-il pas du reste modelé sur la prêtrise, dont il propose une sorte d'équivalent pour les temps modernes? La raison et la science, les vertus de bienfaisance et d'humanité tendent à se substituer, dans ces vies exemplaires, à la foi et à la charité chrétiennes, particulièrement vers la fin du siècle. Il n'en demeure pas moins que les médecins sont souvent décrits comme des saints, des anachorètes, voire des figures christiques, suivant le modèle de l'*imitatio christi*:[28]

> Alors [Louis Morin] embrassa un genre de vie que l'ostentation d'un Philosophe ancien, ou la pénitence d'un Anachorette n'auroient pas surpassé. Il se réduisit au pain & à l'eau, tout au plus se permettoit-il quelques fruits. Par là, il se maintenoit l'esprit plus libre pour l'étude [...]. On peut aisément croire que puisqu'il pratiquoit au milieu de Paris une frugalité digne de la Thébaïde, Paris étoit pour lui une Thébaïde à l'égard de tout le reste, à cela près qu'il lui fournissoit des Livres & des Sçavans.[29]
>
> [Claude Bourdelin] voyoit autant de Pauvres qu'il pouvoit, & les voyoit par

26. Voir notamment Laurent Pernod, *La Rhétorique de l'éloge dans le monde gréco-romain* (Paris, 1993) et Paul, *Science and immortality*, entre autres p.1-12.
27. Vicq d'Azyr, 'Eloge de Maret', dans *Œuvres complètes*, t.3, p.135-36. Voir 'Notice' dans les *Mémoires de la Société royale de médecine*, V, p.200, 205-206, cité par Roche, 'Talents, raison et sacrifice', p.868-69.
28. Alexandre Wenger fait ici-même état de semblables comparaisons relatives à Bordeu dans le chapitre qu'il lui consacre, p.199.
29. Bernard de Fontenelle, 'Eloge de M. Morin', dans *Histoire de l'Académie royale des sciences* (Paris, J. Boudot, 1715), p.68-69.

préférence, il payoit leurs remèdes, & même leur fournissoit souvent les autres secours dont ils avoient besoin [...]. On dit qu'un jour comme il passoit dans unë rue de Versailles, quelques gens du peuple dirent entr'eux, *ce n'est pas un Médecin, c'est le Messie.*[30]

Ce don de soi répond, dans un registre différent, à ce que Daniel Roche appelle une 'éthique du service'[31] et culmine lors des épidémies, qui sont le champ d'honneur de la profession. En effet les épidémies de toute nature sont innombrables en ce siècle où le problème de la contagion est intensément débattu:[32] ainsi, pour la seule province de Bourgogne, pendant les vingt-cinq années où il fut médecin des épidémies de la généralité de Dijon, Hugues Maret eut à combattre des miliaires (1761), des fièvres pétéchiales (1761-1762), des scarlatines (1764-1765), des fièvres anomales (1773), des dysenteries et des petites véroles épidémiques (1779), enfin des fièvres malignes (1774-1775, 1776, 1777, 1781, 1786), auxquelles il finit par succomber, à Fresne-Saint-Mametz, continuant 'pendant plusieurs jours d'exercer ses fonctions: c'étoit alors un malade courageux qui visitoit les autres et qui s'efforçoit de les rappeler à la vie, que lui-même alloit quitter'.[33] De même, chargé par le Régent d'organiser les secours pendant la peste de Marseille (1720-1722), François Chicoyneau, qui au demeurant ne la croyait pas contagieuse, fit preuve d'une 'intrépidité' héroïque, 'assistant lui-même [les malades], & disséquant de sa propre main un grand nombre de cadavres de ceux qui étoient morts de la contagion'.[34]

De tels exemples de courage désintéressé et d'un dévouement qui va jusqu'au sacrifice, monnaie courante de ces éloges, font à coup sûr l'apologie des médecins; il n'est pas clair en revanche qu'ils fassent la promotion du progrès de la médecine. Ainsi le choix du Régent s'était porté en 1720 sur Chicoyneau, dont 'les talens & le cœur',[35] nous dit-on, lui étaient connus: formule ambiguë, car rien ne prouve que le talent – et le cœur moins encore – doive aboutir à l'avancement du savoir. Certes, Chicoyneau a disséqué les morts de la peste pour mieux connaître la nature de la maladie; mais la 'savante dissertation'[36] par laquelle il a

30. Bernard de Fontenelle, 'Eloge de M. Bourdelin', dans *Histoire de l'Académie royale des sciences* (1711), p.109-10. Voir Vicq d'Azyr, 'Eloge de Fothergill', dans *Œuvres complètes*, t.2, p.260. Voir Castonguay-Bélanger, 'L'auréole de l'homme de science', p.351-57.
31. Roche, 'Talents, raison et sacrifice', p.879.
32. Voir Roselyne Rey, 'Contagion ou "constitution épidémique"', dans *Naissance et développement du vitalisme en France de la deuxième moitié du 18e siècle à la fin du Premier Empire*, *SVEC* 381 (2000), p.270-319.
33. Vicq d'Azyr, 'Eloge de Maret', p.135.
34. Jean Paul Grandjean de Fouchy, 'Eloge de M. Chicoyneau', dans *Histoire de l'Adémie royale des sciences* (1752), p.168.
35. Grandjean de Fouchy, 'Eloge de M. Chicoyneau', p.167.
36. Grandjean de Fouchy, 'Eloge de M. Chicoyneau', p.168. Voir François Chicoyneau,

combattu l'idée de contagion paraît embarrasser Grandjean de Fouchy, qui suggère que peut-être l'auteur n'a soutenu cette thèse d'inspiration vitaliste que pour rassurer les intervenants sur le terrain. En fait, quoique la majorité de ces académiciens ait déposé des mémoires sur différents sujets, dont on parle parfois avec quelque détail, ce n'est pas à leur occasion, semble-t-il, que le discours sur le progrès s'énonce avec le plus de force et le plus de clarté, peut-être parce qu'il est essentiellement fondateur et que son caractère mythique s'accorde mal avec la discussion de telle ou telle contribution particulière ou avec les froides généralités de la théorie.[37] En revanche, les destinées morales de médecins d'exception permettent de mettre en scène le drame du progrès de manière à frapper les esprits.

Chez certains en effet, la vocation, le dévouement prennent une coloration particulière, car non seulement ils secourent les pauvres et meurent à la tâche, ils vont encore jusqu'à se sacrifier pour cette chose impersonnelle et abstraite qu'est l'avancement de la médecine. Emportés par leur zèle, ils se consacrent à la recherche et paient de leur personne, prenant des risques parfois matériels, parfois sociaux. Dans la lignée de Lord Verulam, chancelier d'Angleterre, qui passe pour être mort d'une pneumonie contractée en étudiant les effets du froid sur la conservation des viandes,[38] on peut ranger Claude Perrault, architecte et médecin passionné d'anatomie, qui

> mourut à Paris en 1688, d'une maladie qui l'attaqua en sortant de la dissection du cadavre infect d'un chameau; et peut-être doit-on le compter parmi les savants qui ont été les victimes de leur zèle; ces exemples ne sont pas rares, et les hommes de tous les états savent également braver la mort, lorsqu'elle est sur le chemin qui les mène à la gloire.[39]

Traduction du discours latin prononcé pour l'ouverture solennelle des écoles de médecine [...] le 26 octobre de l'année 1722, par lequel on tâche de réfuter l'opinion de ceux qui croyent que la peste est contagieuse (Montpellier, Veuve H. Pech, 1723).

37. Voir tout de même en guise de contre-exemple l''Eloge de M. Chirac' par Fontenelle, dans *Histoire de l'Académie royale des sciences* (1732), p.122-23: 'C'est lui qui a réglé aussi [...] la manière généralement reçue dont on conduit aujourd'hui le Remède d'une autre Maladie du même nom [la grande vérole, ou Syphilis]. Les grands Médecins sont ceux dont la pratique fondée sur les principes d'expérience établis, est la plus sûre, & la plus heureuse, mais ceux qui établissent solidement de nouveaux principes, sont d'un ordre plus élevé. Les uns portent l'Art, tel qu'ils le trouvent, jusqu'où il peut aller, les autres le portent plus loin qu'il n'alloit.'

38. 'Francis Bacon meurt en 1626, à l'âge de soixante-cinq ans, en moins d'une semaine, après avoir tenté par temps de neige une expérience de durcissement et de conservation de la viande par le froid.' Michel Malherbe, 'Bacon', dans *La Science classique, XVIe-XVIIIe siècle: dictionnaire critique*, éd. Michel Blay et Robert Halleux (Paris, 1998), p.187-94.

39. Condorcet, 'Eloge de Perrault', dans *Œuvres complètes*, t.1, p.106. On notera le discret appel à la reconnaissance d'une noblesse intellectuelle obtenue au mépris de la mort par la recherche de la gloire, à l'instar de la noblesse acquise par les armes, partie d'une topique

Mais le cas de Moyse Charas est plus frappant encore, car ce médecin protestant nous est présenté par Condorcet comme un triple exemple de progrès: par la découverte scientifique – faite au péril de sa vie – par la lutte contre les préjugés populaires et pour avoir défié la superstition officielle, ce qui lui valut, comme à Vésale, d'être condamné par l'inquisition.

> [Charas] passa donc en Hollande, où il exerça la médecine avec tant de réputation que l'ambassadeur du roi d'Espagne, Charles II, le crut propre à rétablir la santé, ou du moins à prolonger la vie de son maître. Charas craignait les rigueurs de l'inquisition espagnole, qui n'avait pas toujours respecté la protection des rois. L'ambassadeur dissipa ces craintes, qui pourtant n'étaient que trop fondées; et Charas partit pour Madrid. C'est ici le lieu de parler de l'un de ses ouvrages, qui fut pour lui la source des événements les plus importants de sa vie. Il s'était fort occupé de l'histoire naturelle de la vipère [...]. Charas avait donc bien des fables ridicules à détruire. Une des plus accréditées était l'opinion que chaque animal venimeux porte avec lui son remède [...] Ce fut pourtant cette fausse opinion qui fit trouver le véritable remède du venin de la vipère, l'alkali volatil. Un des disciples de Charas, et Charas lui-même, furent mordus dans le cours de ses expériences, et il éprouva que le sel volatil de vipère était le remède le plus efficace. Or la chimie a prouvé depuis que ce sel est de l'alkali volatil, et n'a que les vertus générales de cet alkali. L'erreur, funeste au peuple, qui, toujours avide d'opinions absurdes, se conduit d'après ces opinions sans jamais songer à les examiner, peut quelquefois être une occasion de découvertes utiles [...]. Une autre fable s'était répandue aux environs de Tolède: on y croyait qu'un archevêque de cette ville avait obtenu du ciel que les vipères n'auraient point de venin à douze lieues de Tolède. Ce préjugé pouvait être funeste. Charas prouva, par des expériences sur les animaux, que la morsure des vipères était aussi mortelle dans la Castille que dans tout autre pays. Il désabusa même quelques grands seigneurs; mais les médecins, jaloux de sa faveur à la cour, déférèrent ses expériences au saint-office, et Charas fut traîné, à soixante-douze ans, dans les cachots de l'inquisition, pour avoir mal parlé des vipères.[40]

Ce récit de Condorcet a formé la base d'une vulgate reprise par les biographes ultérieurs sans qu'il soit pourtant bien établi que les vipères fussent au principe de l'accusation, car 'il n'y est fait aucune allusion dans les nombreux interrogatoires auxquels il fut soumis par le Saint Office et qu'il a longuement retracés';[41] tout au contraire incite à croire qu'il avait

---

héritée de la Renaissance. On trouve chez Vicq d'Azyr d'autres exemples de ce genre de mort. Voir par exemple l''Eloge de Bouillet', dans *Œuvres complètes*, t.2, p.213.

40. Condorcet, 'Eloge de Charas', dans *Œuvres complètes*, t.1, p.134-46. Remarquons au passage que la découverte de l'antidote au venin de vipère est un bel exemple de cette sérendipité qu'étudie ici-même Frédéric Tinguely, p.67.

41. Paul Dorveaux, 'Les grands pharmaciens: apothicaires membres de l'Académie royale des sciences', *Bulletin de la Société d'histoire de la pharmacie* 65 (1929), p.340.

été accusé de sorcellerie.[42] Mais le secrétaire perpétuel, qui ridiculise le tribunal en amalgamant dogme et croyances populaires, fait du médecin le héraut des Lumières dans leur combat contre l'obscurantisme et retrouve le style de Voltaire en assurant que ce bienfaisant vieillard risquait l'autodafé 'pour avoir mal parlé des vipères'. Un tel morceau illustre de manière particulièrement brillante les dangers encourus par ceux qui se consacrent à la recherche de la vérité et au progrès de la médecine: l'homme de science y figure en héros courageux et modeste face à des adversaires odieux et bornés.

Il arrive, on l'a vu, que le médecin périsse des suites d'une expérimentation menée au bénéfice de la science; il arrive aussi qu'il s'exténue dans la pratique non de ses cures mais de ses activités savantes. Si le premier de ces genres de mort, par son caractère accidentel et soudain, est difficilement prévisible, le second, progressif, certain, fait parfois même l'objet de prédictions, ce qui le rend moralement problématique. Le discours encomiastique prend alors le ton de l'apologie et cherche à justifier l'acharnement du savant face au sens commun qui s'insurge. Ainsi du médecin et anatomiste Joseph-Guichard Du Verney:

> Les fatigues de son mêtier, très-pénible par lui-même, & plus pénible pour lui que pour tout autre, lui causerent un mal de poitrine si violent, qu'on lui crut un ulcère au poumon. Il en revint cependant, bien résolu de se ménager davantage à l'avenir: mais comment exécuter cette résolution? Comment résister à mille choses qui s'offroient, & qui forçoient ses regards, & ses recherches à se tourner de leur côté? Comment leur refuser ses nuits, même après les jours entiers? Souvent l'Anatomie ne souffre pas de délais: *mais quand elle en eût souffert, en pouvoit-il prendre?* [...] Il ne perdoit aucun des intervalles que lui laissoient des souffrances, qui redoubloient toûjours, & qui le mirent plusieurs fois au bord du tombeau. Il revoyoit avec M. [W]inslo[w] son Traité de l'Oreille dont il vouloit donner une 2de édition, qui se seroit bien sentie des acquisitions postérieures. Il avoit entrepris un Ouvrage sur les Insectes, qui l'obligeoit à des soins très-pénibles: malgré son grand âge, par exemple, il passoit des nuits dans les endroits les plus humides du Jardin, couché sur le ventre sans oser faire aucun mouvement, pour découvrir les allures, la conduite des Limaçons, qui semblent en vouloir faire un secret impénétrable. *Sa santé en souffroit, mais il auroit encore plus souffert de rien négliger.* Il mourut le 10 Sept. 1730, âgé de 82 ans.[43]

La passion agit impitoyablement, dans une économie de la souffrance qui en rappelle l'étymologie et qui paraît suspendre l'usage du libre-arbitre: pris en équerre entre son amour de la science et l'attachement

42. Fred W. Felix, 'Moyse Charas, maître apothicaire et docteur en médecine', *Revue d'histoire de la pharmacie* 333 (2002), p.70-71.

43. Fontenelle, 'Eloge de M. Du Verney', dans *Histoire de l'Académie royale des sciences* (1730), p.170-71, 176-77 (nos italiques). Voir Fontenelle, 'Eloge de M. Guglielmini', dans *Histoire de l'Académie royale des sciences* (Paris, J. Boudot, 1710), p.166.

naturel à la vie, Du Verney penche en définitive du côté de la science, point tant par choix raisonné que par une sorte de force gravitationnelle – Fontenelle nous pardonnera ce newtonianisme métaphorique – qui l'entraîne malgré lui. Il en va différemment pour le chimiste suédois Torbern Bergman, associé de la Société royale de médecine à la suite de travaux sur les eaux minérales, et qui, épuisé par le nombre et l'ampleur de ses recherches, en sent les effets sur sa santé, mais choisit librement de n'en pas tenir compte:

> Des palpitations de cœur, des maux de tête violens troubloient souvent ses travaux. On a dû voir combien ils exigeoient, par leur étendue, de force et de contention d'esprit: on sait aussi combien des expériences chimiques faites sans interruption peuvent nuire à des nerfs très-sensibles. Le résultat des avis fut qu'il devoit renoncer à ce genre de recherches, ou se résoudre à voir augmenter ses maux. Des gens qui se croient sages s'écrieront sans doute qu'il n'y avoit point à balancer; aussi ne balança-t-il point. Il continua de suivre une carrière féconde en jouissances et en plaisirs. Falloit-il qu'il perdît plusieurs années de gloire pour quelques jours de plus qu'il auroit passés dans l'ennui?[44]

On appréciera cette claire mise en regard de la gloire intellectuelle et de ses plaisirs d'un côté, et de l'autre d'une vie obscure qui condamne à l'ennui. Le dilemme ainsi posé exprime un vrai critère en matière d'éthique et permet de distinguer, voire d'opposer, la valeur d'une vie bonne, associée à la lumière de la reconnaissance, et une existence que l'ennui – au sens fort que lui donnait la langue classique – rend d'avance semblable à la mort. La gloire, eût-elle pour prix un décès prématuré, est la vie véritable, et cette vie est quasi païenne: féconde et jouissive, elle est non seulement plus pleine, mais assure ici-bas cette *autre vie* que l'au-delà ne paraît plus garantir.[45] Sur le ton de l'admiration ou dans un registre pathétique, les biographes racontent ce duel avec les Parques et nous peignent le savant à bout de force, tâchant de donner qui un dernier livre, qui un dernier cours avant la fatale échéance, cessant au fond d'être médecins pour eux-mêmes et abrégeant par une course éperdue au savoir les jours que leurs soins auraient dû prolonger, l'homme de science supplantant l'homme de l'art:

44. Vicq d'Azyr, 'Eloge de Bergman', dans *Œuvres complètes*, t.1, p.246.
45. Cet horizon dépourvu de transcendance explique sans doute que l'on retrouve cet argument à notre époque. Simone de Beauvoir écrit par exemple de Sartre: 'Il avait toujours pratiqué, à son propre égard, la politique du plein emploi; pas de temps morts: contre la fatigue, les hésitations, les somnolences, il se gorgeait de corydrane. Une étroitesse constitutionnelle des artères le prédisposait à la maladie qui l'a frappé; mais le moins que l'on puisse dire, c'est qu'il n'a rien fait pour la conjurer. Il a usé jusqu'à la corde son "capital santé". Il le savait puisqu'il a dit en substance: "J'aime mieux mourir un peu plus tôt et avoir écrit la *Critique de la raison dialectique*".' *La Cérémonie des adieux* (Paris, 1981), p.132.

> La pratique de M. Hérissant étoit cependant encore plus grande qu'il ne la desiroit, & il étoit obligé de prendre beaucoup sur lui pour allier avec ce devoir le travail qu'exigeoient ses Recherches Anatomiques & Physiques. Son tempérament assez délicat par lui-même succomba sous tant de fatigues, & sa santé s'altéra, il s'en aperçut, & plus de six mois avant sa mort, il étoit persuadé qu'il n'avoit plus que peu de temps à vivre; mais au lieu d'employer alors toutes les ressources de son art à reculer son dernier moment, il ne s'occupa qu'à ménager le peu de forces qui lui restoit pour finir plusieurs Mémoires qu'il avoit commencés, & qu'il comptoit lire à l'Académie. Le mal cependant qu'il négligeoit faisoit des progrès rapides, il n'en rabattit rien de son ardeur au travail, & de son assiduité aux Assemblées de l'Académie; mais il fallut à la fin succomber.[46]
>
> Ce fut à cette époque, et presque au milieu de ces tourmens, [que Jean-Baptiste Bucquet] résolut, malgré tous ses amis, de faire son cours de chimie à la Faculté de médecine. C'étoit un dernier sacrifice qu'il vouloit faire aux sciences: aucun obstacle ne put l'en détourner. Vous l'eussiez vu, lorsque l'heure de ses leçons approchoit, cesser ses plaintes, essayer de prendre un visage serein, renfermer en lui-même toutes ses souffrances, se serrer avec une ceinture pour en suspendre la vivacité, s'arracher à son lit pour se rendre en chancelant à son amphithéâtre, y parler avec une précipitation que ses angoisses accéléroient et interrompoient tour à tour, se presser enfin contre la table du laboratoire, lorsque ses coliques étoient trop vives, pour étouffer le cri de la douleur, sans perdre jamais de vue le sujet de sa leçon. Ses élèves l'entendoient avec des sentiments mêlés d'attendrissement et d'admiration, et ils recueilloient, les yeux baignés de larmes, les derniers préceptes et les dernières paroles d'un maître si courageux et si chéri.[47]

Voilà certes de remarquables sacrifices consentis à la science – et qui, dans le cas de Bucquet, s'apparentent au martyre comme en un décalque, puisqu'il accepte de subir la torture d'une agonie publique pour témoigner devant ses élèves de sa foi dans la médecine. Encore ce martyre n'était-il pas recherché: les douleurs du professeur n'étaient que la conséquence involontaire d'une activité, excessive sans doute et qui les a accrues, mais qui ne les avait pas pour but. Faut-il rappeler que la recherche du martyre est généralement condamnée par le christianisme?[48] Le caractère sacré de la vie, au fondement de la pratique médicale, interdit pareillement non seulement de tuer, mais de mettre en danger, sauf pour échapper à un danger plus grand. Les médecins

46. Grandjean de Fouchy, 'Eloge de M. Hérissant', dans *Histoire de l'Académie royale des sciences* (1773), p.132-33.
47. Vicq d'Azyr, 'Eloge de Bucquet', dans *Œuvres complètes*, t.1, p.274.
48. Voir par exemple René Hedde, 'Martyre', dans *Dictionnaire de théologie catholique*, dir. A. Vacant, E. Mangenot et E. Aman (Paris, 1928), t.10, p.251-52. Assimilant la recherche du martyre à de la témérité ainsi qu'au fanatisme de l'hérésie montaniste, l'auteur rappelle que non seulement l'Eglise n'encourage pas cette recherche – 'personne ne doit courir au-devant du martyre, dit saint Cyprien' – mais qu'elle conseillait la fuite pendant la persécution.

dont je viens de citer les éloges sont donc de ce point de vue des cas limites et ne sont pas au-dessus de tout soupçon; la casuistique de la gloire et de l'ennui, l'économie de la souffrance, les vertus de courage et de dévouement dont ils ont fait preuve et que leurs hagiographes font sonner bien haut ne les mettent pas entièrement à l'abri des reproches. La science et son progrès auraient-ils été à leurs yeux des valeurs plus éminentes que la vie – la leur du moins? Aucun je pense n'en aurait convenu; mais la dynamique de la recherche semble pourtant avoir emporté chez eux des scrupules qui en eussent arrêté d'autres, comme si le savoir utile au plus grand nombre était, à l'aube d'une modernité laïque voire mécréante, orgueilleuse, pragmatique et comptable, le suprême *telos* et le souverain bien, justifiant le sacrifice individuel.

Il y a quelques médecins qui ont porté à un degré supérieur de radicalité cette attitude alliant dans l'intérêt de la science l'abnégation personnelle à un étrange mépris de leur vie physique, et qui, tendant à expérimenter sur eux-mêmes, ont instrumentalisé leur corps propre comme s'il était *corps vil*.[49] Il arrivait par exemple que l'un d'eux demandât qu'on l'autopsie à son décès,[50] surmontant pour ce faire la répugnance instinctive d'une dissection imaginée sur soi. Cet étrange holocauste, terrible offrande que l'on rencontre aussi chez des hommes de savoir qui ne sont pas médecins, comme Diderot,[51] n'a pas la fonction immédiatement salutaire d'un don d'organe et doit être comprise dans la perspective d'un anéantissement de l'individu au profit hypothétique et ultérieur de la collectivité, advenant la médiation du progrès médical.

49. Grégoire Chamayou, *Les Corps vils: expérimenter sur les êtres humains aux XVIIIe et XIXe siècles* (Paris, 2008), p.7: 'Les corps vils, ce sont les condamnés à mort, les bagnards, les détenus, les orphelins, les prostituées, les internés, les patients de l'hôpital, les paralytiques, les esclaves, les colonisés, les moribonds qui ont historiquement servi de matériel expérimental pour la constitution de la science médicale.' A ce livre qui pose la passionnante question de la 'distribution sociale des dangers de l'expérimentation' (p.12), je tiens ici à souligner ma dette. Dans un chapitre sur l'auto-expérimentation, l'auteur note: 'Il existe une liste des médecins morts pour la médecine. Des savants qui s'immolèrent sur l'autel du savoir et du progrès. [...] La mémoire entretenue des courageux prédécesseurs et des martyrs de la médecine a une fonction de légitimation évidente pour le présent de la pratique médicale.' Chamayou, *Les Corps vils*, p.153-54.

50. Il est vrai que l'on autopsiait également en France les corps des rois depuis le XVIe siècle, mais cette ouverture prenait place dans le cadre d'un rite d'embaumement qui en compensait largement le caractère profanatoire.

51. Marie-Angélique Diderot de Vandeul, *Mémoires pour servir à l'histoire de la vie et des ouvrages de M. Diderot*, éd. A. M. Wilson et B. T. Hanna, dans Diderot, *Œuvres complètes* (DPV) (Paris, 1975), t.1, p.35. Rappelons que Diderot est l'auteur de l'article 'Anatomie' de l'*Encyclopédie*, dans lequel se livre 'à un vigoureux éloge des vivisecteurs de l'Antiquité [...]. [L]e criminel, *inhumain* dans sa conduite, pourra être au sens propre *déshumanisé* avec la plus grande humanité par un médecin soucieux de se montrer utile au genre humain.' Chamayou, *Les Corps vils*, p.73.

[Pierre-Joseph Macquer] souffroit depuis long-temps, mais le cachoit aux personnes qu'il aimoit le plus, parce qu'il regardoit ses maux comme incurables; il les sentit redoubler peu-à-peu dans ses dernières années, en observa le progrès, & conjectura très-juste le moment où la mort devoit les finir. Peu de temps auparavant, il en avertit sa femme, lui parla de sa fin prochaine avec sensibilité, mais sans trouble, la remercia du bonheur qu'elle avoit répandu sur sa vie, & insista beaucoup sur le desir qu'il avoit d'être ouvert après sa mort, afin que la cause en fût connue.[52]

Bien entendu, l'ouverture du corps n'est pas à proprement parler expérimentation et, quoique affreuse à se représenter, elle est posthume, par conséquent mise à distance. Elle contourne ainsi ce qui apparaît en définitive comme une angoisse et un interdit majeur, mais aussi comme une tentation permanente, à laquelle on ne s'adonne directement dans ce *corpus* que sur un mode mineur. Ainsi Denis Dodart, botaniste et médecin, auquel 'son extrême délicatesse de conscience'[53] n'aurait pas permis d'acte profanatoire, se livra sur lui-même à des expériences sans danger et compatibles avec la dévotion, comme celle qu'il mena pendant trente-trois ans sur la transpiration ou celle sur les variations de poids entraînées par les jeûnes exigés par l'Eglise.[54] Leur inocuité ne fait que mieux ressortir la violence de l'opération, sur laquelle je terminerai cette suite exemplaire déjà longue, pratiquée sur lui-même par La Peyronie, médecin et premier chirurgien de Louis XV, avec l'aide de son ami Le Dran. Elle nous est présentée en détail par son biographe. La Peyronie apparaît dans le récit paré de la plus grande fermeté morale face à la perspective obsédante de l'amputation, se traitant comme un tiers avec un détachement stoïque. Pas plus que l'autopsie sollicitée par Macquer, et dont elle se rapproche par l'incision chirurgicale, par l'ouverture du corps, cette opération n'est vraiment expérimentale; le commentaire final de Grandjean de Fouchy insiste néanmoins sur le fait qu'il s'agissait d'une tentative dont l'issue était incertaine, le cours douloureux et risqué, et dont le mobile, exprimé avec prudence au subjonctif, aurait été la subordination de la vie du médecin à la poursuite de son travail.

Il se blessa au petit doigt en faisant une opération; la blessure eut les suites les plus fâcheuses, on lui proposa même l'amputation du doigt comme absolument nécessaire; il osa entreprendre de le conserver, & en vint à bout:

52. Condorcet, 'Eloge de M. Macquer', dans *Histoire de l'Académie royale des sciences* (1784), p.29-30.

53. Fontenelle, 'Eloge de M. Dodart', dans *Histoire de l'Académie royale des sciences* (1707), p.187. Voir aussi p.191: 'Il étoit destiné à perdre la vie de la mani[è]re du monde la plus heureuse, par une action de charité. Un jour il s'exc[é]da de fatigue pour des Pauvres qu'il traitoit; prit beaucoup de froid, & revint chés lui à jeun à 5 heures du soir. La fiévre qui se déclara aussi-tôt, & une fluxion de poitrine l'emportèrent en 10 jours.'

54. Fontenelle, 'Eloge de M. Dodart', p.188.

mais pendant le cours de cette maladie, il en survint une autre plus dangereuse, ce fut un dépôt considérable à la jambe. Les accidents devinrent si pressans, que ses amis, c'est-à-dire, ce qu'il y avoit de plus illustre en Médecine & en Chirurgie, qui avoient volé à son secours, furent unanimement d'avis de lui couper la jambe. La consultation se faisoit autour de son lit, il recueilloit les avis des consultants & donnoit le sien aussi tranquillement que s'il n'y eût pas été intéressé. Quoiqu'il crût pouvoir encore différer l'opération, on lui représenta si vivement la nécessité dont elle paraissoit, qu'il s'y résolut & la fixa au lendemain matin: il employa la nuit à mettre ordre à ses affaires, & à faire ranger sur son lit les instrumens & l'appareil nécessaires; tristes & terribles préparatifs, dont on épargne habituellement la vûe aux malades, & qu'un philosophe même est louable d'envisager sans frémir. L'intrépidité de M. de la Peyronnie ne se démentit pas un seul instant, il attendit l'heure de l'opération sans en paroître seulement émû; mais voyant, à la levée de l'appareil, que le mal n'avoit pas augmenté, il proposa de nouvelles incisions, prit lui-même le bistouri & fit la première, laissant les autres à faire à M. le Dran qui ne l'avoit pas abandonné pendant toute sa maladie. Il n'étoit pourtant rien moins qu'assuré de guérir, ni même d'éviter l'opération: la seule crainte de rester inutile l'engagea à se livrer à de cruelles douleurs & à risquer sa vie: il sembloit qu'il lui fût moins important de vivre que de servir.[55]

Ouvrir les corps, que cela soit au propre ou au figuré, en percer les ténèbres afin que progresse la science médicale, prendre soi-même des risques à cette fin, accepter de souffrir et peut-être de mourir plus tôt, se traiter soi-même comme un simple sujet si nécessaire, contrevenir ainsi aux lois non écrites et aux tabous, à la prudence, à l'amour de soi et à l'instinct de conservation, cette constellation de *biographèmes* – traits de caractère, mobiles, attitudes propices au développement d'un savoir nouveau, précis, efficace – lisible dans le *corpus* des éloges académiques du dix-huitième siècle, transforme les médecins en icônes du progrès, sur un plan collectif plus encore qu'individuel. Exaltés par leurs institutions, il nous apparaissent nimbés d'une gloire à la fois morale, sociale et intellectuelle, véritables incarnations des valeurs de leur temps: la recherche de la connaissance par la raison, l'enquête expérimentale, la vertu de bienfaisance, la lutte contre les erreurs et les préjugés, le progrès social. Le médecin contribue ainsi à la fondation d'un monde meilleur, d'abord à travers sa pratique, certes, mais celle-ci est elle-même fondée sur un savoir que la recherche anatomique, physiologique, nosologique, etc., doit impérativement nourrir. Or ce que découvre, avec surprise peut-être, le lecteur des éloges, c'est que cette recherche est dramatique et que le prix à payer pour ce progrès est énorme: sous la plume des secrétaires perpétuels, les médecins nous sont en somme présentés

55. Grandjean de Fouchy, 'Eloge de M. de la Peyronnie', dans *Histoire de l'Académie royale des sciences* (1747), p.134-35.

comme des martyrs, prêts à se sacrifier non seulement à leurs malades, mais à l'humanité tout entière, qui tirera de leurs travaux un bénéfice attendu avec confiance. Dans le secret des laboratoires, devant le public choisi des amphithéâtres, parmi les élus des académies, le médecin s'adonne avec un sublime courage à l'exercice d'une *imitatio christi* laïque, s'immolant au savoir, s'offrant à la vindicte des pouvoirs qui règnent sur l'ignorance, donnant sa vie pour le salut des hommes. Cet héroïsme participe, on l'a dit, au procès de légitimation d'une médecine toujours en butte à la critique et à la moquerie; il accomplit également sous nos yeux l'apothéose du progrès, obtenu au mépris révolutionnaire de la tradition et des interdits, qu'il contribue à rejeter dans un passé défini comme accumulation de croyances, de tâtonnements et de fables. Car c'est bien là l'un des paradoxes du progrès, que le paradigme de la lutte contre les préjugés fait ressortir: ce sont moins les vérités qu'il multiplie que les erreurs: tout ce qu'on avait cru vrai jusque-là est périmé par le progrès; derrière la fine pointe du savoir, qui avance sans désemparer sur un terrain miné par les périls, on voit s'étendre, de plus en plus vaste, le champ des ténèbres derrière soi.

On pourrait s'étonner que ces esprits rationnels et clairs, voire incrédules,[56] aient eu recours au martyrologe et au genre suspect de la vie des saints pour établir le primat du progrès des sciences. Les discours novateurs, il est vrai, se coulent fréquemment dans les formes existantes,[57] disponibles et qui, immédiatement compréhensibles, permettent de risquer des propositions audacieuses. De ce point de vue, l'hagiographie témoigne d'un héritage littéraire réinvesti par l'histoire des savants. Mais cette reprise, ce 'squattage', n'est pas que l'occupation d'une topique de fortune ni simple citation en manière d'écran; elle est aussi un impertinent bricolage discursif, dont le défi au modèle est caractéristique de la modernité: en convoquant la tradition pour la contester, s'en moquer ou la rejeter, le Moderne, en effet, est essentiellement sacrilège. A sa façon, allusivement, sans prendre sur la

56. C'est au moins le cas de Fontenelle, dont il faut rappeler que l'*Histoire des oracles*, publiée en 1687, avait contribué à jeter le discrédit sur les miracles et l'avait fait accuser d'athéisme; quant à Condorcet, l'anticléricalisme de l'*Esquisse* est assez clair. Et si l'on en sait moins sur Grandjean de Fouchy, personnage un peu pâle, Dortous de Mairan semble avoir eu des affinités avec la tradition du libertinage érudit. Voir Daniel Roche, 'Un savant et ses livres au XVIIIe siècle: la bibliothèque de Jean-Jacques Dortous de Mairan', dans *Les Républicains des lettres*, p.47-83.

57. Voir Jean Mainil, 'Allaitement et contamination: naissance de la mère-nourrice dans le discours médical sous les Lumières', *Esprit créateur* 37:3 (1997), p.14: 'le discours médical ne peut pas [...] s'aliéner du discours médical qui le précède et rompre tous les ponts avec ce discours hégémonique par lequel passaient la compréhension et la sympathie du patient. Pour convaincre, le discours médical devra travailler par retouches [...], c'est-à-dire par la contamination d'un savoir ancien.'

dignité de son sujet, le *corpus* des éloges de médecins participe de cette critique de la tradition religieuse qu'il mime et remplace, dans un processus dialectique étroitement lié à celui par lequel le progrès substitue à l'erreur admise une vérité chèrement acquise. De ce monde dont Dieu s'éloigne ou s'absente, le médecin apparaît comme la nouvelle divinité, immanente, active et salutaire.

Annexe

Fontenelle

1701 Tauvry
1702 Tuillier
1707 Dodart
1709 Poupart
1710 Guglielmini
1711 C. Bourdelin
1712 Berger
1715 Morin, Lémery, Homberg
1718 Fagon
1722 Méry
1725 Littré
1730 Du Verney
1731 Ruysch
1732 Chirac
1738 Boerhaave

Dortous de Mairan

1741 F. Petit
1742 Hunauld

Grandjean de Fouchy

1747 La Peyronnie
1750 J.-L. Petit
1752 Geoffroy, Chicoyneau
1753 Sloane
1755 Helvétius
1760 Winslow
1768 Baron
1769 Ferrein
1771 Morgagni
1772 Van Swieten
1773 Hérissant

Condorcet

1773 Charas, Cureau de la Chambre, Duclos, Pecquet, Perrault
1774 Quesnay
1777 L. C. Bourdelin
1778 Malouin, Linné
1780 Lieutaud, Bucquet
1781 Bertin, Tronchin
1782 Pringle, Bordenave
1783 Hunter
1784 Macquer, Bergman, Morand
1786 Guettard
1787 Bouvard
1788 Lassone
Publ. 1804: Camper (†1789)

Vicq d'Azyr

1776 Bouillet, Le Beau, Haller, Venel
1777-1778 Linné, Arnauld de Nobleville, Macbride, Barbeu Dubourg
1779 Leroy, Navier, Bucquet, Lieutaud, Gaubius, Bonafos, Bernard, Planchon
1780-1781 Fothergill, Pringle, Harmant, Buttet, Vétillard du Ribert, Hunter, Sanchez
1782-1783 Lorry, Giraud, Macquer, Tazetti, Spielmann, Cusson, Bergman, Van Doevren, Alexandre, Dinnayère, Desmery, Rose, Darluc
1784-1785 Lobstein, Serrao, Schéele, Maret, De Lamure, Blein, Mollin, Bonami, Hecquet, Marrigues
1789 Bourdois de la Mothe, Thion de la Chaume, Lehoux, Duvernin, Dupuy, Destrapières, Dozan, Manelli
Publ. 1805: Stoll (†1788)
Publ. 1805: Camper (†1789)

Esculape-Tronchin: le médecin à la mode

CATRIONA SETH

Quand je considère, mon bon ami, les progrès de la corruption de l'esprit et du cœur, le renversement étonnant de tous les principes, l'acharnement, qui ne se dément point, contre toute espèce de mérite, la difficulté enfin qu'il y a de conserver la paix de son âme, au milieu de tant d'objets qui la troublent, je me suis dit à moi-même, après avoir lu votre lettre, n'es-tu pas bien fou de sacrifier ta vie douce & tranquille à la peine, aux inquiétudes & à l'agitation qui pouvoient t'être supportable il y a vingt ans, mais qui ne le sont plus à ton âge. Quand je joins à ces réflexions générales la triste perspective de la guerre que les M[édecins] me déclareront, sous le poids de laquelle il n'est pas possible que je ne sucombe, je rougis, mon bon ami, de ma folie, & malgré moi je vous fais déjà des reproches. Car c'est vous, & vous seul, qui avec les meilleures intentions du monde, allez me rendre malheureux. Cette incartade peut-elle vous étonner, vous qui devez sentir mieux que moi la vérité de tout ce que je vous dis, vous qui scavez, car vous ne pouvez pas vous y tromper, que je serai batu, de quelque façon que je me défende. Suposez, si vous le pouvez, que je me batrai en homme brave, néantmoins je serai batu, un contre tous peut-il résister, il faut enfin céder au nombre. Je ne vois dans ce projet extravagant, pardonnez-moi l'épithète, je vous le dis de la meilleure foy du monde, je n'y vois qu'un seul bon coté, c'est qu'il est peut-être possible, que tandis qu'on dira de moi et mes principes tout le mal imaginable, je fasse une espèce de petite révolution, du moins pour quelques moments, dans la médecine de Paris, mais non, sur ce point même je m'abuse, le mal est si profond & si invétéré qu'il est vraisemblablement incurable. Qu'ariverat-il donc, j'aurai tous les housards de la mort[1] à mes trousses, je serai percé de leurs coups, & je mourai sur mon petit champ de bataille. Vous y perdrez un bon ami, c'est alors que vous vous direz à vous même, il seroit encore en vie, s'il fut resté là où il étoit.[2]

Voilà comment, le 4 juin 1760, dans une lettre inédite adressée à Melchior Grimm,[3] Théodore Tronchin (Genève, 1709-Paris, 1781) imagine son arrivée à Paris où le duc d'Orléans souhaite lui offrir une place

1. Les Hussards de la Mort sont les soldats d'un régiment prussien formé par Frédéric le Grand et connu pour sa cruauté. L'uniforme qu'ils portaient était noir et orné d'une tête de mort.
2. Bibliothèque Municipale de Versailles, L.282, Lebaudy Mss f.114.
3. Sur les liens entre Théodore Tronchin, Melchior Grimm et Louise d'Epinay, voir les travaux de Laure Bazire, entre autres l'article 'Un couple médecin/patient au XVIIIe siècle: Louise d'Epinay et Théodore Tronchin', *SJC* 1 (2011), http://sfeds.ish-lyon.cnrs.fr/publications/publications.html, page consultée pour la dernière fois le 3 octobre 2014.

de premier médecin. A première vue, le Suisse était pourtant un candidat peu probant pour envisager de tomber au champ d'honneur du progrès. Il ne présente pas les traits essentiels du héros scientifique: il naît dans un milieu des plus aisés (même si son père a souffert des conséquences de la banqueroute de Law) avec un capital culturel patrimonial de toute première importance. Il n'a pas à affronter une période difficile comme une guerre civile. Il n'est pas l'auteur de découvertes physiologiques importantes ou d'essais déterminants, n'invente ni technique, ni équipement – Lenieps se gausse d'ailleurs de la 'folie de la prévention' qui saisit les villes par lesquelles passe Tronchin, 'comblé de biens et d'honneurs à Parme et par le P[rin]ce et par les Citoyens, pour le fait de l'Inoculation, qui n'est ni de son Invention, ni de la partie médicinale [mais] l'ouvrage des chirurgiens ou de la main'.[4] Apprécié avant tout en effet pour cette technique empirique, il est pourtant considéré comme l'une des figures de proue de la révolution médicale des Lumières. En tant que tel, il pouvait être immolé métaphoriquement sur l'autel de la nouveauté scientifique. En creux, il met en évidence l'importance des réseaux dans la diffusion du progrès. De la même manière que, deux siècles plus tard, la découverte de la pénicilline par Alexander Fleming eut un impact à retardement grâce aux interventions de Florey et de Chain, l'inoculation, pour véritablement se répandre, eut à s'appuyer sur des figures disséminatrices dont Tronchin, pour le monde francophone, est l'incarnation principale.

On ne peut, comme pour Vésale ou Harvey, voire pour Lady Mary Wortley Montagu, essentielle figure de passeur entre les cultures turque et occidentale en matière de variolisation, représenter Tronchin en héros d'une épopée de la découverte. Fondés sur des biographèmes qui circulent entre les auteurs, sur des extraits de courriers, des poèmes, des journaux, des propos attribués au docteur ou des narrations souvent partiales de cas médicaux, les récits autour du Genevois offrent un éclairage paradigmatique aidant à élaborer la fresque d'un épisode de l'histoire des sciences: la figure de Tronchin permet d'appréhender certains aspects de cette étape essentielle mais douloureuse du passage de la médecine expectante à la médecine agissante en matière de petite vérole. En outre, avec la technique défendue par Tronchin qui s'adresse en premier lieu aux femmes et aux enfants, on assiste à un renouveau du langage médical qui délaisse le latin pour le français et cherche à rivaliser en élégance et en clarté avec les ouvrages à la mode. Le progrès est ainsi dans la méthode, dans le discours autour de la méthode, et dans la forme même de ce discours.[5]

4. Leigh 3687, lettre du 30 novembre 1764 à Rousseau.

5. Sur l'inoculation, nous nous permettons de renvoyer à notre ouvrage *Les Rois aussi en mouraient : les Lumières en lutte contre la petite vérole* (Paris, 2008).

Pour évoquer Tronchin comme icône du progrès, nous présenterons brièvement le personnage, nous montrerons que, devenu le médecin mondain par excellence, il fait de nombre de confrères des adversaires, entraînant des révolutions dans sa discipline comme dans le vocabulaire. Nous terminerons en examinant sa panthéonisation anticipée qui s'est soldée par un quasi oubli de tous sauf des spécialistes de l'histoire de la médecine ou de la vie genevoise des Lumières.

Le personnage

Tronchin résout de devenir médecin alors qu'on le destine, comme l'aïeul célèbre dont il porte le nom, à la théologie, ce qui permet à ses biographes d'esquisser l'idée d'une vocation. Comme individu, il est tout d'abord, dans son parcours, à l'image d'une certaine catégorie de savants du temps qui n'hésitent pas à s'expatrier pour leurs études ou leur travail. Véritable cosmopolite, le citoyen de Genève étudie en effet la médecine à Cambridge, sous Richard Mead, puis à Leyde où il est remarqué par le grand Boerhaave dont il a souhaité suivre les cours. Il exercera à Amsterdam, à Genève et à Paris et effectuera des séjours auprès de personnalités dont il entreprend le traitement comme Ferdinand de Bourbon-Parme en Italie.

Il y une importance fondamentale de la reconnaissance de relais sur le chemin de Tronchin. Sa célébrité tient à son association avec des figures importantes du temps, en particulier des princes. En effet, si son appartenance à la puissante famille des Tronchin, avec ses alliances au sein de toute l'intelligentsia genevoise et européenne – n'a-t-il pas séjourné, jeune homme, en Angleterre, auprès de Bolingbroke dont il était parent par sa mère? – ainsi que son mariage avec Helena de Witt, de la famille du célèbre Johan de Witt, mathématicien et grand pensionnaire de Hollande, lui donnent un carnet d'adresses enviable et une assise solide dans le monde protestant, il doit sa renommée surtout aux Bourbons et, accessoirement, à Voltaire, son patient valétudinaire, auquel L'*Epître à M. Tronchin* attribue la réputation initiale du médecin: 'Non sans la séduisante lyre / Du tragique auteur de Zaïre, / Et sans l'inoculation, / L'on n'eût pas plus connu ton nom.'[6]

Dans la légende de Tronchin, on ne manque jamais de rappeler qu'il a été prêt à renoncer à des choses auxquelles il tenait pour son art. Les exemples sont inattendus. C'était, dit-on, un jeune homme élégant, qui aimait danser. Ayant entendu que Boerhaave aurait jugé excessif le temps consacré à sa coiffure, il aurait, du jour au lendemain, coupé ses boucles. L'action qui impressionne est colportée dans différents textes. Mme de Genlis prête au professeur hollandais la réplique suivante: 'voilà

6. Anonyme, *Epître à M. Tronchin*, s.l.n.d.

un jeune homme qui a des cheveux trop beaux et trop bien frisés pour devenir jamais un grand médecin.'[7] Condorcet formule ainsi l'anecdote au sein de son Eloge rédigé pour l'Académie des sciences:

> M. Tronchin avait une taille grande et agréable, une figure douce et noble, un front imposant et serein, de longs et beaux cheveux relevaient encore ces avantages, et il était permis à vingt ans, d'attacher quelque prix à cette parure; Boerhaave observa un jour, qu'une si belle chevelure devait faire perdre bien du temps, on répéta cette plaisanterie à M. Tronchin, et le lendemain il parut devant Boerhaave les cheveux coupés en rond.[8]

L'anecdote se nourrit, de manière plaisante, à l'idée que le savant doit être prêt à tout sacrifier pour son art et initie déjà un lien du médecin avec la mode. D'autres renoncements plus considérables sont évoqués dans la vulgate à propos de Tronchin. Sa loyauté envers sa patrie et son art l'aurait conduit encore à décliner nombre d'offres flatteuses de postes et de récompenses. Mme Desfranches, dans une lettre au comte de Sade, l'écrit en 1765: 'Cet homme est moins vain qu'il lui était permis de l'être. Voir arriver à ses pieds tout ce qu'il y a de grand, être demandé par tous les souverains, couvert d'or, et préférer le service d'un simple particulier: voilà ce qu'on peut appeler philosophie, et ce qui deviendra vraisemblablement une sottise, pour ne pas dire pis.'[9] Tronchin a en effet refusé de devenir premier médecin du Stadhouder, de se rendre auprès de l'impératrice Catherine ou encore de demeurer à Parme après son inoculation de l'héritier du petit Etat alors qu'il a été fait membre de la noblesse parmesane.

Si certains biographèmes des médecins (l'élection dès l'enfance, l'auto-expérimentation, la mort pour la science etc.) ne peuvent s'appliquer à lui, Tronchin, comme tout grand homme, aurait été irremplaçable. Une réplique enchâssée dans les rapports de son décès et prêtée à l'un de ses héritiers ès sciences médicales les plus talentueux, Anne-Charles Lorry (1726-1783), qui avait soigné Louis XV et s'était penché sur l'importance de l'alimentation et les dangers du blanc de céruse l'illustre; auprès de Tronchin mourant, il se serait exclamé: 'Ah! si ce grand homme pouvait nous entendre et causer avec nous, il se guérirait lui-même!'[10] Seul Tronchin aurait pu sauver Tronchin...

Du côté des qualités proprement morales, l'individu Tronchin est montré, après sa mort, comme ayant été caractérisé, à titre privé, par une

7. Stéphanie-Félicité du Crest de Saint-Aubin, Comtesse de Genlis, *Souvenirs de Félicie L.* (Paris, 1807), p.105.
8. Marie-Jean-Antoine-Nicolas Caritat de Condorcet, 'Eloge de M. Tronchin', *Histoire de l'Académie royale des sciences* (Paris, Compagnie des Libraires, 1781), p.105.
9. *Bibliothèque Sade (II): papiers de famille 2. Le marquis et les siens (1761-1815)*, sous la direction de Maurice Lever (Paris, 1995), p.112. Lettre du 19 octobre 1765.
10. Voir l'*Almanach littéraire ou Etrennes d'Apollon* (Paris, 1783), p.59.

charité évangélique admirable: guérir sans être payé, mais aussi distribuer de l'argent à ses patients indigents, voilà ce qu'il appelait tenir *son bureau d'humanité* selon son compatriote Senebier.[11] Le 18 janvier 1782, dans une lettre à leur amie commune Suzanne Necker, la mère de Germaine de Staël, l'académicien Thomas résume les qualités du défunt:

> [Dieu] l'a vu faire le bien en silence, toujours utile, toujours calme, aussi indifférent à l'admiration qu'à l'envie, simple comme un homme supérieur à tout, et qui a jugé même la renommée; n'ayant pas plus le faste des paroles que celui des actions; ne confiant qu'à l'infortune le secret de ses vertus, et ne révélant au public son génie que par ses bienfaits.[12]

Condorcet souligne que de nombreux pauvres ont suivi son convoi funèbre. Des actions de bienfaisance comparables sont attribuées à d'autres praticiens. Tronchin incarne ainsi le type du médecin généreux qui met son art avant ses profits. Il est également généreux envers les créateurs, à une époque où ceux que l'on n'appelle pas encore les intellectuels ont des statuts divers mais vivent souvent difficilement de leur seule plume. Une lettre de Favart à Sédaine[s] indique que Tronchin a refusé d'être payé pour une consultation en affirmant: 'Je ne prends rien des artistes ni des gens de lettres; je suis trop heureux, quand je puis leur être utile.'[13] Dans son cas, un contraste est établi entre l'homme que s'arrachent les princes, qu'assiègent les grandes familles, récipiendaire de récompenses importantes en argent et en biens, et l'individu discret traitant chacun selon ses besoins. Certains soulignent d'ailleurs la simplicité de son mode de vie et rappellent que malgré des fortunes gagnées, il n'a pas laissé à ses enfants un legs considérable.[14]

Un médecin mondain

L'inoculation a eu du mal à s'imposer où que ce soit en Europe: l'opération est perçue par bien des contemporains comme un défi à l'autorité divine. Il s'agit en effet de donner à une personne saine une maladie grave et potentiellement fatale. L'enjeu est de taille: on garantit l'inoculé contre toute rechute. Les inquiétudes physiques et métaphysiques suscitées par la méthode entraînent un foisonnement

11. Jean Senebier, *Histoire littéraire de Genève* (Genève, Barde, Manget et Cie, 1786), t.3, p.139.
12. 18 janvier 1782, lettre de Thomas à Mme Necker, Antoine-Léonard Thomas, *Œuvres posthumes de Thomas* (Paris, Desessarts, an X – 1802), t.II, p.177.
13. *Mémoires et correspondance littéraires, dramatiques et anecdotiques*, de Charles-Simon Favart (Paris, 1808), t.3, p.105. On pourrait être cynique et se demander si ce n'est pas également une manière pour Tronchin de soigner sa renommée.
14. Voir par exemple l'éloge de La Condamine ainsi que la fin de l'article de l'*Encyclopédie méthodique: médecine* (Paris, 1830), t.13, p.578, signé R. P. Il emprunte plusieurs éléments à l'article du *Dictionnaire des sciences médicales: biographie médicale* (Paris, 1825), t.7, p.370-74.

de publications diverses. Vu, à partir de son inoculation des enfants du duc d'Orléans, en 1756, comme le porte-étendard de la pratique, Tronchin concentre sur lui toutes les attaques. Il convient de revenir brièvement sur les faits. Si la méthode a été rapportée de Turquie, empire musulman, par Lady Mary Wortley Montagu, une ambassadrice britannique, donc une femme sans formation, elle s'installe tant bien que mal en Angleterre. En France – comme dans la plupart des pays catholiques – les choses ne vont pas si simplement. Lorsque Philippe d'Orléans décide de faire appel à Théodore Tronchin, un étranger protestant, pour inoculer le duc de Chartres et Mlle de Montpensier en 1756, alors même que la pratique n'est pas réglementée et fait l'objet d'une suspicion de l'Eglise et de la Faculté, il ouvre la boîte de Pandore. Il s'inscrit du côté de l'anglomanie et de la modernité, contre l'attentisme de la famille régnante. Son geste peut être lu comme un défi lancé aux pouvoirs temporel et spirituel. L'effet est immédiat: dans une certaine classe sociale aisée et ouverte, l'engouement est immédiat, pour la méthode, mais aussi pour le médecin, consulté à tout bout de champ.

La contrepartie de cette reconnaissance instantanée par une frange de la population est de faire de Tronchin le médecin des riches, de ceux qui agissent en '*fashion victims*' plutôt qu'en hommes et femmes de tête. La *Lettre à une jeune dame sur l'inoculation* signée Bromophile et publiée à ce moment-là laisse entendre que les inoculés gardent des cicatrices. Ce seraient donc des espèces de tatouages à la mode, aussi désirables qu'une coiffure dernier cri:

> Prenez-y bien garde, Madame, nous n'aurons bientôt plus en France que des femmes grêlées, et elles seront toutes contre vous, ou si vous attendez le temps que vous croyez marqué par la Providence, il sera facile de voir que *M. Tronchin* n'y aura été pour rien, et dès lors vous passerez pour une roturière, vous serez perdue de réputation; car il sera aussi indécent de ne lui être pas redevable de la petite vérole, que de n'avoir pas de bonnets de la bonne faiseuse.[15]

Tronchin est alors la coqueluche de tous – ou du moins des aristocrates, comme l'indique en creux le risque de passer pour 'roturière' dans les propos de 'Bromophile'. Les petits princes sont imités presque aussitôt par les gens du monde: 'Mme de Villeroi attend la première place vacante pour être inoculée. Les enfants de M. de La Rochefoucauld et de M. le maréchal de Belle-Isle se disputent le pas' écrit Voltaire à la comtesse de Lutzelbourg le 12 avril 1756. Une semaine plus tard, Thieriot évoque la contagion mondaine de l'inoculation à laquelle sacrifient ducs et princesses, comtes et marquises, maréchaux et femmes du monde: 'Après l'exemple de M. le duc de Chartres et de Mademoiselle,

15. [Soret], *Lettre à une jeune dame sur l'inoculation* (1756), p.18-19.

après celui de M. le comte de Gisors et de Mad. la marquise de Villeroi qui commencera après demain, vous prévoyez combien il y en aura de jour à jour.'[16] Le duc de Luynes laisse entendre que Tronchin trie ses patients sur le volet: 'Il a continuellement chez lui un grand concours de gens qui viennent le consulter; on ne peut y entrer que chacun à son rang...'.[17] Une épître dédiée au médecin le crédite d'une clientèle plus variée, mais caractérisée par son engouement pour une technique, engouement qui ne témoignerait que d'un désœuvrement mondain:

> Tronchin je ris avec raison
> De voir courir à ta maison,
> Ce tas de petites Maîtresses,
> Coquettes, Prudes et Lucrèces:
> Cet essaim de blondins oisifs,
> Ces fiers et surdorés poussifs,
> Ces Idoles de leurs carcasses,
> Enfin tant d'hypocondres faces;
> N'en sois pas la dupe, crois-moi,
> C'est moins leur confiance en toi,
> Qui dès le matin à ta porte
> Conduit leur nombreuse cohorte,
> Que la sotte contagion
> Qu'on appelle aujourd'hui bon ton.[18]

Comme l'indique un autre poème, Paris, 'assassine' le médecin à toutes les heures du jour et de la nuit 'Avec maint ducat et quatrain'.[19] Les poèmes semblent être la monnaie intellectuelle qui accompagne les paiements en espèces. Le succès populaire n'a pas d'écho dans le monde médical français.

Confrères et adversaires

Le premier Théodore Tronchin, célèbre théologien protestant et aïeul de l'inoculateur, avait défendu le droit des particuliers à interpréter les Ecritures et s'était élevé contre la culture du mystère caractéristique du

16. D6840 (Voltaire, *Correspondence and related documents*, ed. Th. Besterman, *OCV*, vol.85-135), 19 avril 1756, de Thieriot à Voltaire.
17. Charles-Philippe d'Albert, duc de Luynes, *Mémoires du duc de Luynes sur la Cour de Louis XV, 1735-1758*, présentés par L. Dussieux et E. Soulié (Paris, 1860-1865). Entrée à la date du 28 mars 1756.
18. *Epître à M. Tronchin*. Signalons que l'exemplaire conservé à Paris à la BIUS (cote: 90958 t.262, n°10) est complet à la différence de celui de la BnF.
19. 'Première pièce sur M. Tronchin', l'*Année littéraire* 2 (1756), p.350. Le poème et celui qui suit figurent également, avec quelques variantes, dans *Les Tronchinades*, s.l.n.d. [1756]. Le petit recueil est anonyme mais certaines tronchinades sont attribuées ailleurs à l'abbé de Lattaignant. L'ensemble pourrait bien être de lui. Les bibliographies ne sont d'aucun secours sur ce point. Voir aussi Gabriel-Charles de Lattaignant, *Poésies* (Paris, 1881).

catholicisme. Le docteur poursuit dans cette voie interprétative et reconquiert la révélation en la ramenant à l'échelle de l'être humain et en démystifiant la médecine. Condorcet décrit ainsi son attitude à son arrivée à Genève, telle qu'elle se dégageait des leçons qu'il professait: 'il y cherchait surtout à dissiper les préjugés dont la médecine était infectée, à désabuser de la fausse science qui servait de base à la pratique, à inspirer aux Médecins plus de défiance de leurs lumières, et à leur donner des doutes salutaires sur la certitude de leur Art.'[20] Selon Condorcet, comme on pouvait s'y attendre, ces leçons sont goûtées par le public et applaudies par les philosophes mais critiquées par les médecins qui n'entendent pas désapprendre ce sur quoi ils fondent leur pratique. En effet, ce sont eux surtout qui seront les adversaires de Tronchin dans sa carrière: ils sont souvent peu convaincus de ses méthodes thérapeutiques et de sa défense de la variolisation.

Après avoir inoculé les jeunes princes de la famille d'Orléans, Tronchin suscite des craintes de ses confrères parisiens qui ne veulent pas se voir ôter une pratique rémunératrice et sont jaloux de son succès: 'la faculté dit du mal de tout ce qui ne lui est point attaché' indique Jean-Jacques Bruhier au Lausannois Tissot qui s'intéresse aux réactions des Parisiens à l'inoculation parisienne.[21] 'Depuis que vous êtes ici/Nous ne gagnons pas une obole'[22] dit un poème héroï-comique rédigé en 1756 à l'occasion de son séjour parisien. Le locuteur de cette *Tronchinade* se fait le porte-parole des médecins français:

> Votre mission est remplie,
> Repartez donc incessamment:
> C'est toute notre Compagnie
> Qui vous l'ordonne expressément,
> Ou, pour parler plus poliment,
> Nous vous le demandons en grâce.[23]

Le duc de Chartres et Mlle de Montpensier sont inoculés. Tronchin devrait regagner son pays or il est sollicité par le tout-Paris, celui, justement, des hommes et femmes qui ont les moyens de rémunérer leurs praticiens à prix d'or et s'entichent de l'étranger aux techniques novatrices.[24] De plus, si la petite vérole était éradiquée, ce que l'inoculation vise à produire à terme, c'est une partie importante des raisons de

20. Marie-Jean-Antoine-Nicolas de Caritat, marquis de Condorcet, *Histoire de l'Académie royale des sciences* (Paris, 1773-1790), p.106.
21. Charles Eynard, *Essai sur la vie de Tissot* (Lausanne, 1839), p.32.
22. *Les Tronchinades*, p.5.
23. Cité par Fréron dans l'*Année littéraire* 2 (1756), p.352-55 sous le titre 'Seconde pièce sur M. Tronchin'.
24. Lettre de Bruhier à Tissot citée dans Eynard, *Essai sur la vie de Tissot*, p.32.

consultation qui serait éliminée.[25] Voilà qui vaut au docteur suisse des menaces versifiées plaisantes:

> Pour peu que vous restiez encor,
> Nous n'avons qu'à fermer boutique;
> Car nous n'avons plus de pratique,
> Et nos malades n'ont plus d'or;
> Puis vous n'êtes pas catholique.
> Mais à cela je ne dis rien,
> Est-il médecin qui se pique
> D'être seulement bon chrétien?
> Agréez donc notre supplique;
> Partez, sinon vous pourriez bien
> Eprouver une fin tragique.
> A ce discours si pathétique,
> Le sieur Tronchin, homme prudent,
> Répond, à ce que l'on prétend,
> Qu'il est prêt à plier bagage;
> Et moi je m'en vais en pleurant
> Lui souhaiter un bon voyage.[26]

Une gravure du temps représente Tronchin, roulant en carrosse (et implicitement *roulant carrosse*) en passant sur les corps d'autres praticiens. 'Les médecins botaniste et minéralogiste écrasés par le médecin à la mode. Dédié à la mémoire de l'immortel Tournefort, Paris, le Pere et Avaulez, Par un amateur de botanique'[27] traduit le succès de l'Helvète. On notera cependant qu'il ne paraît pas y avoir eu de diffusion de portraits gravés, accompagnés de vers élogieux à la gloire de Tronchin, comme il y en a eu pour d'autres savants.

Nous avons un premier cas de docteur médiatisé. Il fait émerger sa profession d'un marasme social et est traité en véritable vedette internationale: 'je vous assure que jamais la médecine n'a été si honorée ici qu'en la personne de M. Tronchin qui en guérissant ses malades a aussi l'art de leur plaire et de s'en faire admirer', écrit Thieriot à Voltaire

25. Lady Mary Wortley Montagu s'inquiétait du risque que l'intérêt des professionnels les conduise à rejeter l'inoculation pour des raisons financières: le traitement des patients rapportait des sommes importantes. Dans son *Projet d'anéantir la petite vérole* (Paris, Louis-Etienne Ganeau, 1767), Antoine Le Camus évoque également cette attitude (p.20): 'Quelques bouches accoutumées à la médisance et à la calomnie, avanceront que les Médecins perdraient à l'extinction de la petite vérole. [...] C'est précisément du sein même des Facultés de Médecine, que s'élèvent les voix qui demandent l'anéantissement de la petite Vérole. Qu'on juge à présent, si l'insulte est bien fondée, et si les Médecins agissent par un vil intérêt.'
26. 'Seconde tronchinade', *Les Tronchinades*.
27. 'Les médecins botaniste et minéralogiste écrasés par le médecin à la mode. Dédié à la mémoire de l'immortel Tournefort, Paris, le Pere et Avaulez, Par un amateur de botanique'. Illustration n°1.

le 19 avril 1756.[28] Il est certain que la popularité de Tronchin rendait plus simple pour lui la sélection de patients à inoculer: il pouvait en refuser sans hésiter. Certains supposent qu'il vainc ainsi sans combat et triomphe donc sans gloire. Il n'y a pas de guérisons miraculeuses à lui attribuer. Il reçoit les gens du monde et leur donne quelques pilules, ne commande pas de remèdes mystérieux et compliqués aux apothicaires, préconise l'exercice, le calme et une vie réglée. La démystification est perçue par certains comme une forme de charlatanerie. Parmi eux il y a l'écrivain Charles Collé, un proche de la nébuleuse Orléans. Il juge sévèrement un médecin célébré par la bonne société:

> Je veux croire, avec tout le monde, que c'est le premier homme du monde en son art; mais je crois encore davantage que c'en est le plus grand charlatan. Il a fait ici la médecine en courant et comme un pirate, recevant de toutes mains, donnant des ordonnances qui ne pouvaient faire ni bien ni mal; mais prenant toujours les louis d'or de nos badauds; n'examinant point, ne suivant point ses malades, les abandonnant même, comme un malhonnête homme.
>
> *Mais*, disait-on pour l'excuser, *il ne peut suffire à tout.* En ce cas-là, pourquoi les entreprenait-il? Non, il est sûr qu'il a plutôt montré, à Paris, son charlatanisme, son avidité, son avarice insatiable, que sa science prétendue dans la médecine. Il a emporté de ce pays un argent immense. Jamais médecin n'a eu une vogue pareille; c'était une fureur, il y entrait du fanatisme.[29]

Tronchin ne pouvait manquer de prendre conscience de ces attaques. Il s'en ouvre dans une lettre à Louise d'Epinay: 'Je sçais dailleurs que mes confrères sont dechainés contre moi, & que tous les serpens de l'envie siflent & écument. Je n'etois pourtant pas fait pour les irriter.'[30]

La dénonciation des confrères passe par une critique de ce médecin qui n'a pas soigné son œuvre. A une époque à laquelle la médecine tente de se mettre en avant comme occupation intellectuelle, à opposer à la chirurgie, tirée du côté de l'artisanat et de la pratique manuelle, nombre de docteurs publient des textes censés les positionner dans la république des lettres. Les écrits évitent de faire s'éteindre avec le médecin certains de ses savoirs. En leur absence, seuls ses disciples, présentés par la vulgate scientifique comme par définition moins compétents que lui, ont pu encore transmettre la pratique ou les idées du docteur disparu appelées ainsi à perdre de l'importance avec le passage du temps. A sa mort, Grimm avait proposé de pallier au manque d'œuvres par une publication: 'Il n'a laissé aucun ouvrage digne de son génie et de ses lumières;

28. D6840.
29. Charles Collé, *Journal historique* (Paris, 1807), t.2, p.135-36.
30. Lettre du 13 septembre 1756. Bibliothèque Municipale de Versailles, MS Lebaudy in f°114.

mais un Recueil choisi de ses consultations formerait un monument aussi glorieux à sa mémoire qu'il serait utile et intéressant pour les progrès de l'art.'[31]

Le refus implicite de Tronchin – dont les lettres préservées disent assez la plume allègre et la culture solide – de se conformer au modèle du médecin homme de lettres, qui assoit sa célébrité sur des écrits largement diffusés, ne pouvait que le discréditer. On n'a guère d'ouvrages publiés sous son nom: à part ses thèses sur les nymphes et le clitoris, soutenues en latin à Leyde,[32] il y a une édition des écrits d'un grand prédécesseur, Baillou, qu'il préface,[33] et un essai latin sur la colique du Poitou.[34] Bouvart n'a pas tort d'affirmer que le bruit fait par Tronchin, 'à Amsterdam, à Genève, et surtout à Paris' a inspiré au public 'le désir de voir quelque production de sa plume', même s'il se moque ensuite du 'livre fort mince, imprimé en gros caractères',[35] *De Colica Pictonum*, que l'Helvète fait paraître en 1757 chez Cramer. Le choix de la langue pouvait étonner à une époque où la santé devient une question publique – la multiplication des ouvrages en langue vulgaire sur l'inoculation en particulier le montre assez. Ecrire en latin, comme le fait Tronchin dans son essai, c'est s'adresser aux hommes de sciences de l'Europe entière, mais pas à un lectorat large d'hommes – et de femmes – cultivés. Il n'omet pas de dédier son ouvrage au duc d'Orléans avec un rappel de l'engagement en faveur de la variolisation préventive du prince comme de l'auteur. Il s'inscrit, avec cette publication, dans un débat médical fourni, auquel participèrent notamment Astruc, Dubois et Bordeu. Le texte du Genevois suscita une diatribe de Bouvart, sous couvert de critique de l'œuvre, mais qui partait d'un souhait de dénoncer l'inoculateur, *Examen d'un livre ayant pour titre, T. Tronchin in Academiâ Genevensi Med. Prof. Collegii Medici Amstellodamensis olim inspectoris, Acad. Reg. Scient. Beroli, &c., De Colica Pictonum, par un médecin de Paris*. L'alignement des titres de l'Helvète, repris de la page de titre du livre de Tronchin lui-même, ne semble plus offrir une garantie, mais paraît désormais vouloir dire au lecteur: méfiance, cet homme n'est pas de chez nous. Il a étudié

31. Grimm, Friedrich Melchior, 'Portrait du docteur Tronchin' (mai 1782), *Correspondance littéraire* (Paris, 1830), t.11, p.146.
32. Théodore Tronchin, *Dissertatio medica inauguralis, De Nympha. Quam... submittit Theodorus Tronchin...* (Lugduni, Batavorum, Apud Joh. Arnold. Langerak, 1730) et *Dissertatio de Clitoride* (Lugduni Batav., 1736).
33. Gulielmi Balonii [Baillou, Guillaume de], *Opera omnia et opera M. J. Thevart in lucem edita cum praefatione Theodori Tronchini in Academia genevensi medicinae professoris* (Genevae, fratres de Tournes, 1762).
34. Théodore Tronchin, *De colica pictonum* (Genevae, apud fratres Cramer, 1757).
35. Michel-Philippe Bouvart, *Examen d'un livre ayant pour titre, T. Tronchin in Academiâ Genevensi Med. Prof. Collegii Medici Amstellodamensis olim inspectoris, Acad. Reg. Scient. Beroli, &c., De Colica Pictonum, par un médecin de Paris* (Genève, 1758), p. 9.

dans des pays protestants et d'aucuns le soupçonnent d'avoir une approche contraire à ce qui est considéré comme la bonne pratique parisienne. L'anonymat de Bouvart qui se présente comme un simple 'médecin de Paris' et son choix, non de proposer son propre ouvrage sur la pathologie concernée, mais de dénoncer son confrère dans une langue accessible à tous mettent en évidence une volonté de discréditer le Genevois dans la ville même qui lui a accordé la célébrité la plus grande.[36] Une même volonté est à l'œuvre dans la thèse parisienne soutenue sous le nom de Maximilien-Joseph Leys le 14 avril 1757, un an, donc, après l'inoculation des enfants d'Orléans. Sous le titre *Utrum ab hygieine sola repetenda sit morborum prophylaxis?*,[37] elle dénonce le praticien et l'homme du monde et 'traite notre Esculape Tronchin de charlatan et de coupeur de bourse'.[38] La jalousie professionnelle est claire. Il pouvait s'y mêler des désaccords proprement médicaux.

Les inquiétudes légitimes suscitées par la variolisation préventive sont plaisamment évoquées dans une lettre qu'écrit Tronchin d'Italie le 22 octobre 1764 alors qu'il est parti inoculer le prince Ferdinand:

> Vous sçavez à present que je suis à Parme, dans la patrie du Correge & dans le païs des ortolans. [...] Que diront les Médecins de Paris de ma manie, Ne faut-il pas avoir le Diable au corps pour franchir tant de précipices, pour longer tant de torrents, pour gravir tant de monts escarpez, et cela pourquoi, pour rendre malade un Prince charmant qui se porte bien, en tentant la providence, qui, on ne comprend pas pourquoi, bénit cette œuvre du Démon. Voulez vous parier que ce profane La Condamine en sera bien aise. on dirait qu'il ne prend du plaisir qu'au mal.[39]

Les attaques culminent au moment de l'installation du médecin à Paris, obtenue après de nombreuses années de campagne dans ce sens de son protecteur Philippe d'Orléans – son agrégation à une faculté française, essentielle pour valider cette nomination, ne s'est d'ailleurs pas faite sans heurt alors même qu'il était l'un des docteurs les plus renommés de la planète. Selon Condorcet, Tronchin 'essuya tout ce que la haine peut produire dans une carrière où il attaquait à la fois la gloire et la fortune de ses rivaux'. Il ne se conforme pas à l'idéal du médecin dans la tradition française. Le tort du Genevois est 'd'être étranger, d'être novateur et d'avoir des succès et de la vogue'.[40] Le 30 mars 1766, Mme Desfranches, qui l'avait défendu, est critique à propos du médecin qui

36. Ajoutons que la mention récurrente du nom de Tronchin montre qu'il s'agit d'une attaque *ad hominem* plus que d'un véritable traité médical.
37. Voir André Magnan, 'Un épisode oublié de la lutte des médecins parisiens contre Théodore Tronchin: à propos de deux lettres de Voltaire', *SVEC* 94 (1972), p.417-29.
38. D7273, le 31 mai 1757, à Mme de Fontaine et au marquis de Florian.
39. BnF MS NAF 6594 f°26.
40. Condorcet, 'Eloge de M. Tronchin', p.509.

s'occupe alors d'une de ses compatriotes: 'Il aime à conduire, à être le tout de quelqu'un. Mme de Vermenoux est faite à ce joug; elle lui croit les sentiments d'un père; il s'en servira pour éloigner d'elle tout ce qui pourrait lui plaire. Cette femme est perdue pour l'amitié; je la regretterai toujours.'[41] Le changement d'attitude de l'épistolière est peut-être dû à l'installation de Tronchin à Paris. C'est en effet l'occasion pour toutes les craintes exprimées une dizaine d'années plus tôt de refaire surface:

> L'arrivée d'un Médecin célèbre dans une Capitale, est presque toujours l'époque d'une révolution dans la Médecine, il apporte avec lui un autre régime, des remèdes inconnus ou inusités et de nouvelles méthodes. On n'adopte pas toujours tout ce qu'il propose, mais il force d'examiner les méthodes établies, de revenir sur des principes qu'on croyait incontestables et qu'on suive ou non ses méthodes, l'Art doit nécessairement y gagner.[42]

Une révolution dans la pratique et dans le vocabulaire

Au-delà des craintes fantasmées liées à l'altérité fondamentale d'un protestant genevois appliquant une technique anglo-turque sur les terres du roi de France, quels sont les progrès dans la médecine qui sont amenés par Tronchin? Sa 'révolution', pour reprendre un terme qu'on trouve sous sa propre plume, comme sous celle de Condorcet, paraît banale et fondée sur le bon sens et l'hygiène: le médecin propose d'aérer plutôt que de calfeutrer les chambres des malades, de donner aux femmes en couches des diètes équilibrées, de libérer les enfants des entraves que sont les ligatures et autres espèces de corsets dont on les revêtait, de convaincre tout un chacun que l'exercice fait du bien alors qu'une vie molle et sédentaire est souvent néfaste. 'Il guérissait par le régime et par l'exercice, plutôt que par les remèdes.'[43] Il y a une simplification volontaire. Thomas rapproche les méthodes de Tronchin de la philosophie morale des Anciens et des mœurs des républiques en assurant que le médecin a 'débarrassé son art de la superstition de l'habitude, des livres et des usages, créant par son génie des ressources qui n'étaient pas connues avant lui'.[44] Le bon sens intervient dans sa décision de pratiquer ou non l'inoculation sur un candidat, ainsi que le rappelle Condorcet: le Genevois n'entend pas donner à un corps affaibli une deuxième maladie contre laquelle lutter. Le duc de Luynes apporte, dans une entrée de son journal, un témoignage dans ce sens au moment même où les Parisiens, par goût de l'imitation, veulent tous subir

41. *Bibliothèque Sade (II): papiers de famille 2. Le marquis et les siens (1761-1815)*, p.115.
42. Condorcet, 'Eloge de M. Tronchin'.
43. Condorcet, 'Eloge de M. Tronchin'.
44. 18 janvier 1782, Lettre de Thomas à Mme Necker, *Œuvres posthumes de Thomas*, t.2, p.176. La lettre a été citée en partie par la *Correspondance littéraire* dans les mois qui ont suivi sa rédaction.

l'opération pratiquée sur les petits princes d'Orléans. Tronchin 'fait de grandes difficultés pour entreprendre ceux qu'on lui propose et il examine l'âge, la figure et le tempérament; il veut être instruit de tout et refuse de traiter les personnes qu'il trouve ou malsaines ou trop délicates'.[45] Cette importance de l'observation, qui part de corps scrutés et lus, est doublée par une attention particulière concédée à ce que l'on n'appelle pas encore la psychologie: le médecin s'intéresse au moral des patients qu'il n'oublie pas de prendre en compte dans ses prescriptions et traitements.

Le lecteur actuel ne peut manquer d'être frappé par la modernité de l'approche de Tronchin. Non seulement dans la mesure où il prône l'hygiène et l'activité physique, mais encore parce qu'il refuse l'acharnement thérapeutique: 'Jamais on ne le vit employer ces ressources cruelles qui prolongent la vie de quelques instants, pour livrer ces instants à l'angoisse et aux douleurs, et qui changent souvent en un long supplice ce dernier et paisible sommeil, par lequel la Nature aurait terminé la vie.'[46] Une mort digne est aussi une consolation que peut offrir le grand médecin au malade incurable.

L'une des illustrations du renouveau apporté par le Genevois est à trouver dans le vocabulaire. On célèbre, tout en le dénonçant, l'inoculateur dans des vers de circonstance auxquels on donne le nom de 'tronchinades'. Le docteur qui encourage ses patients à mener une vie active conçoit l'idée d'un ancêtre du bureau des architectes, la 'table à la Tronchin'. 'Tronchiner', selon le docteur Louis, 'exprime l'action de se promener à pied, en souliers plats, un bâton à la main, pour raison de santé',[47] l'une des principales recommandations de l'Helvète, comme le rappelle quelques années plus tard le *Tableau de Paris* de Mercier. Les robes souples et amples adoptées par les femmes qui marchent pour se conformer aux prescriptions du docteur sont baptisées 'tronchines' – *L'Accomplissement de l'année merveilleuse* rappelle que les femmes ont donné à leurs tenues modernes le nom d'un médecin 'comme si elles voulaient prendre avec elles toute la gravité de cette profession'.[48] D'autres sont plus cyniques comme l'auteur d'un article d'avril 1756 de la *Correspondance littéraire*: 'nos marchandes de modes ont inventé une coiffure, qu'elles appellent *bonnets à l'inoculation*, et des robes du matin pour les femmes, qu'elles ont nommées *tronchines*, parce que M. Tronchin recommande aux femmes de se promener et de faire de l'exercice le matin; il leur faut par conséquent des tronchines pour être habillées vite

45. *Mémoires du duc de Luynes sur la cour de Louis XV*. Entrée à la date du 28 mars 1756.
46. Condorcet, 'Eloge de M. Tronchin', p.110.
47. Cité par Henry Tronchin, *Theodore Tronchin 1709-1781: un médecin du XVIIIe siècle* (Paris et Genève, 1906), p.50.
48. *L'Accomplissement de l'année merveilleuse*, s.l.n.d. [1756], p.5.

et commodément.' Ces tenues illustrent la frivolité des Français: 'Si l'on faisait un grand dictionnaire de la nomenclature de nos modes, je crois qu'on donnerait à la postérité une grande idée de la solidité de notre esprit.'[49] Ajoutons que le discours médical sur l'inoculation s'adresse souvent aux femmes et emprunte la langue vulgaire plutôt que le latin des savants. Tronchin, qui explique à ses malades la nature de ses soins, accompagne ce mouvement de simplification: la médecine devient accessible à l'individu.

Partisans et adversaires de l'approche du médecin ne manquent pas d'évoquer le 'tronchinisme' en le rejetant ou en s'en réclamant. Fréron fait état, en 1763, dans l'*Année littéraire*, d'une lettre qu'il a reçue et dans laquelle Hippocrate est pris à témoin pour dénoncer les méthodes du docteur suisse: 'Le *Tronchinisme*, Monsieur, me paraît une hérésie en fait de médecine.'[50] A Louise d'Epinay, Diderot, le chantre de Bordeu,[51] écrit en 1760, à l'occasion d'une brève maladie: 'il a fallu en venir aux medicaments malgré toute ma répugnance et mon tronchinisme.'[52]

Pour désamorcer les craintes que suscite le progrès, Tronchin devient antonomase ou objet de fables. 'Un Tronchin' serait un grand médecin: 'La couleur verte n'ayant duré que huit jours, ainsi que toutes les modes, je vous offre le plus beau des vermillons, tel enfin qu'il brille sur vos visages magnifiquement et furieusement enluminés, et tel qu'il doit être selon l'avis des plus habiles *Tronchin*, pour enjoliver et égayer vos vapeurs.'[53] Les animaux des fables proposent d'adopter ses recommandations. Raton crie ainsi à une souris: 'Vous altérez votre santé./ Trottez, trottez, Tronchin l'ordonne.'[54] Le nom du médecin revient encore chez les écrivains bien après sa mort: le Rétif du *Monument du costume physique et moral de la fin du dix-huitième siècle* (1789) le met en scène conseillant la promenade à une duchesse enceinte. Sade n'omet pas de mentionner le célèbre inoculateur à la fin de *La Philosophie dans le boudoir* (1795) et Balzac en fait autant dans *Le Réquisitionnaire* (1831).[55] Dans *Quitte pour la peur* (1833) de Vigny, le docteur fait un bref passage sur scène après un rappel des interdictions diverses – entre autres monter à cheval quand on peut marcher – données à la duchesse de ***. Le nom du Genevois devait encore faire sens pour le lecteur un demi-siècle après sa

49. *Correspondance littéraire*, éd. Assézat-Tourneux (Paris, 1857-1877), t.2, 1e partie, p.22 (avril 1756).
50. *Année littéraire* 6 (1763), p.309.
51. Voir l'article d'Alexandre Wenger ainsi que son ouvrage *Le Médecin et le philosophe: Théophile de Bordeu selon Diderot* (Paris, 2012), p.199.
52. Denis Diderot, *Correspondance*, éd. Roth-Varloot (Paris, 1955-1970), t.3, p.26.
53. Louis-Antoine Caraccioli, *Le Livre à la mode* ([1760] Saint-Etienne, 2005), p.51.
54. A. Carrière-Doisin, *Les Fables mises en action* (Paris 1787), t.1, p.41.
55. Voir Laure Bazire, article cité.

disparition, et reste attaché à des recommandations qu'il a prodiguées en son temps.

Une panthéonisation anticipée

Dans sa démystification de la médecine, Tronchin semble accomplir un geste analogue à celui de la Raison et de la Philosophie qui, dans le frontispice de l'*Encyclopédie* dû à Cochin, cherchent à lever les voiles recouvrant la Vérité. Il permet ainsi de voir la réalité d'en face. Il aide l'homme à atteindre une forme de maturité. Il devient ainsi un intercesseur entre les mystères de la Nature et l'individu, mais aussi entre le corps et l'âme, la vie et la mort. Parmi ceux qui ont contribué à façonner cette image-là du praticien, il y a Voltaire.

Au cours de la deuxième moitié du dix-huitième siècle (entre 1754 et 1766),[56] les Français de la bonne société ont deux raisons principales de se rendre à Genève: ils vont saluer Voltaire, le grand homme qui vit aux marches du pays; ils vont consulter Tronchin pour leur propre santé ou pour celle de leurs enfants.[57] L'auteur de *Zaïre* encourage ses amis parisiens à se rendre auprès du docteur afin de bénéficier au passage de leur séjour à Genève et de les encourager à venir grossir son cercle: 'Soyez bien malade mon cher camarade afin que nous vous guérissions. Venez au temple d'Esculape, faites votre pèlerinage comme les dames de Paris'[58] écrit-il ainsi, peut-être à Moncrif, en 1759 et il regrette de savoir Septimanie d'Egmont, la fille de Richelieu, déjà inoculée: elle n'a donc pas la meilleure des excuses pour venir en Suisse. Tronchin lui-même, d'une famille qui compte des banquiers, n'est pas insensible aux effets économiques de sa pratique pour Genève: 'Je ne serais pas surpris que ma patrie érigeât un temple à l'inoculation; elle lui doit bien des obligations'[59] écrit-il ainsi à La Condamine. En effet, tant que le docteur est à Genève, le cortège mondain n'arrête pas: 'Esculape Tronchin nous attire ici toutes les jolies femmes de Paris. Elles s'en retournent guéries et embellies.'[60] Les soins dispensés ressortissent à la science mais tiennent aussi de l'inexplicable et du sacré: 'On va chez lui comme on allait à Epidaure.'[61]

56. Surtout après l'inoculation des enfants d'Orléans en 1756.
57. Voir Catriona Seth 'Un avatar du voyage thérapeutique: les inoculations à Genève', *Voyage, altérité, utopie: aux confins de l'ailleurs. Hommages offerts au professeur Jean-Michel Racault*, sous la direction de Marie-Françoise Bosquet, Serge Meitinger et Bernard Terramorsi (Paris, 2008), p.49-57.
58. D8481 Marie-Louise Denis et Voltaire [à François-Augustin Paradis de Moncrif?], septembre 1759.
59. Lettre du 10 décembre 1759, Genève, Bibliothèque de Genève, MS Tronchin 204, p.302.
60. D7454, Voltaire à Jean-Robert Tronchin, 8 novembre 1757.
61. D8376, Voltaire à Frédéric II de Prusse.

Grâce à Tronchin, la ville de Calvin devient ainsi sanctuaire d'Apollon. Les pèlerinages que l'on faisait pour voir restaurer sa santé en s'inclinant devant une vierge miraculeuse ou en s'abreuvant à une source sacrée sont remplacés par une consultation du nouvel oracle d'Hygie. Après l'inoculation du prince de Parme, Toussaint-Pierre Lenieps se montre très critique dans une lettre à Rousseau assurant que 'si nous vivions sous le Paganisme on ne manquerait pas de le [Tronchin] diviniser'.[62] Les surnoms plaisants que Voltaire attribue au médecin: 'Esculape-Tronchin', voire 'Apollon-Esculape-Tronchin' en disent autant. La comparaison n'est pas simplement avec un grand praticien du passé: seule une divinité offre une analogie appropriée pour dire les succès du médecin dont les guérisons sont comparées à des ressuscitations:[63] 'Il n'y a au bout du compte que Tronchin qui fasse des miracles. Je le canonise pour celui qu'il a opéré sur vous; et je prie dieu avec tout Genève qu'il vous afflige incessamment de quelque petite maladie qui vous rende à nous.'[64] écrit encore Voltaire à Louise d'Epinay en 1759. Si 'Dieu lit dans les cœurs, et Tronchin dans les corps',[65] l'auteur de *Mahomet* s'adressait ainsi au médecin: 'Vous faites autant de bien aux esprits qu'aux corps, et je peux vous assurer que mon corps et mon esprit seront à vos ordres toute ma vie.'[66] Dans la figure de Tronchin présentée par Voltaire, nous avons l'annonce de la laïcisation du pouvoir dans laquelle le médecin, dans une sacralisation qui perdure de nos jours, remplace le prêtre.[67]

Dans un 'Portrait de M. Tronchin' donné dans la *Correspondance littéraire* à la mort du Genevois, son ami Grimm le crédite de qualités exceptionnelles: 'L'humanité a perdu en lui un de ses bienfaiteurs, l'amitié son plus digne modèle, et la médecine un des plus illustres disciples d'Hippocrate de nos jours,' alors qu'il ne paraît pas avoir récolté, sur le plan personnel, tout ce qu'il aurait mérité. Un autre homme illustre y est allé de son compliment: 'M. Diderot a trouvé, ce me semble, la plus belle inscription qu'on puisse mettre au pied de la statue de ce grand homme; c'est ce que Plutarque disait d'un médecin de son temps: *Il fut entre les médecins ce que fut Socrate entre les philosophes*.'[68] La statue reste métaphorique, pour ce médecin dont Houdon avait sculpté le buste.

62. Leigh 3687, le 30 novembre 1764.
63. 'Non seulement elle est ressuscitée mais inoculée. Voilà un grand triomphe et un grand exemple' D8481 Marie-Louise Denis et Voltaire [à François-Augustin Paradis de Moncrif?], septembre 1759, à propos de Louise d'Epinay.
64. D8546, 19 octobre 1759.
65. D7008, 26 septembre 1756, à Thieriot.
66. D6743. Le 23 décembre 1755.
67. Frédéric Charbonneau parle ici même de 'L'apothéose médicale', p.129.
68. Grimm, 'Portrait du docteur Tronchin', p.146.

L'histoire n'a en effet pas donné à Tronchin une célébrité comparable à celle dont il jouissait de son vivant. C'est peut-être parce que le rôle essentiel de l'inoculation, qui accompagne le glissement de la médecine expectante vers la médecine agissante, a été passé sous silence à la faveur de la vaccination jennérienne, aux risques bien moindres pour le patient, et de la révolution pastorienne, toutes deux portées par des figures de grands savants. Les découvertes scientifiques rendent souvent ainsi caduques les techniques antérieures. Les histoires de la médecine oublient le plus souvent l'étape essentielle de la variolisation préventive, sauf parfois à nommer rapidement, à titre anecdotique, Lady Mary Wortley Montagu qui en assura la diffusion outre-Manche. Ses propagateurs sont oubliés. Thomas, dans son éloge de l'ami défunt auquel il vouait admiration et reconnaissance, laissait entendre que la postérité ne dirait pas tout de l'homme, Tronchin, et du médecin, paradoxale icône d'un progrès vite révolu:

> [...] ses sages conseils me guideront encore après qu'il n'est plus, et je devrai à cet esprit sage et profond les jours qui me sont encore réservés.
>
> C'est un nouveau portrait à ajouter à ceux du petit nombre d'hommes célèbres qui ont également illustré les sciences, et par leur caractère et par leur talent. Voilà donc tout ce qu'on peut faire pour eux, quelques vaines louanges, et ces louanges sont prononcées sur un tombeau! Comme ces hommages mêmes accusent et la faiblesse et la misère de notre nature! Ah! le plus bel éloge de cet homme respectable sera toujours au fond de votre cœur...[69]

69. *Œuvres posthumes de Thomas*, t.2, p.177.

Buffon et les descriptions animalières: réhabiliter une icône du progrès?

SWANN PARADIS

Le vraisemblable de l'écrivain et le véritable du savant

Proposer, dans le cadre d'un ouvrage collectif consacré aux icônes du progrès, de gloser sur celui qui fut assimilé par Charles Bonnet (1720-1793) à un 'célèbre faiseur d'animaux' dont les 'écrits pleins de feu et de vie, diront à la postérité que le peintre de la nature n'en fut pas toujours le dessinateur',[1] ne va pas de soi. Il faut dire que le naturaliste et philosophe suisse n'avait pas manqué d'accoler à l'*Histoire des quadrupèdes*[2] la locution ironique 'roman philosophique',[3] probablement inspirée par cette réserve de Grimm (1723-1807) qui collera aux descriptions animalières buffoniennes jusqu'à nos jours: 'Si je n'aimais pas tant la poésie, je dirais qu'il y en a trop dans l'histoire du chien. Les gens sévères ne manqueront pas de le reprocher à M. de Buffon. [...] En général, il faut bien se garder de donner des conjectures pour des certitudes, et des soupçons philosophiques pour des vérités incontestables.'[4]

Cette admission de la conjecture, de l'esprit d'analogie et de l'induction en histoire naturelle heurta plusieurs détracteurs qui feront leurs choux gras de l'incontournable difficulté d'accéder à la nature avec des outils incertains, et contesteront la dangereuse promiscuité qui risque de s'installer entre la supposition heuristique et le 'roman philosophique'. D'autant plus que l'image de celui qui est tout de même considéré par son biographe scientifique, feu Jacques Roger, comme '[l]e naturaliste le

1. Charles Bonnet, *Contemplation de la nature*, dans *Œuvres d'histoire naturelle et de philosophie* (Neuchâtel, Chez S. Fauche, 1781), t.4, p.359.
2. Ce titre n'est pas de Buffon, mais la critique regroupe sous cette appellation la série contenue dans les volumes IV-XV (1753-1767) de l'*Histoire naturelle*, sans oublier aussi les nombreuses 'Additions' qui se trouvent dans les volumes III (1776), VI (1782) et VII (1789 [posthume]) du *Supplément à l'Histoire naturelle* (Paris, Imprimerie royale, 1774-1789) 7 vols.
3. Charles Bonnet, '15 décembre 1759. Observations sur quelques auteurs d'histoire naturelle', dans Friedrich Melchior Grimm, *Correspondance littéraire, philosophique et critique par Grimm, Diderot, Raynal, Meister, etc.*, éd. Maurice Tourneux (Nendeln/Liechtenstein, 1968 [réimpression de l'édition de Paris, 1877-1878]), t.4, p.169. Il faut toutefois préciser que Bonnet, probablement par prudence étant donné le statut de Buffon, avait pris soin de nuancer un peu plus loin: 'Mais l'auteur est trop grand pour s'amuser à des romans.'
4. Grimm, '1er novembre 1755', *Correspondance littéraire*, t.2, p.113.

plus important entre Aristote et Darwin',[5] nous est parvenue aujourd'hui engoncée dans un stéréotype tenace: si Rousseau consent à la louange stylistique en disant du seigneur de Montbard qu'il est 'la plus belle plume de son siécle',[6] la méfiance domine les commentaires des savants: le naturaliste et géologue Jean-Etienne Guettard réduit les propos de Buffon à des 'buffonades',[7] cependant que d'Alembert aurait soutenu que l'intendant du Jardin du Roi était plus un 'grand phraseur'[8] qu'un homme de science. On ne peut également faire fi de certaines hypothèses hasardeuses, remises en cause par les contemporains qui reprochaient à l'intendant du Jardin du Roi de mettre un peu trop d'imagination dans ses écrits scientifiques: ainsi, Louis-Paul Abeille (1719-1807), dans l'introduction aux *Observations sur l'Histoire naturelle*, rédigées au début des années 1750 par Chrétien-Guillaume Lamoignon de Malesherbes (1721-1794), reproche à Buffon ses erreurs où 'l'avoient entraîné une imagination forte, éblouissante, et l'esprit systématique qu'elle enhardissoit', de même que son système de la génération 'produit de la seule imagination'.[9] Malesherbes lui-même considère ce système comme 'un tissu d'erreurs':[10] 'Je conviens que le moyen que propose M. de Buffon paroît le plus simple pour quelqu'un qui voudroit *imaginer* des êtres qui ont la puissance de reproduire leurs semblables. Mais il n'est pas question ici d'examiner ce qui seroit *le plus simple*; il faut examiner ce qui est.'[11] En somme, pour Malesherbes, Buffon est doublement dangereux car le charme de son style s'allie à sa notoriété pour accréditer des erreurs dans le grand public. C'est pourquoi le magistrat a entrepris de corriger ces erreurs, 'de peur que la grande célébrité de l'auteur ne fasse regarder toutes ses opinions comme des vérités constantes'.[12]

L'autre grande épine au pied du Buffon scientifique fut sans aucun doute ses hypothèses sur la formation de la Terre, ce qui permit à la critique religieuse de se déployer. D'une part, le journaliste anonyme des *Nouvelles ecclésiastiques* semble bien déterminé à 'faire connoître le venin' contenu dans les premiers volumes de l'*Histoire naturelle*, invoquant les

5. Jacques Roger, *Buffon: un philosophe au Jardin du Roi* (Paris, 1989), p.14.
6. Jean-Jacques Rousseau, 'Lettre du 4 nov. 1764 [à Pierre-Alexandre Du Peyrou]', *Correspondance complète*, éd. Ralph Alexander Leigh (Banbury, 1974), t.22:3620, p.5.
7. D'après Roger, *Buffon: un philosophe au jardin du roi*, p.10 et Henri Nadault de Buffon, 'Préface', dans Buffon, *Correspondance générale*, éd. Jean-Louis de Lanessan (Genève, 1971 [1885]), t.1, p.II.
8. D'après Claudia Salvi, *Le Grand livre des animaux de Buffon* (Tournai, 2002), p.74.
9. Louis-Paul Abeille, 'Introduction', dans Chrétien-Guillaume de Lamoignon de Malesherbes, *Observations sur l'Histoire naturelle générale et particulière de Buffon et Daubenton* (Paris, 1971 [1798]), t.1, p.XIII.
10. Malesherbes, *Observations sur l'Histoire naturelle*, t.1, p.219.
11. Malesherbes, *Observations sur l'Histoire naturelle*, t.2, p.279 [souligné dans le texte].
12. Malesherbes, *Observations sur l'Histoire naturelle*, t.1, p.220.

'marques équivoques de catholicité'[13] qui font suspecter Buffon de matérialisme, tout en reprochant au naturaliste d'avoir donné une théorie de la terre qui 'contredit bien clairement le récit de Moyse'.[14] La feuille du 13 février reprend la même accusation en précisant que Buffon 'semble reconnoître l'autorité des Livres Sacrés, tandis qu'il les contredit formellement'.[15] Les attaques des *Nouvelles ecclésiastiques* eurent leur effet et conduisirent au célèbre épisode de la condamnation de la Sorbonne et aux rétractations qui ouvriront le quatrième volume de l'*Histoire naturelle* (précédant immédiatement l'*Histoire des quadrupèdes*).[16] Par ailleurs, si les remarques de l'abbé François-Xavier de Feller (1735-1802) dans le *Journal historique et littéraire* (janvier 1780), publié aux Pays-Bas, mais interdit de circulation en France, eurent peu d'impact en raison de leur diffusion limitée,[17] la dénonciation de l'abbé Thomas-Marie Royou (1743-1792), chapelain de l'Ordre de Saint-Lazare et professeur de philosophie au collège Louis-le-Grand, eut une tout autre portée car, en plus de sa virulence, elle fut accessible au public français à la faveur de quatre longs articles[18] publiés en 1779 dans les septième et huitième tomes de l'*Année littéraire* dirigée alors par Louis-Marie Stanislas Fréron (1754-1802), articles regroupés peu après sous le titre éloquent: *Le Monde de verre réduit en poudre ou Analyse et réfutation des époques de la nature*

13. [Anonyme], *Nouvelles ecclésiastiques*, [Lettre du 6 février 1750], p.21.
14. [Anonyme], *Nouvelles ecclésiastiques*, [Lettre du 6 février 1750], p.24.
15. [Anonyme], *Nouvelles ecclésiastiques*, [Suite des nouvelles ecclésiastiques. Du 13 Février 1750], p.26.
16. Voulant échapper aux ennuis, Buffon dut signer un texte vraisemblablement préparé pour lui par la Sorbonne, dans lequel il précisait ne pas s'opposer au texte de la *Genèse*. Le naturaliste dut se rétracter et publier ses explications en tête de son ouvrage subséquent: t.4, p.V-XVI de l'*Histoire naturelle, générale et particulière, avec la description du Cabinet du Roy* (Paris, Imprimerie royale, 1749-1767), 15 vols. Voir à ce propos: Jean Stengers, 'Buffon et la Sorbonne', dans *Etudes sur le XVIIIe siècle*, dir. Roland Mortier et Hervé Hasquin (Paris, 1974), p.97-127. Voir aussi: Jacques Roger, *Les Sciences de la vie dans la pensée française du XVIIIe siècle* (Paris, 1993), p.704-705.
17. Pour une synthèse de la posture de l'abbé de Feller, voir: John Pappas, 'Buffon matérialiste? Les critiques de Berthier, Feller, et les *Nouvelles ecclésiastiques*', dans *Etre matérialiste à l'âge des Lumières. Mélanges offerts à Roland Desné*, dir. Béatrice Fink et Gerhardt Stenger (Paris, 1999), p.233-49 (244-47). Pour faire vite, mentionnons que, plus de trente ans après le dernier article des *Nouvelles ecclésiastiques*, l'ancien élève des jésuites, qui avait dix-neuf ans au moment de la parution des trois premiers tomes de l'*Histoire naturelle* en 1749, a pu profiter des objections des savants contre les hypothèses de Buffon avant de publier sa propre critique.
18. Thomas-Marie Royou, 'Lettre X. Première lettre de M. l'abbé Royou [...] sur les *Epoques de la nature* [...]', l'*Année littéraire* (1779), VII, p.217-40; 'Lettre XIII. Seconde lettre de M. l'abbé Royou [...] sur les *Epoques de la nature* [...]', l'*Année littéraire* (1779), VII, p.289-337]; 'Lettre X. Le Monde de verre de M. le comte de Buffon, réduit en poudre, ou Réfutation de sa nouvelle Théorie de la terre, développée dans son ouvrage des *Epoques de la nature'*, l'*Année littéraire* (1779), VIII,, p.251-88; 'Lettre XI. Suite de la Réfutation des *Epoques de la nature, &c.*', l'*Année littéraire* (1779), VIII,, p.289-353.

de M. le comte de Buffon (Paris, Mérigot le jeune, 1780). En somme, le chapelain reprochait au naturaliste d'avoir 'l'imagination féconde', caractéristique incompatible selon lui avec la rigueur d'un véritable savant:

> Ah! ces conclusions quand elles sont proposées avec un air d'assurance, comme démonstrations rigoureuses par un homme qui en impose autant que M. de Buffon, peuvent réussir auprès des femmes et des jeunes gens. Mais nous autres logiciens, nous savons les apprécier, & je vous réponds que ce que M. de Buffon appelle ici une démonstration dans toute la rigueur de la logique, sera cité désormais par les vrais logiciens, comme un exemple fameux de ce qu'ils appellent *fallacia logica*.
>
> [...] c'est dans l'arsenal même de M. de Buffon que j'ai été puisé des armes contre lui; c'est aux pieds de sa statue que j'ai appris à briser son monde imaginaire.[19]

Ainsi en fut-il de la réputation scientifique quelque peu entachée de Buffon, consolidant le mythe du savant approximatif qui mettait un peu trop de poésie dans ses théories sur la génération, le 'moule intérieur', les 'molécules organiques' ou la formation de la Terre, cette dernière étant assimilée, comme se plairont à le ressasser les détracteurs du naturaliste montbardois, à un globe de cristal. Alors que les avancées spectaculaires de la biologie et de la géologie aux dix-neuvième et vingtième siècles ont rendu obsolètes les hypothèses de Buffon sur la reproduction ou sur la formation et l'histoire de la terre, que les travaux des Cuvier, Lamarck et Darwin ont mis à mal l'hypothèse de la 'dégénération' au profit d'une 'évolution' encore impensable dans l'*épistémè* du dix-huitième siècle,[20] et que la systématique moderne a retenu la taxinomie linnéenne à laquelle s'était farouchement opposé l'auteur de l'*Histoire naturelle*, il n'est pas étonnant que l'histoire des sciences ait conservé une certaine réserve à l'égard du seigneur de Montbard,[21] nonobstant la célébrité du 'grand homme' à la tête du phare scientifique que représentait en Europe le Jardin du Roi, et le fait que ses écrits constituèrent un succès de librairie hors pair, une affaire commerciale aux proportions considérables qui

19. Royou, 'Lettre XI. Suite de la Réfutation des *Epoques de la nature, &c.*', *L'Année littéraire* (1779), VIII, p.328, 330. Les propos de l'abbé Royou furent à l'origine d'un deuxième affrontement entre Buffon et la Faculté de Théologie: comme en 1751, Buffon se rétracta pour éviter la censure, signa une formule rédigée par les députés le 18 mai 1780, et promit de la publier dans son prochain volume... ce qu'il ne fit cependant jamais!

20. Sur cette importante distinction, voir Geoffrey Bremner, 'L'impossibilité d'une théorie de l'évolution dans la pensée française du XVIIIe siècle', *Revue de synthèse* 113-14 (1984), p.171-79; de même que Swann Paradis 'Clio avait-elle songé à Darwin?', dans *Les Songes de Clio: fiction et histoire sous l'Ancien Régime*, dir. Sabrina Vervacke, Eric Van der Schueren et Thierry Belleguic (Sainte-Foy, 2006), p.263-86.

21. Pour un résumé de cette méfiance à l'égard de la posture scientifique de Buffon, voir: Joël Castonguay-Bélanger, *Les Ecarts de l'imagination: pratiques et représentations de la science dans le roman au tournant des Lumières* (Montréal, 2008), p.25-31.

eut un impact culturel tout aussi important.[22] Nous convenons que, dans ce contexte, il peut alors paraître pour le moins délicat de proposer d'en faire ici une 'icône du progrès', alors que, pour plusieurs savants l'ayant côtoyé, Buffon 'incarnait le type du philosophe qui avait trop sacrifié aux excès rhétoriques pour que ses grandes théories [...] puissent répondre aux critères des nouvelles disciplines en train de se constituer'.[23]

Buffon présente toutefois un cas complexe, relativement différent par exemple de celui du médecin Bordeu présenté par Alexandre Wenger dans ce collectif (p.199). En effet, si ces deux 'grands hommes' partagent une pratique professionnelle reflétant de manière emblématique l'état de leur discipline à la veille de grands bouleversements, s'ils ont marqué de leur vivant leurs contemporains, la postérité leur a réservé un sort singulier.[24] D'abord, Buffon ne peut être considéré, au même titre que Bordeu, comme un héros de la science moderne, en raison des réserves que la communauté des savants a entretenues à son égard, et que nous avons brièvement esquissées. Ensuite, le naturaliste montbardois n'est pas tout à fait tombé dans l'oubli au dix-neuvième siècle, même s'il s'est produit un changement de paradigme qui n'est pas sans rappeler le sort de Bordeu: de naturaliste et intendant du Jardin du Roi, il en vient à être perçu plutôt comme écrivain et philosophe, alors qu'on multiplie les éditions abrégées, les anthologies et les 'morceaux choisis', qui devinrent une valeur sûre pour le milieu scolaire. Mais, comme l'a judicieusement relevé Michel Delon, cet 'usage et abus pédagogique a sans doute vidé progressivement de sa substance l'*Histoire naturelle*, devenue, du dix-neuvième au vingtième siècle[s], une réserve de maximes, une ménagerie pittoresque et un prétexte à belles images'.[25] La résultante fut précisément que toute l'œuvre semble avoir été peu à peu réduite à une histoire des animaux, dominée par un auteur auquel la tradition critique s'est plu à associer, un peu trop rapidement selon nous, la connotation péjorative de 'pastelliste de la faune'.[26] Alors que l'*Histoire naturelle* disparaissait même discrètement des manuels scolaires en France il y a quelques décennies, Buffon semblait condamné à croupir

22. Selon Daniel Mornet, *Les Sciences de la nature en France au XVIIIe siècle: un chapitre de l'histoire des idées* (Paris, 1911) p.248-49. L'œuvre de Buffon était effectivement présente dans plus de la moitié des catalogues et plus d'un tiers des bibliothèques privées étudiés par Mornet: 'Les enseignements des bibliothèques privées au XVIIIe siècle', *Revue d'histoire littéraire de la France* 3 (1910), p.449-96. Claudia Salvi va plus loin en affirmant que la série connut le même triomphe tout au long de sa parution, et que l'ouvrage fut 'le plus répandu au XVIIIe siècle' (*Le Grand livre des animaux de Buffon*, p.31).
23. Castonguay-Bélanger, *Les Ecarts de l'imagination*, p.27.
24. Pour une présentation nuancée de la réception de Buffon notamment au dix-neuvième siècle, on pourra consulter: Maëlle Levacher, *Buffon et ses lecteurs* (Paris, 2011).
25. Michel Delon, 'Préface', dans Buffon, *Œuvres* (Paris, 2007), p.xxxiv.
26. Delon, 'Préface', Buffon, *Œuvres*, p.xxxvi.

dans les limbes de la littérature, après avoir été expulsé du paradis de la science, avant que Jacques Roger, au cours des années 1980, ne le réhabilite dans l'histoire des sciences.

Or, si cette réintégration tardive ne fait pas nécessairement de Buffon une icône du progrès, elle pave la voie à une réévaluation du rôle qu'il a joué dans la modernisation de l'histoire naturelle, notamment en ce qui a trait aux descriptions animalières. En effet, il semble que ce soit surtout en amont et en aval de l'*Histoire des quadrupèdes* que l'on ait reproché à Buffon – tout en la saluant – l'intensité de son imagination, que l'on ait craint ce style susceptible d'insinuer 'le poison de l'erreur en le rendant agréable',[27] et redouté 'le savant écrivain à succès, qui distille des erreurs auprès du grand public intellectuellement vulnérable'.[28] Les articles de descriptions animalières, s'ils s'inscrivent dans la continuité d'une notoriété déjà établie par le succès des trois premiers volumes de l'*Histoire naturelle*, semblent le lieu par excellence où se cristallise l'image du réformateur, car c'est précisément au cœur de cette fabrique des quadrupèdes que s'esquisse la portion probablement la plus scientifique de l'*Histoire naturelle*, à partir de laquelle nous tenterons de reconstruire la figure du précurseur, pour potentiellement réhabiliter l'icône du progrès. De prime abord, à côté des médecins – évoqués par Frédéric Charbonneau dans ce collectif (p.129) – qui font preuve d'une vocation dont l'intensité n'a rien à envier à la vie religieuse, la figure stéréotypée d'un Buffon en manchettes de dentelle semble faire pâle figure en regard de ces portraits christiques qui, à en croire les éloges qui leur ont été consacrés, ont fait don de leur personne à la science. Mais qu'en est-il de l'engagement de Buffon envers sa discipline? Se pourrait-il que l'image qui nous soit parvenue ait négligé ce courage désintéressé ou encore ce dévouement allant jusqu'au sacrifice? C'est dans cette optique que nous envisageons un pan important de la vie du chef d'orchestre de la monumentale *Histoire naturelle*, notamment en ce qui concerne la fabrique de la faune quadrupède qui s'étend sur plus de trente-cinq ans, et qui conduira Buffon, au seuil de la Révolution, au tombeau.

En suivant les 'Eloges' consacrés à Buffon et rédigés par Vicq d'Azyr[29] et Condorcet,[30] destinés respectivement aux membres de l'Académie française et de l'Académie des sciences, nous essaierons de tisser une

27. Maëlle Levacher, 'La Réception de l'*Histoire naturelle* de Buffon: le rapport problématique des sciences et des Belles-Lettres au 18e siècle' (Thèse de doctorat, Université de Nantes, 2004), p.53.
28. Levacher, 'La Réception de l'Histoire naturelle de Buffon', p.29.
29. Félix Vicq d'Azyr, 'Eloge de M. de Buffon prononcé à l'Académie française le 11 décembre 1788', dans *Œuvres de Buffon*, éd. Jules Pizzetta (Paris, 1868), p.V-XIV.
30. Jean-Antoine-Nicolas de Caritat, marquis de Condorcet, 'Eloge de M. le comte de Buffon', dans *Œuvres* (Stuttgart-Bad Cannstatt, 1968 [Paris, Didot, 1847-1849, t.2: Eloges]), t.3, p.327-71.

image qui tranche avec le stéréotype d'anti-icône du progrès qui se dégage encore souvent dans la critique actuelle: partant de la figure convenue de l'aristocrate anobli[31] écrivant, le visage coquettement poudré, dans sa tour de Montbard, nous proposerons en miroir le portrait du savant ayant contribué au progrès de sa discipline; puis, nous essaierons de voir s'il convient de réhabiliter Buffon comme 'icône', pour compléter ce tissage par une discussion prolongeant les réflexions du médecin anatomiste et du secrétaire de l'Académie des sciences, axée sur la notion de précurseur.

Les 'Eloges' de Buffon: une simple reprise de la méfiance des savants?

Nous nous intéresserons dans un premier temps à l'éloge prononcé par Vicq d'Azyr (1748-1794) à l'Académie française le 11 décembre 1788, le médecin ayant alors eu l'insigne honneur d'occuper le fauteuil laissé vacant après la mort de Buffon, survenue quelque huit mois auparavant. Il faut dire que l'anatomiste avait déjà l'habitude de cet exercice de style, lui qui fut, comme l'a souligné Frédéric Charbonneau dans ce collectif (p.135), l'unique secrétaire de la Société royale de médecine (1776-1793), ayant notamment la charge de rédiger les éloges publiés dans les *Mémoires de la Société royale de médecine*. Comme le veut la tradition, le texte s'ouvre sur une tonalité emphatique, à la mesure de celui qui, d'après plusieurs commentateurs qui suivront au dix-neuvième siècle, allait être identifié – non sans une pointe d'ironie – comme 'le maître incontesté et écrasant de l'histoire naturelle française':[32] 'La France n'avait produit aucun ouvrage qu'elle pût opposer aux grandes vues des anciens sur la nature.'[33] Certes, il était de bon aloi de souligner que Buffon avait bien préparé ses 'pinceaux' pour brosser des tableaux d'histoire animalière qui méritaient selon le médecin 'toutes les palmes de l'éloquence'; mais il est intéressant de souligner cette réserve concernant ses 'vues [...] hardies', de même que la pirouette stylistique qui lui permet de critiquer discrètement le savant tout en n'écorchant pas l'homme de lettres: 'Il instruit souvent. Il intéresse toujours; quelquefois il enchante, il ravit: il force l'admiration lors même que la raison lui résiste. *On retrouve dans ses erreurs l'empreinte de son génie*; et leur tableau prouverait seul que celui qui les commit fut un *grand homme*.'[34] Il va sans dire que cette posture timorée allait marquer (et colore toujours) la critique buffonienne, réduisant

31. Georges-Louis Leclerc (1707-1788), seigneur de Montbard, fut nommé comte de la terre de Buffon par Louis XV en janvier 1772.
32. Hervé Ferrière, *Bory de Saint-Vincent: l'évolution d'un voyageur naturaliste* (Paris, 2009), p.33.
33. Vicq d'Azyr, 'Eloge de M. de Buffon', p.v.
34. Vicq d'Azyr, 'Eloge de M. de Buffon', p.v [nous soulignons].

l'intendant du Jardin du Roi, peut-être un peu trop rapidement selon nous, à un piètre savant. Ce qui indispose l'anatomiste français, comme plusieurs de ses contemporains en cette période qui précède la rupture entre l'homme de sciences et l'homme de lettres, alors que le spécialiste s'apprête à prendre le relais du généraliste, c'est l'amalgame désormais répudié entre génie scientifique et génie artistique dans une seule et même personne: 'Il a voulu lier par une chaine commune toutes les parties du système de la nature: il n'a point pensé que, dans une si longue carrière, le seul langage de la raison pût se faire entendre à tous; et cherchant à plaire pour instruire, il a mêlé quelquefois les vérités aux fables, et plus souvent quelques fictions aux vérités.'[35] Jugement un peu sévère qui sera drastiquement tempéré par Vicq d'Azyr lui-même, lorsque viendra le temps de gloser plus amplement sur les descriptions animalières. Nonobstant les réserves exprimées, le statut de 'grand homme' et le 'génie' de Buffon apparaissent en arrière-plan de ce discours; mais il s'agissait surtout pour Vicq d'Azyr, devant ses nouveaux collègues de l'Académie française, de vanter le style tant louangé de son prédécesseur, comme en fait foi ce morceau d'anthologie souvent convoqué par la critique buffonienne récente:

> A la beauté du coloris il joint la vigueur du dessein; à la force s'allie la noblesse; l'élégance de son langage est continue; son style est toujours élevé, souvent sublime, imposant et majestueux; il charme l'oreille, il séduit l'imagination, il occupe toutes les facultés de l'esprit; et, pour produire ces effets, il n'a besoin ni de la sensibilité, qui émeut et qui touche, ni de la véhémence, qui entraine et qui laisse dans l'étonnement celui qu'elle a frappé.[36]

En somme, si Vicq d'Azyr concède à celui dont il fait l'éloge une 'imagination [qui] osa suppléer à ce que les travaux des hommes n'avaient pu découvrir',[37] il ne manque pas de souligner à gros traits que l'on retrouve aussi dans ce qu'il nomme des 'fictions brillantes', 'la source de tous les systèmes que M. de Buffon a formés'.[38] De prime abord, le stéréotype 'd'anti-icône du progrès' semble prendre forme, reproduisant essentiellement les réserves évoquées par les contemporains de Buffon, dont nous avions donné un aperçu en introduction.

On retrouve la même substance sceptique en regard du foisonnement de l'imagination buffonienne dans l'autre 'Eloge' important consacré à Buffon, celui rédigé par Condorcet (1743-1794) pour le compte de l'Académie des sciences. D'emblée, on pourrait s'étonner que le secrétaire reproche au naturaliste montbardois d'avoir éprouvé, dès sa

35. Vicq d'Azyr, 'Eloge de M. de Buffon', p.VII.
36. Vicq d'Azyr, 'Eloge de M. de Buffon', p.VI.
37. Vicq d'Azyr, 'Eloge de M. de Buffon', p.VI-VII.
38. Vicq d'Azyr, 'Eloge de M. de Buffon', p.VII.

jeunesse, 'le besoin [...] d'acquérir la gloire'.[39] Il faut rappeler qu'un certain degré de ressentiment prévalait encore entre les deux hommes depuis la nomination de Condorcet à l'Académie française en 1782, alors que les membres de l'institution l'avaient préféré à l'infortuné Jean-Sylvain Bailly, maire de Paris et... grand ami de Buffon. Nul doute qu'il existât aussi une certaine rivalité entre ces deux personnages parmi les rares esprits du siècle à avoir intégré l'Académie des sciences et l'Académie française,[40] sans oublier leur formation première en mathématiques. Bref, il faut lire l'éloge de Buffon rédigé par Condorcet avec cette antipathie en toile de fond,[41] d'autant plus que plusieurs savants avaient gardé un goût amer du passage de Buffon – jusqu'alors mathématicien 'adjoint-mécanicien' – au poste prestigieux d'intendant du Jardin du Roi (1739): d'aucuns n'hésiteront pas à rappeler que son admission à l'Académie des sciences le 9 janvier 1734 lui garantissait peut-être une certaine crédibilité en ce qui a trait par exemple aux questions relatives à la résistance du bois, à propos desquelles il avait rédigé nombre de mémoires substantiels, mais ils s'interrogeront du même élan sur la compétence du nouvel intendant en zoologie, et sur le fait qu'il avait été mystérieusement transféré quelque mois avant sa nomination au poste d'adjoint en botanique.[42] C'est d'ailleurs par un hommage ambigu que Condorcet salue la nomination de Buffon à la direction du Jardin du Roi, de même que le chantier préparatoire à l'*Histoire naturelle* qui allait en être la conséquence directe:

> Obligé d'étudier les détails de cette science si vaste, de parcourir les compilations immenses où l'on avait recueilli les observations de tous les pays et de tous les siècles, bientôt son imagination éprouva le besoin de peindre ce que les autres avaient décrits; sa tête, exercée à former des combinaisons,

39. Condorcet, 'Eloge de M. le comte de Buffon', p.327.

40. Voir à ce sujet la liste exhaustive des 'Membres de l'Académie des sciences ayant également appartenu à l'Académie française', établie par Anne-Sylvie Guénoun, dans *Histoire et mémoire de l'Académie des sciences*, éd. Eric Brian et Christiane Demeulenaere-Douyère (Paris, 1996), p.164-67. Parmi les plus célèbres figures, outre Buffon, Condorcet et Vicq d'Azyr, on retrouve entre autres les Cuvier, d'Alembert, Flourens, Fontenelle, Cureau de La Chambre, La Condamine, Dortous de Mairan, Maupertuis et Pasteur.

41. Joël Castonguay-Bélanger (*Les Ecarts de l'imagination*, p.25) cite à ce propos une lettre de Condorcet adressée à Amélie Suard, quelques mois seulement après la mort du naturaliste montbardois, dans laquelle le secrétaire de l'Académie des sciences, qui se trouve pour ainsi dire contraint de s'occuper d'un autre 'charlatan', affirme: 'Plus je l'étudie, plus je le trouve vide et enflé' (Condorcet, *Correspondance inédite de Condorcet et Mme Suard, M. Suard et Garat (1771-1791)*, éd. Elisabeth Badinter (Paris, 1988), p.240-41.

42. Sur les dessous de cette nomination de Buffon au poste d'intendant du Jardin du Roi, sur le rôle essentiel joué par le ministre Maurepas, de même que sur le scandale qui secoua alors les naturalistes qui s'attendaient à ce que Duhamel du Monceau soit nommé par le roi, on pourra consulter avec profit : Roger, *Buffon: un philosophe au Jardin du Roi*, p.73-98.

> sentit celui de saisir des ensembles, où les observateurs ne lui offraient que des faits épars et sans liaisons.[43]

Si l'on peut sentir en filigrane la méfiance du savant envers l'irruption de l'imagination en sciences, le mathématicien se montre tout aussi ambivalent lorsqu'il effleure pour la première fois les descriptions animalières: si, selon lui, l'intendant du Jardin du Roi a réussi à 'créer enfin pour les philosophes, pour tous les hommes qui ont exercé leur esprit ou leur âme, une science qui n'existait encore que pour les naturalistes',[44] il est aussi louangé non pour la précision scientifique de ses tableaux animaliers, mais pour avoir su 'donner de l'intérêt et de la vie à [l'histoire] des animaux, en mêlant un tableau philosophique de leurs mœurs et de leurs habitudes, à des descriptions embellies de toutes les couleurs dont l'art d'écrire pouvait les orner'.[45] Il semble donc, de prime abord, tant chez Condorcet que chez Vicq d'Azyr, que le portrait du seigneur de Montbard ait été brossé dans les marges du progrès...

Creuser les 'Eloges': une figure du progrès dans la fabrique des quadrupèdes?

Témoignant d'un premier signal digne d'un éloge plus authentique, Vicq d'Azyr revient sur l'usage de l'imagination par l'intendant du Jardin du Roi, pour spécifier qu'elle repose parfois 'sur un merveilleux réel'.[46] Il convient alors de se demander si les réserves exprimées naguère à l'endroit des grandes vues du naturaliste se répercuteront sur l'ensemble des descriptions animalières qui, on a tendance à trop souvent l'oublier, comptent pour vingt-deux (vingt-cinq, si l'on inclut les trois volumes du *Supplément* qui contiennent les 'Additions') des trente-six volumes que compte l'*Histoire naturelle*.[47] En effet, si l'on scrute les commentaires de Vicq d'Azyr à propos de ce segment précis du corpus buffonien, les louanges sont au rendez-vous: Buffon est présenté comme 'le premier qui ait distribué les quadrupèdes par zones, qui les ait comparés entre eux dans les deux mondes, et qui leur ait assigné le rang qu'ils doivent tenir dans leur industrie', sans compter aussi que l'intendant du Jardin du Roi est aussi présenté comme 'le premier qui ait dévoilé les causes de

43. Condorcet, 'Eloge de M. le comte de Buffon', p.333.
44. Condorcet, 'Eloge de M. le comte de Buffon', p.334.
45. Condorcet, 'Eloge de M. le comte de Buffon', p.333-34.
46. Vicq d'Azyr, 'Eloge de M. de Buffon', p.VI.
47. Rappelons que l'édition princeps comporte trente-six volumes in-4° publiés à l'Imprimerie royale, répartis selon les séries suivantes: *Histoire naturelle, générale et particulière, avec la description du Cabinet du Roy*, 15 vols (1749-1767); *Histoire naturelle des oiseaux*, 9 vols (1770-1783); *Supplément à l'Histoire naturelle*, 7 vols (1774-1789); *Histoire naturelle des minéraux*, 5 vols (1783-1788).

la dégénération des animaux [...]: le changement de climat, d'aliments et de mœurs'.[48] En fait le segment consacré aux descriptions animalières constitue un (*le*?) véritable éloge dans l'éloge, de la part de celui qui fut à la fin du XVIIIe siècle, comme le souligne à juste titre Bernadette Bensaude-Vincent, le véritable héros fondateur de l'anatomie comparée basée sur une méthode scientifique rigoureuse, au même titre par exemple que Laplace dans le domaine de la mécanique ou de Coulomb dans celui de l'électricité:[49]

> Parmi tant d'idées exactes et de vues neuves, comment ne reconnaîtrait-on pas une raison forte que l'imagination n'abandonne jamais, et qui, soit qu'elle s'occupe à discuter, à diviser ou à conclure, mêlant des images aux abstractions et des emblèmes aux vérités, ne laisse rien sans liaison, sans couleur ou sans vie; peint ce que les autres ont décrit; substitue des tableaux ornés à des détails arides, des théories brillantes à de vaines suppositions; *crée une science nouvelle*, et force tous les esprits à méditer sur les objets de son étude, et à partager ses travaux et ses plaisirs.[50]

Vicq d'Azyr prend soin aussi de souligner que le naturaliste montbardois s'attacha, dans ses descriptions animalières, à 'détruire le merveilleux', pour, au bout de 'quarante années de gloire', après avoir décrit 'plus de quatre cents espèces d'animaux' sans que sa plume ne se fatigue, savourer son triomphe: 'ainsi le dix-huitième siècle rendit à Buffon vivant les honneurs de l'immortalité.'[51] Plus intéressant encore pour notre étude, Vicq d'Azyr, après avoir énuméré une kyrielle de préambules célèbres (rappelant la férocité du tigre, la noblesse du cheval, etc.) ajoute:

> Mais je m'arrête. En vain j'accumulerais ici les exemples: entouré des richesses que le *génie* de M. de Buffon a rassemblées, il me serait également impossible de les faire connaître et de les rappeler toutes dans ce discours. [...] 'Voilà', dit-il, 'ce que j'aperçois par la *vue de l'esprit*'; et il ne se trompe point: car cette vue seule lui a découvert des rapports que d'autres n'ont trouvés qu'à force de veilles et de travaux.[52]

En somme, il est clair pour Vicq d'Azyr que, dans les descriptions animalières, comme Buffon 'va de l'effet à la cause', il s'inscrit indubitablement dans 'la marche de la science'.[53] Et, nous y reviendrons plus loin, le médecin se montre plus ouvert à admettre l'imagination dans cette portion de l'histoire naturelle, une imagination toutefois

48. Vicq d'Azyr, 'Eloge de M. de Buffon', p.VIII.
49. Bernadette Bensaude-Vincent, 'Biographies as mediators between memory and history in science', dans *The History and poetics of scientific biography*, ed. Thomas Söderqvist (Aldershot, 2007), p.173-84 (180).
50. Vicq d'Azyr, 'Eloge de M. de Buffon', p.VIII-IX [nous soulignons].
51. Vicq d'Azyr, 'Eloge de M. de Buffon', p.IX.
52. Vicq d'Azyr, 'Eloge de M. de Buffon', p.X [nous soulignons].
53. Vicq d'Azyr, 'Eloge de M. de Buffon', p.XII.

disciplinée par le *génie* du naturaliste apte à combler, grâce à la *vue de l'esprit*, les lacunes de l'observation directe. Plus précisément – on se serait attendu que l'allusion plutôt discrète soit développée plus tôt par l'anatomiste – l'association de Buffon avec Louis-Jean-Marie Daubenton (1716-1800) est assimilée à un '[h]eureux accord de deux âmes dont l'union a fait la force, et dont les trésors étaient communs; rare assemblage de toutes les qualités requises pour observer, décrire et peindre la nature; phénomène honorable aux lettres, dont les siècles passés n'offrent point d'exemple, et dont il faut que les hommes gardent longtemps le souvenir'.[54] C'est par exemple grâce à une description anatomique méticuleuse de Daubenton, renvoyant à une gravure représentant le système reproducteur de la hyène mâle,[55] que Buffon réussit à démystifier la croyance des Anciens voulant que le sujets appartenant à cette espèce soient tous hermaphrodites. On a effectivement longtemps cru que les hyènes possédaient les deux sexes, et que chaque individu pouvait alternativement féconder ou être fécondé, voire s'auto-accoupler. Comme l'appareil reproducteur de la hyène mâle, tel que le précise Daubenton, comprend notamment 'un gland (*A*) de la verge (*B*) [...] gros, court & terminé par un bord mollasse, qui form[e] une sorte de bouche (*AC*), ressemblante en quelque façon à celle de la lamproie', que l'extrémité du gland (*D*) est 'mince & pointue', sise 'au milieu des bords mollasses qui représent[e]nt la bouche', et que les testicules (*EE*) sont 'petits & presque ronds',[56] on comprendra que les Anciens aient pu être surpris par ces sujets dont l'apparence externe laissait présager le sexe femelle, mais dont le comportement sexuel était indubitablement celui du mâle... L'apparente merveille n'en était donc pas une, mais la traduction d'une erreur de jugement qui, après avoir, pendant plus d'un millénaire, tiré le discours sur la nature vers le fictionnel et transformé le merveilleux en fable et ainsi dénaturé le savoir, disparaît ici grâce à la précision de la dissection. Cette mise à jour

54. Vicq d'Azyr, 'Eloge de M. de Buffon', p.XII. Pour une démonstration de la qualité scientifique des articles de descriptions animalières dans l'*Histoire naturelle*, tributaire en grande partie du triptyque qui les sous-tendent (associations entre, d'une part, les textes de Buffon et les descriptions anatomiques de Daubenton, puis, d'autre part, les gravures), voir: Swann Paradis, 'The anatomic descriptions of Louis-Jean-Marie Daubenton and the drawings of Jacques de Sève: the hidden scientific gem of Buffon's *Histoire naturelle*', dans *Visualising the text from manuscript culture to the age of caricature*, dir. Christina Ionescu et Lauren Beck (Newark, NJ, 2015).

55. 'Système reproducteur de la hyène mâle' [sans titre], dessin de Buvée l'Amériquain, gravure de Claude Baron, dans Buffon, *Histoire naturelle*, t.9, planche XXVII, p.298. http://gallica.bnf.fr/ark:/12148/btv1b2300256n/f29.item. Page consultée pour la dernière fois le 15er avril 2014.

56. Louis-Jean-Marie Daubenton, 'Description de l'Hyaene', dans Buffon, *Histoire naturelle*, t.9, p.286. Les lettres entre parenthèses renvoient aux structures anatomiques identifiées de même sur la planche.

des connaissances à propos de la hyène hermaphrodite illustre clairement le défi auquel faisait face Buffon dans l'*Histoire des quadrupèdes*: dissocier clairement la *fable*, 'résultat d'un discours élaboré à partir d'une fausse interprétation des signes sensibles, et qui avaient conduit à adopter comme vraie une fiction, du "merveilleux" scientifique, le fait inexpliqué mais non pas inexplicable'.[57] Cela dit, le Buffon savant, une fois la fable scientifiquement déconstruite, pourra se permettre de reprendre la dégaine de l'écrivain séducteur pour ne pas perdre l'important public lecteur débordant du cadre des académies:

> Les Anciens ont écrit gravement que l'hyaene étoit mâle & femelle alternativement; que quand elle portoit, allaitoit & élevoit ses petits, elle demeuroit femelle pendant toute l'année; mais que l'année suivante, elle reprenoit les fonctions du mâle, & faisoit subir à son compagnon le sort de la femelle. On voit bien que ce conte n'a d'autre fondement que l'ouverture en forme de fente que le mâle a, comme la femelle, indépendamment des parties propres de la génération qui, pour les deux sexes, sont dans l'hyaene semblables à celles de tous les autres animaux. On a dit qu'elle savoit imiter la voix humaine, retenir le nom des bergers, les appeler, les charmer, les arrêter, les rendre immobiles; faire en même temps courir les bergères, leur faire oublier leur troupeau, les rendre folles d'amour, &c. [...] *Tout cela peut arriver sans hyaene; & je finis pour qu'on ne me fasse pas le reproche que je vais faire à Pline, qui paroît avoir pris plaisir à compiler et raconter ces fables.*[58]

Par ailleurs, si, dans son 'véritable modèle dans le genre du panégyrique ambigu',[59] Condorcet passe en revue et souligne poliment les méprises de Buffon à propos de sa théorie de la terre ou de ses vues sur la génération, et s'il reprend l'expression équivoque de 'peintre philosophe'[60] pour ensuite reprocher au naturaliste 'de n'avoir pas observé les animaux avec assez de scrupule, de n'avoir point porté ses regards sur des détails petits en eux-mêmes, mais nécessaires pour saisir les nuances très-fines de leurs opérations',[61] le secrétaire de l'Académie des sciences tempère un peu plus loin sa critique et met le doigt sur une des qualités indéniables des descriptions animalières, c'est-à-dire qu'elles s'inscrivent dans ce vaste processus de modernisation scientifique de la faune (notamment par un mouvement de rejet des fables qui avaient contaminé la discipline depuis l'Antiquité et la Renaissance), tout en étant évoquées par un savant qui s'exprime à la fois en 'homme libre', en 'homme sensible' et en 'philosophe':[62]

57. Maria Susana Seguin, 'Du discours sur la nature au langage scientifique', *Revue Fontenelle* 6 (2010), p.311-24 (319).
58. Buffon, 'L'Hyaene', *Histoire naturelle*, t.9, p.278-79 [nous soulignons].
59. Castonguay-Bélanger, *Les Ecarts de l'imagination*, p.27.
60. Condorcet, 'Eloge de M. le comte de Buffon', p.341.
61. Condorcet, 'Eloge de M. le comte de Buffon', p.340.
62. Condorcet, 'Eloge de M. le comte de Buffon', p.342.

> Mais s'agit-il des animaux qui sont connus seulement par les relations des voyageurs, qui ont reçu d'eux des noms différents, dont il faut chercher l'histoire et quelquefois discuter la réalité, au milieu des récits vagues et souvent défigurés par le merveilleux, le savant naturaliste impose silence à son imagination; il a tout lu, tout extrait, tout analysé, tout discuté; on est étonné de trouver un nomenclateur infatigable, dans celui de qui on n'attendait que des tableaux imposants ou agréables; on lui sait gré d'avoir plié son génie à des recherches si pénibles, et ceux qui lui auraient reproché peut-être d'avoir sacrifié l'exactitude à l'effet, lui pardonnent et sentent ranimer leur confiance.[63]

Comme l'avait fait Vicq d'Azyr, Condorcet souligne également l'apport essentiel des descriptions anatomiques de Daubenton à la qualité scientifique de l'*Histoire naturelle*:

> La connaissance anatomique des animaux est une portion importante de leur histoire; M. de Buffon eut, pour cette partie de son ouvrage, le bonheur de trouver des secours dans l'amitié généreuse d'un célèbre naturaliste, qui, lui laissant la gloire attachée à des descriptions brillantes, à ces peintures de mœurs, à ces réflexions philosophiques qui frappent tous les esprits, se contentait du mérite plus modeste d'obtenir l'estime des savants par des détails exacts et précis, par des observations faites avec une rigueur scrupuleuse, par des vues nouvelles, qu'eux seuls pouvaient apprécier.[64]

En définitive, pour Condorcet, Buffon a su contribuer à la fois au progrès et à la démocratisation de l'histoire naturelle, de même que l'on doit mettre 'au nombre des services qu'il a rendus aux sciences, *les progrès* que toutes les parties du Jardin du Roi ont faits sous son administration',[65] notamment en ce qui a trait au Cabinet du Roi 'devenu entre [ses] mains [...], non un simple monument d'ostentation, mais un dépôt utile, pour l'instruction publique, et pour *le progrès des sciences*',[66] un 'établissement digne d'une nation éclairée et puissante':[67]

> Mais ce qui est plus glorieux, parce qu'il s'y joint une utilité réelle, le succès de ce grand ouvrage fut l'époque d'une révolution dans les esprits: on ne put le lire sans avoir envie de jeter au moins un coup d'œil sur la nature; et l'histoire naturelle devint une connaissance presque vulgaire; elle fut, pour toutes les classes de la société, ou un amusement, ou une occupation; [...] *mais c'est à la science même, à cette science comme ayant pour objet la connaissance de la nature,* que M. de Buffon a su le premier intéresser les souverains, les grands, les hommes publics et toutes les nations.[68]

63. Condorcet, 'Eloge de M. le comte de Buffon', p.341.
64. Condorcet, 'Eloge de M. le comte de Buffon', p.344.
65. Condorcet, 'Eloge de M. le comte de Buffon', p.358 [nous soulignons].
66. Condorcet, 'Eloge de M. le comte de Buffon', p.359 [nous soulignons].
67. Condorcet, 'Eloge de M. le comte de Buffon', p.360.
68. Condorcet, 'Eloge de M. le comte de Buffon', p.350-51 [nous soulignons].

En somme, si l'on prend la peine de bien lire l'ensemble des descriptions animalières (et d'y considérer les renvois aux descriptions anatomiques de Daubenton, de même qu'aux planches dessinées pour la plupart par Jacques de Sève, et le titanesque appareil de notes présentant des références précises à chacun des auteurs convoqués, depuis les zoologistes de l'Antiquité à l'imposant réseau de collaborateurs contemporains, en passant par les naturalistes et les voyageurs de la Renaissance et du dix-septième siècle), on réalise que Buffon repère (et souvent corrige) notamment grâce au prisme offert par les récits viatiques plus récents, ces erreurs de jugement qui ont envahi les histoires naturelles, pour libérer une discipline infestée par ce 'vice du recopiage'[69] qui a en quelque sorte dénaturé le savoir en transformant le merveilleux en fable. La kyrielle de cas de figure qui foisonnent dans les articles de descriptions animalières, notamment en ce qui a trait aux animaux exotiques,[70] permettent de montrer que Buffon suit, pour ainsi dire, la posture épistémologique qui caractérisait l'œuvre de Fontenelle: c'est-à-dire que 'le savoir scientifique est une production historique, construite sur la dénonciation des erreurs (les "fausses merveilles"), à la recherche des principes qui fondent la connaissance'.[71] Et ce, grâce à la relecture d'un corpus historique monumental, filtrée par le tamis du génie scientifique, au cœur même de l'*Histoire naturelle*, précisément dans les descriptions animalières de l'*Histoire des quadrupèdes*.[72]

69. Thierry Hoquet parle plutôt de 'l'entre-recopiage' ('La classification des vivants (XVIIe et XVIIIe siècles'), dans *Biologie du XXIe siècle: Evolution des concepts fondateurs*, dir. Paul-Antoine Miquel (Bruxelles, 2008), p.31-67 (37)) ou du 'vice de l'accumulation savante' (*Buffon: histoire naturelle et philosophie* (Paris, 2006), p.495).
70. Nous ne pourrons ici, vu l'espace dont nous disposons, procéder à une micro-analyse de ces cas de figures. Pour un échantillonnage représentatif, on pourra consulter avec profit la seconde partie de notre thèse doctorale (chapitres 5 à 8): Swann Paradis, 'Imagination, jugement, génie: la fabrique des quadrupèdes dans l'Histoire naturelle de Buffon (1707-1788)' (Thèse de doctorat, Université Laval, 2008). http://archimede.bibl.ulaval.ca/archimede/fichiers/25813/25813.html. Page consultée pour la dernière fois le 9 octobre 2014.
71. Seguin, 'Du discours sur la nature au langage scientifique', p.320.
72. Pour un exemple de deux cas de figure – le mystère des amours éléphantines et l'énigmatique tétée de l'éléphanteau – illustrant de manière emblématique comment Buffon investit le lieu commun naturaliste non seulement au profit de l'ornementation littéraire mais, aussi, de l'argumentation scientifique, voir: Swann Paradis, 'Les descriptions animalières dans l'*Histoire naturelle* de Buffon: entre le vraisemblable de l'écrivain et le véritable du savant', *@nalyses* 9:1 (hiver 2014), p.176-214. https://uottawa.scholarsportal.info/ojs/index.php/revue-analyses/article/view/967. Page consultée pour la dernière fois le 9 octobre 2014.

Buffon dans la fabrique des quadrupèdes: un précurseur?

Comme l'a éloquemment souligné Maria Susana Seguin,[73] Fontenelle (1657-1757), l'un des fondateurs de l'histoire des sciences modernes,[74] se trouve confronté, notamment dans l'*Histoire de l'Académie royale des sciences*,[75] à une forme de savoir qui n'est pas toujours traduisible par le langage mathématique, qui ne procède souvent pas par logique déductive à partir de 'principes'. En effet, dans les sciences du vivant, le discours s'élabore à partir des faits et du monde sensible, car la nature relève du réel et doit être abordée par des outils sensoriels. Si les sciences de la nature imposent pour ainsi dire deux attitudes épistémologiques principales – l'observation et l'expérience – elles emploient depuis toujours le langage vernaculaire qui, à la différence du langage mathématique, soulève la question de sa légitimité en tant qu'instrument d'un savoir qui tente, sinon d'être vrai, d'être vraisemblable, au risque de se voir contaminé, notamment dans les descriptions animalières d'espèces exotiques, passées au tamis des rapports de voyageurs, par d'autres formes de manifestation de l'esprit humain: l'invention, la poétisation ou la 'fictionalisation'.

En quelque sorte, tout comme Fontenelle avant lui, Buffon a largement contribué à légitimer la scientificité du langage vernaculaire, en procédant à ce que nous appelons un 'désenchantement'[76] (ou 'démerveillement'[77]) du contenu de l'histoire naturelle: non seulement a-t-il constamment tenté de dépasser la série de faits 'suscitant l'admiration stérile [...] susceptible d'évoquer la présence d'un être transcendant', mais il s'est aussi attaqué aux *mirabilia*, entendus ici au sens fontenellien du terme, c'est-à-dire comme 'un compromis langagier désignant l'échec (ou les limites) des connaissances humaines',[78] si bien que le mot *merveille*, tant chez Fontenelle que chez Buffon, sert à désigner

73. Seguin, 'Du discours sur la nature', p.315.
74. Voir Simone Mazauric, *Fontenelle et l'histoire des sciences à l'aube des Lumières* (Paris, 2007).
75. Bernard de Fontenelle, *Histoire de l'Académie royale des sciences, avec les Mémoires de mathématique et de physique tirés des registres de cette Académie* (Paris, Compagnie des Libraires, 1699-1783) [sous l'égide de Fontenelle jusqu'en 1740].
76. L'expression 'désenchantement du monde' a été reprise en langue française – depuis l''Entzauberung der Welt' de Max Weber – par Marcel Gauchet, *Le Désenchantement du monde: une histoire politique de la religion* (Paris, 2005 [1985]). Nous remercions Sébastien Charles pour cette précision.
77. Nous employons le verbe 'démerveiller' dans le sens du 'projet d'éradication de l'admiration' qu'Annie Bitbol-Hespériès assigne à la science cartésienne ('Introduction', dans René Descartes, *Le Monde, l'homme* (Paris, 1996), p.i-liii (x). Il s'agit notamment de rechercher la vérité scientifique plutôt que de se contenter de la vérité révélée ou de la mythologie.
78. Seguin, 'Du discours sur la nature', p.316.

'toute réalité naturelle que l'esprit de l'homme n'a pas encore pu élucider'.[79] Pour ainsi dire: 'est "merveilleux" dans le code du discours scientifique, tout ce qui éveille la *libido sciendi*, nous rappelant que la saine curiosité est non seulement le point de départ de toute philosophie, mais une source de plaisir pour celui qui en fait l'expérience.'[80] Le seigneur de Montbard aura ainsi, dans le sillage de l'auteur des *Entretiens sur la pluralité des mondes*, apporté une contribution remarquable à l'histoire naturelle, notamment en s'efforçant de distinguer ces '"merveilles de la nature" du "faux merveilleux", qui relève de l'invention, entendue, non pas comme un acte de création légitime et pleinement assumée comme telle (propre à la création littéraire), mais comme une erreur de jugement, qui place le discours sur la nature dans le fictionnel, et donc en dehors des exigences du langage scientifique'.[81] Ultimement, à défaut de dire ce que sont ces 'merveilles', il s'agira pour Buffon de préciser du moins ce qu'elles ne sont pas, notamment grâce à sa 'discipline de l'imagination',[82] sous la gouverne du génie scientifique, dans une langue sous-tendue par une force poétique qui reflète pour ainsi dire la puissance productrice de la nature.[83]

Nous croyons donc légitime de replacer Buffon à l'intérieur des marges du progrès, notamment parce que le naturaliste use des récits de voyage comme 'opérateur de la réflexion critique' en les intégrant dans son 'arsenal d'arguments sceptiques'.[84] En somme, il s'agit pour Buffon, grâce aux récits viatiques,[85] de rechercher 'une confirmation expérimentale d'un savoir hétérodoxe jusque-là dénué de statut scientifique'[86] et pour lequel l'observation directe est pour le moment impossible, faute de spécimen disponible. Alors que les perspectives

79. Seguin, 'Du discours sur la nature', p.316.
80. Seguin, 'Du discours sur la nature', p.316.
81. Seguin, 'Du discours sur la nature', p.317.
82. Pour de plus amples détails sur les concepts de 'discipline de l'imagination' ou de 'génie scientifique' dans les descriptions animalières, voir les chapitres 3 et 4 de notre thèse de doctorat: Paradis, 'Imagination, jugement, génie'. http://archimede.bibl.ulaval.ca/archimede/fichiers/25813/25813.html. Page consultée pour la dernière fois le 9 octobre 2014.
83. Nous suivons ici la suggestion d'Hanna Roman, 'Naming as natural process and historical narrative in Buffon's *Histoire naturelle*, 1749-1755', *Romance studies* 31: 3/4 (November 2013), p.238-50 (242).
84. Isabelle Moreau, *'Guérir du sot': les stratégies d'écriture des libertins à l'âge classique* (Paris, 2007), p.739. L'auteure précise que les récits viatiques avaient déjà leur relais au sein du milieu scientifique, au moins depuis Gassendi; cependant, cet apport essentiel de témoignages et d'informations sera considéré comme objet d'étude pour la communauté scientifique pourvu qu'elle puisse imposer ses propres garanties interprétatives.
85. Pour un aperçu de la manière dont Buffon traitait de la littérature de voyage, on pourra consulter avec profit: Martin Wåhlberg, 'Littérature de voyage et savoir: la méthode de lecture de Buffon', *Dix-huitième siècle* 42 (2010), p.599-616.
86. Moreau, *'Guérir du sot'*, p.750.

érudites et empiriques[87] colorent une nouvelle littérature zoologique qui s'offre aux naturalistes des Lumières, Buffon trouve, dans les récits de ses contemporains ou de ses prédécesseurs immédiats, une matière idéale pour exprimer la force de son génie scientifique: à la fois 'esprit curieux et sagace' qui entretient avec la science de son temps un rapport 'explicite, réflexif, raisonné' et esprit attentif à la 'topique diffuse héritée du passé',[88] le naturaliste nourrit ses *yeux de l'esprit* avec quantité de récits et d'illustrations de quadrupèdes nouvellement découverts, prétendument dépeints depuis leur milieu naturel par une panoplie de voyageurs de tous acabits. Mais tous les voyageurs, peu s'en faut, n'étaient pas pour autant des observateurs consciencieux. Buffon se trouvait donc, devant ces récits de voyageurs et ces correspondances, dans la même posture que le critique biblique interrogeant l'authenticité des textes prophétiques; cependant, comme l'a souligné Thierry Hoquet, le naturaliste procède au transfert des 'questions de l'autorité, de la certitude et du témoignage, du domaine de l'Ecriture sainte à celui de l'écriture de la Nature'.[89] En ce sens, 'l'histoire naturelle partage avec les autres types d'histoire la difficile question de la pesée des témoignages et doit déterminer quels sont les auteurs dignes de foi et dont la relation peut faire autorité'.[90]

Même si le concept de précurseur est protéiforme et diffère selon que l'on se place du point de vue du scientifique ou de l'historien des sciences,[91] il convient d'envisager la notion de progrès en histoire naturelle à la lumière d'un Buffon précurseur des champs de savoir qui allaient résulter de l'implosion de l'histoire naturelle à la fin de l'Ancien Régime, à un moment particulier où la discipline est considérée 'comme le point de rencontre de la science et des belles-lettres, comme le dernier état d'une République des Lettres menacée par l'éclatement de l'unité du savoir classique'.[92] Si, comme nous l'avons proposé en introduction, Buffon a été le plus souvent associé à ce qu'Iris Sandler nomme

87. D'une part, la perspective érudite se retrouve dans les ouvrages de naturalistes du dix-septième siècle qui poursuivent la visée encyclopédique des zoologistes de la Renaissance – par exemple chez Jan Jonston (*Historiae naturalis de quadrupedibus libri*, 1657) et Juan-Eusebio Nieremberg (*Historiae naturae, maximae peregrinae*, 1635). D'autre part, la perspective empirique privilégie les monographies d'espèces prises isolément, à la manière des *Mémoires pour servir à l'Histoire naturelle des animaux* (1733) de Claude Perrault.

88. Patrick Dandrey, *La Fabrique des fables* (Paris, 1991), p.130.

89. Hoquet, *Buffon: histoire naturelle et philosophie*, p.629.

90. Hoquet, *Buffon: histoire naturelle et philosophie*, p.632. Pour un exemple éloquent, voir notre analyse de l'article portant sur l'éléphant: S. Paradis, 'Les descriptions animalières dans l'*Histoire naturelle* de Buffon', p.176-214.

91. Voir à ce sujet: Iris Sandler, 'Some reflections on the protean nature of the scientific precursor', *History of sciences* 17 (1979), p.170-89.

92. Pascal Duris, 'Histoire naturelle', *Dictionnaire européen des Lumières*, dir. Michel Delon (Paris, 1997), p.543-46 (546).

un 'précurseur actif négatif'[93] – c'est-à-dire qu'il a contribué à stimuler ses successeurs à corriger ses propres erreurs pour faire avancer sa discipline – nous croyons que l'on a trop souvent balayé du revers de la main son rôle de 'précurseur actif positif'. Or, pour réhabiliter en quelque sorte Buffon comme icône potentielle du progrès, il convient de rechercher d'éventuels successeurs qui auraient reconnu le mérite de ses travaux. On oublie trop souvent, pour ne citer qu'un exemple, que Darwin lui-même avait explicitement identifié Buffon comme le premier naturaliste à avoir traité de manière scientifique du 'transformisme' des espèces animales.[94] Si la question de faire de Buffon un précurseur du transformisme ou de l'évolutionnisme demeure épineuse,[95] il reste que le 'grand homme' a indubitablement pavé la voie à des développements qu'il ne pouvait lui-même envisager. Et comme l'a bien remarqué J. S. Wilkie,[96] la contribution la plus remarquable de Buffon au transformisme et à la théorie de l'évolution est à chercher au cœur d'une multitude d'articles de description animalière servant d'écrin à ce que nous considérons sa principale découverte: la 'boussole des deux faunes'.[97] En effet, cette épistémologie fondée sur la spécificité exclusive des faunes méridionales de l'Ancien Continent et du Nouveau Monde, ou autrement dit, sur la distribution géographique des espèces, lui permettra de corriger la provenance et l'appellation de nombreuses expèces exotiques nouvellement découvertes: distinction par exemple entre les paresseux du Nouveau Monde et le lori de Bengale asiatique, entre les fourmiliers de la faune sud-américaine et le 'cochon de terre' africain (aujourd'hui appelé oryctérope), entre les sangliers européens et le pécari sud américain. Ces quelques exemples – qui illustrent parallèlement la proposition d'Hanna Roman voulant que 'nommer' chez Buffon sous-tende l'inscription de la perpétuation des individus au sein de l'espèce, selon une perspective historique[98] – ne sont qu'un

93. Sandler, 'Some reflections on the protean nature of the scientific precursor', p.174.
94. Charles Darwin, *Origin of species* (New York, 1958, 6th edn), p.17: 'Some few naturalists [...] have believed that species undergo modifications [...]. Passing over allusions to the subject in the classical writers, the first author who in modern times has treated it in a scientific spirit was Buffon.'
95. Voir entre autres: Paradis, 'Clio avait-elle songé à Darwin?'.
96. James S. Wilkie, 'The idea of evolution in the writings of Buffon – I, II & III', *Annals of science* 12 (1956), p.48-62, 212-27 et 255-66.
97. Nous empruntons cette locution à Thierry Hoquet, 'La nouveauté du Nouveau Monde du point de vue de l'histoire naturelle', *Cromohs* 10 (2005), p.1-19. Hoquet s'est inspiré directement de Buffon pour forger ce syntagme renvoyant à l'exclusivité des espèces composant la faune méridionale du Nouveau Monde. Pour Buffon, la spécificité de ces deux faunes est la 'loi générale', 'la seule *boussole* qui puisse nous guider dans la connoissance des Animaux.' ('Animaux communs aux deux Continens,' *Histoire naturelle*, t.9, p.119 [nous soulignons]).
98. Roman, 'Naming as natural process', p.245.

échantillonage restreint des nombreuses démonstrations scientifiques qui parsèment l'*Histoire des quadrupèdes* et s'étendent sur des centaines de pages, témoignant de la rigueur du naturaliste qui convoque à la fois les rapports écrits des voyageurs, les decriptions anatomiques résultant de la dissection, tout en les associant aux dessins et gravures qui viennent compléter chacun des articles. Cela dit, nous suivons ici Iris Sandler[99] qui propose, selon le point de vue de l'historien des sciences, de considérer Buffon comme précurseur de l'évolutionnisme, en se référant non pas à l'individu, mais plutôt à l'idée qui sous-tend sa boussole des deux faunes, et en examinant la relation à deux sens qui se développe entre le précurseur et les successeurs. Ainsi, nous pouvons passer outre la tentation de reléguer Buffon à un *avant* de la science, de le réduire à un savant de l'époque des Lumières tournant le dos au progrès, pour considérer à tout le moins que l'*Histoire des quadrupèdes* 'ne pouvait guère, en son temps, être ni plus savante ni plus complète'.[100] Ce constat, en regard de l'immense travail de composition de ce segment de l'*Histoire naturelle,* nous autorise à revenir aux éloges de Vicq d'Azyr et de Condorcet: en effet l'anatomiste et le mathématicien furent parmi les rares contemporains qui soulignèrent cette humilité scientifique, consolidant d'une part la figure du savant mais ourdissant aussi, d'autre part, la toile de l'icône.

Le tissage de l'icône: Buffon et sa 'vue courte'

En observateur attentif, Vicq d'Azyr a noté avec justesse les accommodements apportés par l'auteur de l'*Histoire naturelle* à ses propres postures scientifiques, en regard des progrès fulgurants qui marquent la discipline dans la deuxième moitié du dix-huitième siècle: 'Est-il blessé par la satire, il reprend ses théories qu'il avait presque abandonnées; il les accommode aux découvertes qui ont changé la face de la physique; et, perfectionnées, elles excitent de nouveau les applaudissements et l'admiration que des critiques maladroits avaient projeté de lui ravir. Plus calme ailleurs, il convient que ses hypothèses sont dénuées de preuves.'[101] De par sa profession de médecin anatomiste, Vicq d'Azyr était bien placé aussi pour repérer cette humilité scientifique, signe qu'il avait bien lus les 'Additions' proposées par Buffon dans les volumes du *Supplément à l'Histoire naturelle*: 'M. de Buffon fut grand dans l'aveu de ses fautes; il les a relevées dans ses suppléments avec autant de modestie que de franchise, et il a montré par là tout ce

99. Sandler, 'Some reflections on the protean nature of the scientific precursor', p.186.
100. Daniel Raichvarg et Jean Jacques, *Savants et ignorants: une histoire de la vulgarisation des sciences* (Paris, 1991), p.50.
101. Vicq d'Azyr, 'Eloge de M. de Buffon', p.VII.

que pouvait sur lui la force de la vérité.'[102] Si Vicq d'Azyr passe rapidement sur les dernières années de Buffon marquées par la maladie, il dresse un arrière-plan idéal pour poser ensuite l'icône dans sa voûte: 'Une mort douloureuse et lente a terminé cette belle vie. A de grandes souffrances, M. de Buffon a opposa un grand courage.'[103]

Etonnamment c'est Condorcet qui insistera sur cet aspect que nous avons retenu pour réhabiliter Buffon dans la catégorie de l'icône. Commentant ce long travail pénible, voire le sacrifice d'une vie au profit de la science, le secrétaire de l'Académie des sciences ajoute:

> L'immensité de ce plan ne le rebuta point; il voyait, sans doute, qu'avec un travail assidu de tous les jours, continué pendant une longue vie, il ne pourrait encore en exécuter qu'une partie [...]. Dix années furent employées à préparer des matériaux, à former des combinaisons, à s'instruire dans la science des faits, à s'exercer dans l'art d'écrire, et au bout de ce terme, le premier volume de l'Histoire naturelle vint étonner l'Europe.[104]

Plus loin, Condorcet revient sur le 'long travail' nécessaire au peaufinage légendaire du style buffonien, et insiste sur le fait que le seigneur de Montbard corrigeait sans relâche, 'jusqu'à ce qu'il eût effacé toutes les traces du travail, et qu'à force de peine il lui eût donné de la facilité'.[105] En somme:

> Peu d'hommes ont été aussi laborieux que lui, et l'ont été d'une manière si continue et si régulière. [...] Né avec une constitution à la fois très-saine et très-robuste, fidèle au principe d'employer toutes ses facultés, jusqu'à ce que la fatigue l'avertît qu'il commençait à en abuser, son esprit était toujours également prêt à remplir la tâche qu'il lui imposait.[106]

Et ce, jusque dans ses derniers moments, exemple de courage désintéressé et de dévouement qui va jusqu'au sacrifice de sa propre personne pour le progrès de la science, et, comme le mentionne dans ce collectif Frédéric Charbonneau (p.138) à propos de l''Eloge de Perrault' (rédigé également par Condorcet), qui évoque 'la reconnaissance d'une noblesse intellectuelle obtenue au mépris de la mort par la recherche de la gloire':

> Une maladie douloureuse vint troubler et accélérer la fin d'une si belle carrière; il lui opposa la patience, eut le courage de s'en distraire par une étude opiniâtre; mais il ne consentit jamais à s'en délivrer par une opération dangereuse. Le travail, les jouissances de la gloire, le plaisir de suivre ses projets, pour l'agrandissement du Jardin et du Cabinet du roi, suffisaient

102. Vicq d'Azyr, 'Eloge de M. de Buffon', p.XIII.
103. Vicq d'Azyr, 'Eloge de M. de Buffon', p.XIV.
104. Condorcet, 'Eloge de M. le comte de Buffon', p.334.
105. Condorcet, 'Eloge de M. le comte de Buffon', p.356.
106. Condorcet, 'Eloge de M. le comte de Buffon', p.357-58.

> pour l'attacher à la vie [...]. Il conserva, presque jusqu'à ses derniers moments, le pouvoir de s'occuper avec intérêt de ses ouvrages et des fonctions de sa place, la liberté entière de son esprit, toute la force de sa raison, et pendant quelques jours seulement, il cessa d'être l'homme illustre, dont le génie et les travaux occupaient l'Europe depuis quarante ans. *Les sciences le perdirent* le 16 avril 1788.[107]

On remarquera incidemment que ce sont ici les sciences et non les belles-lettres qui, d'après Condorcet, viennent de perdre leur icône. De plus, selon le secrétaire de l'Académie des sciences, Buffon ne peut être comparé qu'à deux autres grands hommes 'infatigables comme lui dans le travail, étonnants par l'immensité de leurs connaissances, et par celle des plans qu'ils ont conçus et exécutés': Pline et Aristote, qui 'ont vu leur gloire survivre aux révolutions des opinions et des empires, aux nations qui les ont produits, et même aux langues qu'ils ont employées'.[108] Ici, Condorcet atteint un point culminant de son éloge, en résumant l'apport de l'intendant du Jardin du Roi au progrès des sciences: 'Aristote semble n'avoir écrit que pour les savants, Pline pour les philosophes, M. de Buffon pour tous les hommes éclairés.'[109] De plus, toujours selon Condorcet, Buffon

> apprit à voir la nature avec transport comme avec réflexion; il réunit le goût de l'observation à celui des sciences contemplatives; et les embrassant toutes dans l'universalité de ses connaissances, il forma la résolution de leur dévouer entièrement sa vie. Une constitution qui le rendait capable d'un travail long et soutenu, une ardeur qui lui faisait dévorer sans dégoût, et presque sans ennui, les détails les plus fastidieux, un caractère où ne se rencontrait aucune de ces qualités qui repoussent la fortune, le sentiment qu'il avait déjà de ses propres forces, le besoin de considération, tout semblait devoir l'appeler à la magistrature, où sa naissance lui marquait la place, où il pouvait obtenir des succès brillants et se livrer à de grandes espérances. *Elles furent sacrifiées aux sciences*, et ce n'est point le seul exemple que l'histoire de l'Académie puisse présenter de ce noble dévouement.[110]

En somme, il se dégage tout un pan iconique de ce portrait offert par Condorcet, qui présente 'toutes les classes d'hommes'[111] en proie à la vénération pour une discipline emblématique de l'esprit encyclopédique qui caractérise le crépuscule de l'Ancien Régime, et pour son plus fidèle représentant qui n'avait négligé 'aucun des moyens de contribuer aux *progrès de la science* à laquelle il s'était voué'.[112] Et comme l'avait aussi bien

107. Condorcet, 'Eloge de M. le comte de Buffon', p.367-68 [nous soulignons].
108. Condorcet, 'Eloge de M. le comte de Buffon', p.369.
109. Condorcet, 'Eloge de M. le comte de Buffon', p.370.
110. Condorcet, 'Eloge de M. le comte de Buffon', p.328-29 [nous soulignons].
111. Condorcet, 'Eloge de M. le comte de Buffon', p.359.
112. Condorcet, 'Eloge de M. le comte de Buffon', p.361 [nous soulignons].

remarqué Vicq d'Azyr: 'Pour savoir tout ce que vaut M. de Buffon, il faut, Messieurs, l'avoir lu tout entier.'[113] Et non se contenter de quelques préambules colorés par de célèbres envolées lyriques, comme l'avaient fait plusieurs contemporains, et comme s'en satisfont encore aujourd'hui quelques critiques. Il faut aussi lire les descriptions de Daubenton, examiner les planches dessinées pour la plupart par Jacques de Sève, et aller revisiter les 'Additions' ajoutées dans les volumes du *Supplément*. Ainsi seulement pourrons-nous à tout le moins réserver une petite place à Buffon au sein des icônes du progrès. Cette prise en considération est primordiale car ces 'Additions', organes essentiels du corps que forme l'*Histoire des quadrupèdes*, qui contiennent l'aboutissement de plusieurs vastes enquêtes lancées dans les volumes de la première série, témoignent aussi de l'humilité d'un scientifique qui n'hésita jamais à avouer ses propres erreurs et à les rectifier sur la base d'observations plus récentes de la part de voyageurs, correspondants ou académiciens. Elles représentent infiniment plus que de simples 'repentirs sur les traits et les coups de pinceaux hâtifs du tableau brossé dans la hâte des volumes précédents'.[114] Au contraire, cet imposant segment de l'*Histoire naturelle* résulte plus, selon nous, de la patience que de la hâte,[115] et révèle une ténacité et une intégrité que la critique a parfois trop rapidement eu tendance à ignorer. Ce désintérêt, voire cette déconsidération de la part des commentateurs, s'explique peut-être en partie parce que ces mises à jour n'étaient pas intégrées dans des rééditions des volumes originaux, mais plutôt ajoutées dans les tomes du *Supplément*, et que, hormis le grand succès de certaines sections,[116] ces volumes eurent une diffusion beaucoup moins importante que ceux de la première série. Il convient donc de réévaluer, particulièrement dans le cadre de ce collectif consacré aux icônes du progrès, le travail de composition titanesque qui sous-tend la fabrique buffonienne des quadrupèdes, à l'aune de l'énergie et du travail colossal qu'a demandés la seule mise à jour de ces 'Additions', alors que l'infatigable descripteur avait dépassé, au début des années 1780, l'âge de soixante-dix ans. D'ailleurs, Buffon en était bien conscient en amont de ses descriptions animalières, dès l'incipit de son

113. Vicq d'Azyr, 'Eloge de M. de Buffon', p.xiii.

114. Thierry Hoquet, *Buffon illustré: les gravures de l'Histoire naturelle (1749-1767)* (Paris, 2007), p.124. On notera cependant que ce même chercheur a souligné que l'immensité de la tâche du naturaliste, de même que le caractère inachevé, voire inachevable de l'histoire naturelle, est un lieu commun qui s'étend depuis Pline jusqu'à Buffon: 'L'histoire naturelle est-elle une science de la nature?', *Corpus* 40 (2001), p.117-65 (128-31).

115. Voir à ce propos la troisième partie intitulée 'La longue patience de l'*Histoire naturelle*' de la biographie scientifique écrite par Roger, *Buffon: un philosophe au Jardin du Roi*, p.271-461.

116. Voir surtout, dans le vol.4 (1777), le 'Discours sur le style' (p.1-13) et l''Essai d'arithmétique morale' (p.46-148), de même que, dans le vol.5 (1778), les 'Epoques de la nature' (p.1-254).

'Premier discours', alors qu'il qualifiait sa discipline d''Histoire immense' qui 'embrasse tous les objets que nous présente l'Univers', évoquant d'emblée la 'multitude prodigieuse de Quadrupèdes, d'Oiseaux, de Poissons, d'Insectes, de Plantes, de Minéraux', offrant à 'la curiosité de l'esprit humain un vaste spectacle, dont l'ensemble est si grand, qu'il paroît & qu'il est en effet inépuisable dans les détails', avouant qu'une seule portion de cet ensemble 'suffit pour occuper plusieurs hommes'.[117] Aussi serait-il important de reconnaître l'importance que Buffon accordait à la mise à jour des connaissances scientifiques dans ses 'Additions', ce qui exigea plusieurs années de corrections et de refontes successives, alors qu'il travaillait concurremment – ne l'oublions pas – à la rédaction des 'Epoques de la Nature', terminait les derniers volumes de l'*Histoire naturelle des oiseaux*, et commençait son *Histoire naturelle des minéraux*. Pour reconnaître Buffon comme icône du progrès, il importe donc, d'une part, de considérer la ténacité avec laquelle il s'est affairé à une tâche dont il avait mesuré toute la vanité qu'il y avait à prétendre suivre le progrès fulgurant des connaissances en histoire naturelle et, d'autre part, de se pencher sur l'épuisement du naturaliste vieillissant[118] confronté à toujours plus de nouvelles espèces exotiques, découvertes au rythme des expéditions scientifiques, effervescentes en cette fin de dix-huitième siècle:

> J'ai fait part à M. Panckoucke de l'ennui que me donne ce malheureux volume des quadrupèdes, qu'il faut refondre en entier. Quatre mois de mon séjour ici me suffiront à peine pour cette sotte besogne, et, après cette perte de temps, l'ouvrage ne vaudra encore rien; car ce ne seront que des compilations, des copies de choses déjà données, et qui auraient été toutes neuves si je les eusse publiées il y a quatre ans.[119]

'J'ai la vûe courte',[120] écrit Buffon en 1749, dans un segment de la section dévolue à l'histoire naturelle de l'homme qui occupe l'essentiel du troisième volume de l'*Histoire naturelle*. A quarante-deux ans, membre de l'Académie des sciences depuis quinze ans, intendant du Jardin du Roi depuis une décennie, le savant avait patiemment forgé sa réputation, mais l'écrivain restait encore à découvrir et la gloire littéraire à

117. Buffon, 'Premier discours: de la manière de traiter l'Histoire naturelle', *Histoire naturelle*, t.1, p.3-4.

118. Buffon a plus de quarante ans lorsque sont publiés les premiers volumes de l'*Histoire naturelle*, franchit le cap de la soixantaine pendant la rédaction des descriptions animalières, et compte plus de soixante-dix ans lorsqu'il s'attaque aux 'Additions' dans les volumes du *Supplément*.

119. Buffon, 'Lettre CCCLXXIX à l'abbé Bexon' [20 janvier 1780], dans *Correspondance générale*, t.2, p.8-9. Ce 'malheureux volume des quadrupèdes' est le sixième tome du *Supplément*, qui sera publié en 1782 alors que Buffon aura atteint soixante-quinze ans, et qui contient exclusivement des 'Additions' aux descriptions animalières.

120. Buffon, 'Du sens de la vûe', *Histoire naturelle*, t.3, p.329.

conquérir – son entrée à l'Académie française (à l'occasion de laquelle il prononça son célèbre 'Discours sur le style') ne surviendra que quatre années plus tard, en 1753, alors qu'il publie ses premiers articles de descriptions animalières. Cette anecdote personnelle, surprenante dans un ouvrage scientifique, recèle néanmoins un potentiel heuristique fécond, notamment si l'on envisage de considérer le naturaliste montbardois en icône du progrès. En effet, il n'est pas banal de souligner que le célèbre naturaliste français, apôtre de l'observation scientifique, souffrait d'une myopie prononcée avant même de commencer à rédiger ses premiers articles de descriptions animalières. Il est étonnant que ce handicap visuel ait si peu retenu l'attention de la critique, car, selon Elizabeth Anderson, 'la myopie de Buffon était de notoriété publique'.[121] De plus, la correspondance nous montre nombre d'occurrences où le naturaliste se plaint de cette 'vûe courte': 'j'écris très rarement. Pour ne pas fatiguer mes yeux, qui sont devenus très faibles depuis un an'[122] avouait déjà Buffon en 1759, alors qu'il avait tout juste publié ses quatre premiers volumes sur les quadrupèdes. Puis, commentant ses expériences effectuées en 1747 alors qu'il tentait de renouveler les miroirs ardents d'Archimède, il déclare en 1772: 'Je suis trop âgé. J'ai les yeux trop affaiblis pour que je puisse faire jamais de nouvelles expériences de ce genre.'[123] Ainsi avait-il dû recourir très tôt dans sa carrière à des secrétaires, démuni qu'il était devant les volumineuses notes envoyées par une foule de correspondants, qu'il avait peine 'à démêler et même à lire'.[124] Il en fut même réduit à supplier son destinataire et collaborateur, l'abbé Gabriel Bexon, de réviser les épreuves du quatrième volume de l'*Histoire naturelle des oiseaux*: 'vous m'épargnerez par là un travail pénible pour mes yeux.'[125] Quelques années plus tard, préparant le septième volume de l'*Histoire naturelle des oiseaux*, Buffon écrit à ce même collaborateur:

121. Elizabeth Anderson (éd.), dans Charles-Georges Leroy, *Lettres sur les animaux*, *SVEC* 316 (1994), p.265, n.5. Il est intéressant de noter que, dans ses *Lettres du physicien de Nuremberg sur l'homme*, publiées en 1781, Leroy confirmera cette 'vue très-courte' de M. de Buffon (Charles-Georges Leroy, 'Lettre IV à madame *** (lettre 12)', *Lettres sur les animaux*, p.178).

122. Buffon, 'Lettre LXXX au président Ruffey' [Montbard, le 21 novembre 1759], *Correspondance générale*, t.1, p.111.

123. Buffon, 'Lettre CLXIV à Guyton de Morveau' [Montbard, le 26 juin 1772], *Correspondance générale*, t.1, p.218. Henri Nadault de Buffon précise également en note de cette lettre que le naturaliste montbardois était myope avec l'œil gauche plus affecté que le droit, et qu'il se plaignait souvent de la fatigue de sa vue.

124. Buffon, 'Lettre CCLXXIX à l'abbé Bexon' [Montbard, le 14 août 1777], *Correspondance générale*, t.1, p.352. Sur la nécessité pour Buffon d'avoir recours à des secrétaires, voir, dans la même lettre, n.1, p.353.

125. Buffon, 'Lettre CCLXXIX à l'abbé Bexon' [Montbard, le 14 août 1777], *Correspondance générale*, t.1, p.353.

'Comme j'ai les yeux très fatigués, je ne relis pas les nomenclatures, et je vous prie d'y donner une double attention.'[126]

Cette 'vûe courte' est d'autant plus significative, si l'on tient compte que Buffon construit ses articles en proposant des descriptions de bêtes qu'il n'a le plus souvent jamais vues de ses propres yeux, et qui ont été souvent observées par des tiers. Si l'on considère, de plus, que le naturaliste n'a à peu près pas voyagé,[127] qu'il était souvent réduit à n'observer que le résultat du travail des taxidermistes du Cabinet du Roi, eux-mêmes contraints à 'monter tant bien que mal, souvent sans documentation suffisante, les dépouilles d'animaux qu'on leur remet[tait]',[128] nous ne pouvons sous-estimer l'importance des lectures critiques que le naturaliste bourguignon à dû compléter pour bâtir ses propres articles. D'un côté la vue défaillante; de l'autre, l'observation directe déléguée à autrui. Mais un même constat que, sans s'y attarder toutefois, Pierre Flourens a relevé: comme Buffon 'n'avait pas de bons yeux', comme 'il n'observait pas, même ce qui était le plus à sa portée', il 'empruntait donc des yeux [...] à tous ceux qui l'entouraient [...] et leur demandait de voir et d'observer pour lui'.[129] Dans cet ordre d'idées, il n'est pas si étonnant que l'intendant du Jardin du Roi ait prôné, avec sa pompe habituelle que 'l'étude de la Nature suppose dans l'esprit deux qualités qui paraissent opposées, *les grandes vûes d'un génie ardent qui embrasse tout d'un coup d'œil*, & les petites attentions d'un instinct laborieux qui ne s'attache qu'à un seul point'.[130]

Nous suivons donc Elizabeth Amy Liebman[131] qui a noté au passage l'énormité du paradoxe: en effet, le handicap visuel de Buffon semble heurter de plein fouet le premier commandement de sa méthode: 'On

126. Buffon, 'Lettre CCCLVII à l'abbé Bexon' [Montbard, le 8 août 1779], *Correspondance générale*, t.1, p.433.

127. A l'exception de trois voyages de jeunesse en France (1730-1731), en Italie et en Suisse (1731-1732) et en Angleterre (1738-1739). Même s'il aurait avoué à un admirateur avoir 'passé 50 ans à [s]on bureau' (anecdote citée par Yves Laissus ('L'*Histoire naturelle*' dans *Buffon 1788-1988* (Paris, 1988), p.73-89 (78)), Buffon a somme toute voyagé par procuration en compilant une masse prodigieuse de récits de voyageurs, d'explorateurs et de correspondants. A propos de cet important réseau de voyageurs naturalistes ayant alimenté la plume de Buffon, voir: Yves Laissus, 'Les voyageurs naturalistes du Jardin du Roi et du Muséum d'histoire naturelle: essai de protrait-robot', *Revue d'histoire des sciences* 34:3 (1981), p.259-317.

128. Yves Laissus, 'Le Jardin du Roi', dans *Buffon 1788-1988* (Paris, 1988), p.49-71 (61).

129. Pierre Marie Jean Flourens, *Des manuscrits de Buffon: avec des fac-similés de Buffon et de ses collaborateurs* (Genève, 1971), p.182.

130. Buffon, 'Premier discours: de la manière d'étudier & de traiter l'histoire naturelle', *Histoire naturelle*, t.1, p.4 [nous soulignons].

131. Elizabeth Amy Liebman, 'Painting natures: Buffon and the art of the *Histoire naturelle*' (Thèse de doctorat, Université de Chicago, IL, 2003), p.41: 'Optical experience, despite his own imperfect vision, figured largely in Buffon's method and epistemology.'

doit donc commencer par voir beaucoup & revoir souvent'[132] afin que s'installent 'des impressions durables, qui bientôt se lient dans notre esprit par des rapports fixes et invariables'.[133] Se pourrait-il que la 'vûe courte' de Buffon ait été le catalyseur primordial de cette faculté consistant à 'imaginer' certaines séquences de ses descriptions animalières, dans une perspective qui ne trahit toutefois aucunement sa volonté sincère de 'démerveiller' (ou 'désenchanter') la faune? Que la vision de l'esprit, à la source des 'grandes vûes d'un génie ardent', ait été stimulée par le handicap même de la vision du corps? Fontenelle n'avait-il pas affirmé, dès le 'Premier soir', à la Marquise de G***: 'Toute la Philosophie [...] n'est fondée que sur deux choses, sur ce qu'on a l'esprit curieux, & les yeux mauvais'?[134] De la 'vûe courte' à 'l'œil intérieur', puis à l'imagination, voilà autant de caractéristiques que les contemporains de Buffon lui accordaient spontanément, comme en fait foi par exemple Helvétius (1715-1771): 'Homere et Milton furent aveugles de bonne heure. Un aveuglement si prématuré supposoit quelque vice dans l'organe de leur vue: cependant quelle imagination plus forte et plus brillante! On en peut dire autant de M. De Buffon; il a les yeux myopes, et cependant quelle tête plus vaste et quel style plus coloré.'[135] Dans quelle mesure toutefois l'imagination peut-elle s'intégrer harmonieusement dans une œuvre qui se réclame certes des belles-lettres, mais aussi, et avant tout, de la science? Rappelons que l'essentiel de la méthode buffonienne repose non seulement sur l'observation, mais aussi sur la logique de la comparaison, l'induction et l'analogie. Or, selon Fernand Hallyn, l'analogie constitue '*le complément conceptuel de la lunette*: les deux permettent de transgresser les limites de la vue naturelle; si la lunette étend le champ du visible, l'analogie, quant à elle, permet de se représenter ce qui reste méconnaissable, même vu à la lunette, par le "télescopage" de deux représentations'.[136] Ainsi, la vision de l'esprit, qui convoque l'imagination non seulement du poète mais aussi chez le savant, permettrait aussi, pour reprendre les mots même de Buffon, d'atteindre les 'grandes vûes d'un génie ardent'. Si ni Vicq d'Azyr, ni Condorcet n'ont insisté sur le déficit visuel du seigneur de Montbard dans l'éloge qu'ils lui ont respectivement consacré, les références

132. Buffon, 'Premier discours', p.6.
133. Buffon, 'Premier discours', p.5.
134. Bernard de Fontenelle, *Entretiens sur la pluralité des mondes* (Paris, Chez la Veuve Blageart, 1686), p.19.
135. Claude-Adrien Helvétius, *De l'homme, de ses facultés intellectuelles et de son éducation*, éd. Dmitrij Alekseevič Golicyn (Londres, Société typographique, 1773), p.154.
136. Fernand Hallyn, 'Dialectique et rhétorique devant la "nouvelle science" du XVIIe siècle', dans *Histoire de la rhétorique dans l'Europe moderne: 1450-1950*, dir. Marc Fumaroli (Paris, 1999), p.601-28 (625) [souligné dans le texte].

nombreuses au génie du naturaliste français peuvent aider en revanche à recoller certains morceaux de l'icône.

Buffon: une icône du progrès?

En parallèle au stéréotype souvent proposé par les critiques qui se limitent à étudier les épisodes de la génération ou de la théorie de la terre, nous croyons que l'intendant du Jardin du Roi peut s'inscrire également comme une véritable icône (négligée) du progrès en histoire naturelle, du moins en ce qui a trait à sa contribution au désenchantement des descriptions animalières. En refusant de tirer des conclusions précipitées, en revenant systématiquement, dans les volumes III, VI et VII du *Supplément* (1776, 1782 et 1789), sur des éléments laissés en suspens dans la première série de l'*Histoire des quadrupèdes* (1753-1767), Buffon rejoint ce qu'Isabelle Moreau a appelé un certain 'scepticisme académique probabiliste'[137] qui s'inscrit dans une démarche historique garantissant, pour reprendre la suggestion de Maria Susana Seguin, un progrès 'non pas dans le vrai, mais dans le vraisemblable, entendu comme une forme de probable'.[138] Il convient donc de tempérer quelque peu l'image stéréotypée qui nous présente un Buffon unidimensionnel, dont l'influence n'aurait été que 'néfaste au progrès des sciences'.[139] Cela dit, la question de reconnaître Buffon comme précurseur conduira inévitablement à une posture nuancée, variant selon le point de vue adopté par les scientifiques ou les historiens des sciences. Comme l'a bien noté David Bates, si l'erreur peut parfois être le résultat d'une défaillance ponctuelle dans le processus d'association des idées, voire d'une faille du jugement, elle est aussi le 'risque essentiel'[140] de tout raisonnement pour celui qui est engagé sur le chemin de la découverte. Une certaine discipline imposée par la raison va contribuer à limiter les vagabondages de l'imagination[141] hors de ce chemin, mais l'erreur – celle que l'on identifie chez ses prédécesseurs, mais aussi la sienne propre – est, pour ainsi dire, nécessaire à la progression du

137. Moreau, *'Guérir du sot'*, p.422.

138. Seguin, 'Du discours sur la nature', p.323.

139. Castonguay-Bélanger (*Les Ecarts de l'imagination*, p.30) résume ainsi la posture extrême du cofondateur de la première société linnéenne de Paris en 1787, qui avait condamné sans ménagement Buffon pour avoir 'retardé les progrès des véritables connaissances en histoire naturelle' (Aubin-Louis Millin, *Discours sur l'origine et le progrès de l'histoire naturelle en France [...]* (Paris, Creuze, 1792), p.27).

140. 'Error is the essential *risk* of a reasoning process which had to work its way out from simple ideas of perception that [...] conveyed no real knowledge without comparison, judgment, without the *intervention* of reason' (David Bates, 'The epistemology of error in late Enlightenment France', *Eighteenth-century studies* 29:3 (1996), p.307-27 (308-309) [souligné dans le texte]).

141. Voir sur cet aspect: Castonguay-Bélanger, *Les Ecarts de l'imagination.*

chercheur en quête de découvertes: 'Error would therefore turn out to be the only way of identifying the promising trail: by marking the failure of previous travellers, the roads to the precipice, the trails to the chasms, it would be impossible to trace a route which had at least the potential to open up a new, fertile zone of discovery.'[142] En identifiant l'erreur chez ses prédécesseurs, Buffon dégage la voie vers de nouvelles découvertes; la discipline qu'il impose à son imagination constitue le meilleur moyen de réduire au minimum, sans les annihiler, ses propres égarements. En effet, la différence entre l'erreur et la vérité n'est souvent qu'une question de 'degré de discipline';[143] nous suivons donc sur ce point Wilda C. Anderson qui propose de considérer les 'erreurs' de Buffon avant tout comme des 'outils épistémologiques'.[144]

Par ailleurs, les démêlés de Buffon avec la Faculté de théologie peuvent en quelque sorte aider à baliser le chemin qui le conduirait vers l'autel des icônes du progrès, le présentant comme un héros courageux face à des adversaires bornés, qui sont revenus à la charge quelque trente ans après leur première salve consécutive aux premiers volumes de l'*Histoire naturelle*. En effet, on peut parler sans trop exagérer de persécution, dans la mesure où le naturaliste avait pris soin, tout en s'appuyant sur sa méthode axée sur la comparaison – selon la trilogie observations, inductions et analogies – de très habilement laisser Dieu en dehors de la science: 'Pour peu qu'on ait réfléchi sur l'origine de nos connoissances, il est aisé de s'apercevoir que nous ne pouvons en acquerir que par la voie de la comparaison; ce qui est absolument incomparable, est entièrement incompréhensible; Dieu est le seul exemple que nous puissions donner ici, il ne peut être compris, parce qu'il ne peut être comparé.'[145] Et si le seigneur bourguignon n'a certes pas péri des suites d'une expérimentation menée au bénéfice de la science, il reste que le tenace naturaliste s'est indubitablement exténué dans la pratique de ses activités savantes, jusqu'à l'agonie, consécutive à l'un de ses nombreux voyages en carrosse, entre ses terres de Montbard et Paris. Il faut alors s'imaginer le vieillard pratiquement aveugle s'apparentant au martyre qui, pour aller superviser l'agrandissement du Jardin du Roi, accepte d'endurer la souffrance décuplée par quelque soixante-dix pierres vésicales s'entrechoquant au gré des cahots sur les routes

142. Bates, 'The epistemology of error in late Enlightenment France', p.312-13.

143. Bates, 'The epistemology of error in late Enlightenment France', p.313: 'The difference between truth and error is the degree of discipline.'

144. Wilda C. Anderson, 'Error in Buffon', *MLN* 114:4 (1999), p.691-701 (701): 'Error in Buffon is therefore an epistemological tool, always relative to the context of the reader. For his descendents, error will be transmuted into fiction, natural history into the literary exercise of inventing new perceptions of the present-day and future human condition.'

145. Buffon, 'De la nature de l'homme', *Histoire naturelle*, t.1, p.431.

bourguignonnes en piteux état. Les derniers moments de Buffon, consignés par sa grande amie Suzanne Necker,[146] plaident aussi en faveur de l'icône qui rend l'âme pour sa science, nimbée d'une gloire morale, sociale et intellectuelle au terme d'une carrière consacrée à la lutte contre les erreurs et les préjugés. Et même en considérant les rancœurs bien senties de Condorcet à l'égard de son collègue, nous pouvons partager avec le secrétaire de l'Académie des sciences – à bien y réfléchir peut-être son meilleur lecteur – sa synthèse à propos de l'intendant du Jardin du Roi, qu'il juge 'plus utile par l'effet de ses ouvrages que les vérités qu'ils renferment', non sans reconnaître qu'ils ont 'changé la pente des esprits, les ont portés à une étude utile, et ont produit une révolution qui peut faire époque dans l'histoire des sciences':[147] 'Ainsi, la plus austère philosophie peut pardonner à un physicien de s'être livré à son imagination, pourvu que ses erreurs aient contribué au progrès des sciences, ne fût-ce qu'en imposant la nécessité de les combattre.'[148] Et comme Buffon a su à tout le moins inspirer aux autres le désir de partir à la découverte, il doit être, selon Condorcet, mis au rang des 'inventeurs, puisque sans eux ces inventeurs, ou n'auraient pas existé, ou auraient vu leurs découvertes demeurer inutiles et dédaignées'.[149] Malgré les ressentiments personnels, sa conclusion ne laisse planer aucun doute sur le souvenir qu'il entend laisser du seigneur de Montbard:

> [...] on lira M. de Buffon pour s'intéresser comme pour s'instruire; et tandis qu'il continuera d'exciter pour les sciences naturelles un enthousiasme utile, les hommes lui devront longtemps et les doux plaisirs que procurent à une âme jeune encore les premiers regards jetés sur la nature, et ces consolations qu'éprouve une âme fatiguée des orages de la vie, en reposant sa vue sur l'immensité des êtres paisiblement soumis à des lois éternelles et nécessaires.[150]

146. Il s'agit d'un journal dans lequel la fidèle amie du naturaliste, venue s'installer au Jardin du Roi dès qu'elle fut informée de l'état désespéré de son correspondant, aurait noté et décrit les circonstances de cette affreuse agonie qui se prolongea pendant cinq jours. Ce document, ayant pour titre *Journal des derniers moments de Buffon, tenu jour par jour par Mme Necker, du vendredi 11 au mardi 15 avril 1788*, dont l'original est introuvable, a été reproduit par Henri Nadault de Buffon dans la conclusion de la première édition de la *Correspondance générale* de Buffon (1860), t.2, p.612-14. En revanche, il apparaît plutôt ailleurs, avec quelques variantes, dans la seconde édition que nous avons consultée : dans Buffon, 'Lettre CC. A Madame Necker' [Montbard, le 22 mars 1774], *Correspondance générale* (1885), t.1, p.264, n.2.
147. Condorcet, 'Eloge de M. le comte de Buffon', p.351.
148. Condorcet, 'Eloge de M. le comte de Buffon', p.336.
149. Condorcet, 'Eloge de M. le comte de Buffon', p.352.
150. Condorcet, 'Eloge de M. le comte de Buffon', p.371.

Exactement comme on le ferait en contemplant une icône du progrès... Il reste cependant que, à l'instar de ce que suggère dans ce collectif Alexandre Wenger à propos de Bordeu (p.211), le naturaliste montbardois a été longtemps relégué à un cadre épistémologique le confinant à un *avant* de la science, perdant ensuite en quelque sorte jusqu'à la fin du vingtième siècle son statut de précurseur, pour passer près de deux cents ans du côté des écrivains, alors que la valorisation de son style a occulté, du moins dans ses descriptions animalières, une méthode scientifique systématiquement rigoureuse. Mais ce serait oublier sa principale découverte – la boussole des deux faunes – et les nombreuses expériences qu'il réalisa sur le terrain, dans sa ménagerie de Montbard: on oublie trop rapidement qu'il fut ainsi par exemple le tout premier à distinguer la somnolence hivernale des carnivores (chez l'ours et le blaireau) de l'hibernation obligatoire (chez le lérot), facultative (chez le hamster) ou saisonnière (chez l'écureuil). Enfin, s'il est de mise qu'une icône soit vénérée, que dire de cette anecdote rappelant que Buffon fut un des rares érudits du dix-huitième siècle à être statufié de son vivant, précisément, comme le rappelle Vicq d'Azyr, dans l'enceinte où le 'grand homme' avait accompli sa carrière de savant, le Jardin du Roi: 'Tout est plein de lui dans ce temple, où il assista pour ainsi dire à son apothéose; à l'entrée sa statue, que lui seul fut étonné d'y voir, atteste la vénération de sa patrie, qui, tant de fois injuste envers ses *grands hommes*, ne laissa pour la gloire de M. de Buffon rien à faire à la postérité.'[151] Si certains critiques refuseront toujours à l'auteur de la monumentale *Histoire naturelle* l'étiquette d'icône du progrès, peu contestent celle de 'grand homme'. Mais alors, icône de quoi au juste? Du génie, littéraire *et* scientifique, sans doute. Et c'est peut-être la raison pour laquelle, en pleine tourmente révolutionnaire, les auteurs du saccage de ce symbole royal qui allait être rebaptisé Muséum national d'histoire naturelle n'osèrent pas même égratigner cette statue dont le socle portait l'inscription: *Majestati naturae par ingenium.*

151. Vicq d'Azyr, 'Eloge de M. de Buffon', p.XIV [nous soulignons].

Théophile de Bordeu (1722-1776): histoire et fiction du grand homme

ALEXANDRE WENGER

BORDEU: Je rêve à la manière dont se font les grands hommes.
MLLE DE LESPINASSE: Et comment se font-ils?
Denis Diderot, *Le Rêve de d'Alembert*

La manière dont se font les grands hommes

La médecine a ses grands hommes. Historiquement, elle se structure même autour de vies exemplaires – au double sens de cas révélateurs et de modèles à suivre – porteuses de valeurs qui servent de ciment à la profession. A ceux qui se sentent appelés par la vocation, elles permettent de s'identifier à une lignée et de se projeter dans une mission. Faire mémoire des grands hommes est efficace, car leurs trajectoires singulières, faites d'actes et de combats, incarnent la gloire scientifique et la conquête de la connaissance.

En 1924, Louis-Ferdinand Destouches, qui n'est pas encore Louis-Ferdinand Céline, soutient sa thèse de doctorat en médecine. Son choix s'est porté sur *La Vie et l'œuvre de Philippe Ignace Semmelweis*. Sous sa plume, la vie de cet obstétricien hongrois du dix-neuvième siècle, inventeur empirique et incompris de l'asepsie, devient l'épopée tragique du héros génial écrasé par la lourdeur de la discipline, la parabole de l'énergie solitaire broyée par la bêtise grégaire et l'esprit courtisan, l'exemple du progrès étouffé par la glu de la routine.

Aujourd'hui, ce texte est réédité dans des collections littéraires,[1] et l'on se plaît à y trouver, déjà, le style puissant et violent de l'écrivain, et à identifier ce que Bardamu devra à Semmelweis. Dans le passage de la thèse académique à l'œuvre littéraire, du travail analytique, scientifique et apparemment objectif, à l'écriture célinienne, engagée, empathique et tout entière du côté de l'icône sacrifiée, se joue également le statut de Semmelweis: acteur historique ou personnage de fiction?

L'exemple du 'Semmelweis de Céline' montre bien que les grands hommes ne préexistent pas aux opérations – discursives, narratives,

1. Louis-Ferdinand Céline, *Semmelweis*, Préface de Philippe Sollers (Paris, 1999).

iconographiques, célébratives – qui les construisent. Pour le dire autrement, les genres de la consécration scientifique, qu'il s'agisse d'éloges, d'anniversaires, de médailles, d'entrées de dictionnaires ou de biographies, ne sont en aucun cas le simple enregistrement d'une vérité qui leur préexiste, la neutre transcription d'événements extérieurs et antérieurs à leur production. Faut-il rappeler cette évidence? Un panthéon s'édifie avec de l'idéologie.

Dans les pages qui suivent, la question de la construction du grand homme est abordée par le biais de l'écriture. Autrement dit, la biographie savante, considérée comme un genre, ne définit pas l'objet mais l'opération de connaissance. L'unité procurée par le fait de raconter *une* vie d'*une* personne est efficiente en termes d'identification pour le lecteur, mais elle est facile, factice, fallacieuse du point de vue de la composition. Raconter, c'est faire choix d'un point de vue, d'une échelle spatiale et temporelle; c'est distinguer, sélectionner et valoriser différemment certains épisodes; c'est imposer des liens entre des causes (biographiques) et des effets (scientifiques). Ce qui unit la personne réelle et son personnage écrit est toujours médiatisé et mis en scène, quel que soit le genre du texte auquel on a affaire. 'Comme l'alchimiste, le biographe crée de la vie' et la biographie qu'il écrit 'n'est pas seulement un travail historique, mais aussi un art littéraire.'[2]

Dès lors, il peut sembler tout naturel de vouloir fédérer autour des formes d'écriture du 'grand homme' une analyse historiographique de l'acteur historique et une analyse littéraire du personnage de fiction. Pourtant, une telle démarche est probablement audacieuse et prématurée. Audacieuse parce qu'elle demanderait une enquête qui excéderait largement les bornes prescrites à la présente analyse de cas. Prématurée parce que l'intérêt actuel des historiens pour les 'vérités de la fiction'[3] d'une part, et les études sur la référentialité du personnage romanesque de l'autre,[4] n'ont pas encore trouvé leur point de convergence dans les théories de la narration contemporaines. Les pages qui suivent ont donc essentiellement pour objectif de lancer le débat. L'exemple retenu est celui d'un médecin ayant vécu un siècle avant Semmelweis, Théophile de Bordeu (1722-1776). Et conformément à la phrase citée en exergue, l'approche adoptée insiste à la fois sur la *manière*

2. Respectivement David M. Knight, 'Series editor's preface', p.xiii, et Thomas Söderqvist, 'Preface', p.8, dans *The History and poetics of scientific biography*, éd. Thomas Söderqvist (Aldershot, 2007). Ma traduction.
3. Judith Lyon-Caen et Dinah Ribard, *L'Historien et la littérature* (Paris, 2010), p.31.
4. Pour un exemple d'interrogation sur le personnage (mais aussi sur l'acteur, le héros, la personne, et le caractère) pris dans la tension entre les interprétations endogène et exogène, voir Alain Viala, 'Acteur et personnage au XVIIe siècle: d'un usage racinien peut-être révélateur', dans *Personnage et histoire littéraire*, éd. Pierre Glaudes et Yves Reuter (Toulouse, 1991), p.44-53.

et sur la *facture* du 'grand homme', autrement dit sur les mécanismes de production de la consécration scientifique.

En 1947, un gros volume consacré aux *Médecins célèbres* constate: 'On ne lit plus les œuvres de Bordeu, c'est dommage. Il y faut parfois un effort, il est toujours fécond.'[5] De fait, l'étoile de Bordeu paraît bien pâle à côté de celles de Vésale, Harvey, Pinel ou Laennec, sauf à se reporter à des ouvrages de valorisation du patrimoine béarnais (sa terre natale)[6] ou à certaines études universitaires d'histoire culturelle.[7] Parmi ces dernières, la principale est la biographie intellectuelle que Dominique Boury lui a consacré en 2004. Or ce travail débouche sur le constat, donné en conclusion, du caractère somme toute mineur de la contribution intellectuelle de Bordeu: 'Théophile de Bordeu n'est pas un *savant de premier ordre*. C'est un maillon important dans l'histoire médicale et intellectuelle de la deuxième moitié du dix-huitième siècle. Sa pratique professionnelle reflète l'état de la médecine à la veille de bouleversements décisifs.'[8]

Une telle assertion tranche singulièrement avec les réactions passionnées que Bordeu a suscitées de son vivant, qu'elles soient de rejet ou d'enthousiasme pour le génie de ce médecin que beaucoup considéraient comme 'le moderne Hippocrate' et le réformateur de la médecine. Bien plus, un tel point de vue ne permet pas de montrer comment, aux yeux de ses contemporains et de ses continuateurs, un savant en vient à être perçu comme un porteur du progrès. Il repose en effet sur une perspective historiographique plus attentive à la distinction hiérarchique entre savants majeurs et mineurs qu'à la dynamique de construction du champ des savoirs. Il suppose par ailleurs une chronologie forcément téléologique et rétrospective, qui alterne des moments de 'bouleversements décisifs' – les révolutions scientifiques – par défaut séparés entre eux par des périodes préparatoires ou transitoires.[9] Enfin, en adoptant une conception de l'homme comme 'reflet' de son époque, il postule un lien mou, parce que peu problématisé et unidirectionnel, entre l'acteur et son contexte.[10]

5. Jules Euzière, 'Bordeu', dans *Les Médecins célèbres*, éd. René Dumesnil et Flavien Bonnet-Roy (Genève-Paris, 1947), p.119.
6. Par exemple Jean-Pierre Larre, *Théophile de Bordeu: médecin béarnais (1722-1776)* (Paris, 2001).
7. Par exemple Gilles Barroux, 'Vitalisme et anthropologie au XVIIIe siècle: l'exemple des recherches de Théophile de Bordeu sur les glandes', dans *Matérialismes des modernes: nature et mœurs*, éd. Josiane Boulad-Ayoub et Alexandra Torero-Ibad (Laval, 2009), p.179-220.
8. Dominique Boury, *La Philosophie médicale de Théophile de Bordeu* (Paris, 2004), p.207. Les italiques sont dans le texte.
9. On reconnaît le modèle du progrès avancé par Thomas Kuhn dans *The Structure of scientific revolutions* (Chicago, IL, 1962).
10. Comme le souligne Christian Jouhaud, les 'contextes n'existent pas préalablement à

Contrairement à ce que pourrait laisser entendre notre titre, il ne s'agit pas ici d'insinuer que Bordeu n'était pas un grand homme, mais de considérer comment il a été constitué tel par ses contemporains et ses successeurs.[11] Au demeurant, son cas particulier intéresse notre réflexion à plusieurs titres. D'abord, il est une icône déchue: chanté de son vivant pour être un héros de la science moderne, Bordeu tombe progressivement dans l'oubli au cours du dix-neuvième siècle. Cette chute, propre en soi à interroger le rapport de chaque époque au progrès, s'accompagne en outre d'un changement radical de son image puisque, de médecin et naturaliste, on verra qu'il en est venu à être perçu comme un écrivain et un philosophe. Ensuite parce que certains médecins et biologistes du dix-neuvième et même du vingtième siècle ont persisté à voir en lui un précurseur: de l'anatomie, de la radioactivité, du rôle de l'inconscient, et de bien d'autres choses encore. Comme on peut le lire chez différents auteurs, Bordeu aurait même 'devancé' son époque – une assertion dont on conviendra que le sens ne va pas de soi. Enfin, Bordeu s'est mis en scène dans ses propres traités, recourant notamment au procédé de l''autoportrait en Vésale'. Lui qui apparaît au demeurant en tant que protagoniste fictif dans *Le Rêve de d'Alembert* de Diderot, s'est donc aussi représenté dans ses propres textes en tant qu'acteur de la science en train de se faire.

Nous envisagerons donc ici la figuration de Bordeu dans l'histoire médicale d'abord du point de vue de cette conscience réflexive, de cette construction de sa propre image de savant. Sans qu'il soit possible de déterminer précisément à quel point cette stratégie de *self-fashioning*[12] a opéré, nous nous intéresserons ensuite à la façon dont il a été *écrit* par ses contemporains, autrement dit la manière dont ses pairs en ont fait un modèle à suivre, une incarnation du progrès de la connaissance. Enfin, nous verrons pourquoi, dans les textes savants du dix-neuvième siècle, il a chu de son piédestal. Dans une perspective plus générale, ce parcours interprétatif permettra de déboucher sur quelques considérations portant sur la construction des 'grands hommes', personnages et acteurs du progrès scientifique.

---

l'opération qui les construit, ou bien alors il ne s'agit que de présupposés. Il n'y a pas de contextes, mais des opérations, des procédures, des expériences de contextualisation qui touchent de manière partielle, spécifique et relative une part du réel historique.' 'Présentation' du no. 'Littérature et histoire', *Annales, histoire, sciences sociales* 2 (1994), p.271-76 (272).

11. Soit 'la manière dont représentations et discours produisent eux-mêmes le monde social', Lyon-Caen et Ribard, *L'Historien et la littérature*, p.21.
12. Voir Stephen Greenblatt, *Renaissance self-fashioning: from More to Shakespeare* (Chicago, IL, 1980).

Le 'véritable médecin' et 'homme de génie'

Bordeu obtient son grade de docteur à la Faculté de médecine de Montpellier en 1744. En 1751, il s'installe définitivement à Paris, s'inscrit à la Faculté de médecine, et passe les différentes épreuves afin de pouvoir exercer dans la capitale. A l'assaut des possibilités de consécration intellectuelle et curiale qu'offre la ville,[13] il intègre différentes sociétés, mondaines ou philosophiques. Sa notoriété de praticien lui vaut une clientèle aisée, parmi laquelle figurent des personnalités de la Cour. A l'instar de ses compatriotes montpelliérains Ménuret de Chambaud, Venel ou Fouquet, il fréquente également les milieux liés à l'*Encyclopédie*. La publication en 1751 des *Recherches anatomiques sur la position des glandes* lui vaut la reconnaissance du monde savant, tout en le positionnant clairement sur l'échiquier des doctrines médicales de l'époque.[14] En effet, conformément à sa formation vitaliste, Bordeu réfute les thèses mécanistes, au profit d'une approche novatrice fondée notamment sur la notion de sensibilité.[15]

Nimbé de son autorité toute neuve, il fournit en 1754 ce qui restera son unique contribution à l'*Encyclopédie*: l'article 'Crise', texte long et riche qui culmine par une énergique profession de foi sur les qualités d'observation nécessaires au 'véritable médecin' et 'homme de génie'.[16] Or, sous l'idéal, on devine l'autoportrait, Bordeu construisant ainsi sa propre stature de savant, fondée sur le rejet des systèmes tout faits au profit de l'observation directe et du doute rationnel:

> L'observateur ou celui qui pourrait fournir des observations bien faites, ne serait point à ce compte celui qui se contenterait de dire, *j'ai vu, j'ai fait, j'ai observé*; formules avilies aujourd'hui par le grand nombre d'*aveugles de naissance* qui les emploient. Il faudrait que l'observateur pût prouver ce qu'il avance par des pièces justificatives, et qu'il démontrât qu'il a vu et su voir en tel temps; ce serait le seul moyen de convaincre les Pyrrhoniens, qui n'ont que trop le droit de vous dire, *où avez-vous vu? comment avez-vous vu?* et qui plus est encore, *de quel droit avez-vous vu? de quel droit croyez-vous avoir vu? qui vous a dit que vous avez vu?*[17]

13. Sur ce point, voir Elizabeth A. Williams, *A Cultural history of medical vitalism in Enlightenment Montpellier* (Aldershot, 2003).
14. Dans son étude sur le vitalisme, Roselyne Rey insiste sur le caractère 'fondateur' des textes de Bordeu (*Naissance et développement du vitalisme en France de la deuxième moitié du 18e siècle à la fin du Premier Empire*, *SVEC* 381 (2000), p.17).
15. Voir Anne C. Vila, *Enlightenment and pathology. Sensibility in the Literature and Medicine of Eighteenth-Century France* (Baltimore, MD, Londres, 1998); ainsi que Elizabeth A. Williams, *The Physical and the moral: anthropology, physiology, and philosophical medicine in France, 1750 1850* (Cambridge, 1994).
16. Théophile de Bordeu, 'Crise', dans *Encyclopédie ou Dictionnaire raisonné des sciences, des arts, et des métiers, par une société de gens de lettres*, éd. Denis Diderot et Jean le Rond d'Alembert, 17 vols (Paris, Briasson, 1751-1765), vol. 4 (1754), p.471-89 (488).
17. Bordeu, 'Crise', p.488. Les italiques sont dans le texte.

Le médecin observateur a pour figure contradictoire celle du pyrrhonien, dont la fonction est d'introduire dans l'investigation scientifique le scepticisme éclairé nécessaire à son progrès. La joute prend donc valeur d'ordalie médicale.

Mais Bordeu n'en reste pas là. Le 'véritable médecin' doit encore posséder la compétence de restituer ses observations: 'il faut [...] peindre exactement l'effet [produit par la juste observation], c'est-à-dire exprimer clairement ce qu'on a aperçu dans cette sorte d'*extase*, et l'exprimer par des traits réfléchis, et combinés de manière qu'ils puissent éclairer le lecteur comme la nature le ferait. Tel est l'objet de l'observateur, tel est le talent rare qu'il doit posséder.'[18]

Cette capacité proprement dramaturgique de possession des effets de son propre discours, est de nature stylistique, artistique. Elle n'est accessible qu'aux 'médecins au-dessus du commun', à ces 'législateurs de l'art' dont *in fine* Bordeu fait l'apologie: 'J'appelle *un législateur de l'art*, le médecin philosophe qui a commencé par être *témoin*, qui de *praticien* est devenu *grand observateur*, et qui franchissant les bornes ordinaires, s'est élevé au-dessus même de son état.'[19] Le progrès des savoirs ne peut advenir hors de ce crescendo qualitatif qui articule le passage de l'ordre sensible à l'ordre intellectuel.

De l'article 'Crise', il faut retenir deux éléments qui pèseront sur le discrédit ultérieurement jeté sur Bordeu. D'une part le fait qu'à ses yeux, l'observation des phénomènes, puis leur énonciation, ne peuvent en aucun cas être coupées des qualités singulières du savant qui les produit. L'objectivation scientifique ne se construit pas sur l'effacement de l'auteur devant des faits bruts, des chiffres ou des lois. Au contraire – et ce point deviendra problématique pour les scientifiques positivistes du dix-neuvième siècle – au cœur du progrès savant se trouve la capacité de l'homme à peindre et à exprimer, en somme, à *raconter* les phénomènes de la Nature. Le corollaire de cette conviction tient dans la valorisation des qualités stylistiques propres à chaque savant; un point qui, ici encore, contreviendra aux exigences de standardisation de la communication scientifique moderne.

Autoportrait en Vésale

La promotion des qualités d'expression nécessaires au savant trouve des prolongements en différents endroits de l'œuvre de Bordeu. On peut en prendre pour exemple les *Recherches sur quelques points d'histoire de la médecine*, publiées en 1764.[20] Cette année-là, Bordeu se relève d'une

18. Bordeu, 'Crise', p.488-89. Les italiques sont dans le texte.
19. Bordeu, 'Crise', p.489. Les italiques sont dans le texte.
20. *Recherches sur quelques points d'histoire de la médecine, qui peuvent avoir rapport à l'arrêt de la*

situation qui a bien failli lui coûter définitivement son droit d'exercer dans la capitale. En effet, son succès de praticien, mais aussi ses convictions vitalistes en contradiction avec la tradition iatromécaniste de la Faculté de Paris, lui valent d'être pris dans différentes querelles. En 1761, une polémique avec François Thiéry s'était déjà envenimée, suite à la publication par ce dernier d'un rapport défavorable sur les eaux thermales pyrénéennes.[21] Surtout, Bordeu va violemment se heurter à son confrère Michel-Philippe Bouvart. Celui-ci l'accuse d'avoir détroussé un patient agonisant, le marquis de Poudenas, et de lui avoir volé sa chemise et ses manchettes.[22] Au terme des trois ans de procédure judiciaire et d'enquêtes qu'aura duré le *procès Poudenas*, Bordeu se trouvera blanchi des fautes déontologiques qui lui étaient reprochées. Sa rancœur envers ses collègues, en revanche, restera vivace, et les *Recherches sur l'histoire de la médecine* doivent, ou doivent aussi, être lues comme sa riposte envers ses anciens accusateurs.

Le but affiché de l'ouvrage porte cependant sur la légitimité de généraliser ou non la pratique de l'inoculation de la petite vérole en France. Bordeu, qui est favorable à l'opération, rédige huit grands chapitres, axés sur huit types de médecins,[23] afin de démontrer qu'aucun d'eux ne peut raisonnablement s'opposer à l'inoculation. Or le fait de réfléchir *ad hominem*, à partir de types de médecins (certes généraux, mais plus concrets que des principes théoriques) l'amène encore une fois à dessiner la figure idéale du 'grand médecin', par opposition à celles des médecins bornés ou médiocres. Le procédé lui permet aussi de régler quelques comptes, notamment en glissant du type à l'individu, et en désignant nommément quelques-uns de ses contemporains. Certaines figures lumineuses de l'histoire médicale se détachent ainsi de la morose galerie des médecins communs. Ainsi de l'incontournable Vésale qui, pour avoir osé braver le préjugé de son temps, a été dénoncé à l'Inquisition par des confrères jaloux.[24] Le rayonnement de ces héros du progrès, par-delà les époques et les aires géographiques, contraste avec

---

Grande Chambre du Parlement de Paris concernant l'inoculation et qui paraissent favorables à la tolérance de cette opération (Liège-Paris, Cailleau, 1764). Les citations sont données d'après l'édition préfacée par Charles Lefeuve, *Recherches sur l'histoire de la médecine* (Paris, 1882).

21. 'Lettre à M. M***, conseiller d'état, contenant la relation d'un voyage fait à Barèges, à Cauterez et à Bagnères, par M. Thiery, docteur-régent de la faculté de médecine de Paris', *Extrait du Journal de médecine, chirurgie, pharmacie, etc., par M. Vandermonde* (mai1760), p.3-40.
22. Pour un résumé (partisan) de cette affaire, voir Lucien Cornet, *Le Procès de Théophile Bordeu (1761-1764)* (Pau, 1958).
23. Il s'agit 1) des empiriques, 2) des dogmatiques, 3) des 'médecins qui prennent la nature pour guide : les observateurs ou expectateurs', 4) des 'médecins antisystématiques, pyrrhoniens praticiens', 5) des médecins militaires, 6) des médecins théologiens, 7) des médecins philosophes, et enfin 8) des 'médecins législateurs ou juristes'.
24. Sur la prégnance de Vésale dans l'histoire médicale, voir l'article d'Hélène Cazes, p.9.

la frilosité des médecins ordinaires, guidés par la suffisance et l'esprit de coterie.

Or ce procédé se donne à lire comme une peinture des vexations subies par Bordeu lui-même. Le cas de Vésale en butte aux mesquineries de ses contemporains apparaît comme une mise en abîme du procès Poudenas. En somme, Bordeu dresse son propre 'autoportrait en Vésale': 'Des médecins, qui auraient pu laisser une bonne réputation après eux, se déshonorèrent en poursuivant Vésale', écrit-il. Portant une 'accusation folle', ils persécutèrent ce 'grand homme, digne d'un meilleur sort et le créateur de l'anatomie parmi les modernes'.[25] La pique finale est réservée à Bouvart: 'l'accusation eût été plus complète, plus digne du tribunal qui la jugea et plus convenable aux ennemis de Vésale, si l'on avait ajouté qu'il tua son malade pour le voler et qu'il se referma avec le mort pour lui arracher un morceau de sa chemise.'[26]

Bordeu a donc construit l'image de lui-même qu'il souhaitait léguer à la postérité. D'une part, l'article 'Crise' montre que ses textes sont aussi une mise en scène de soi, et pas seulement une contribution théorique. D'autre part, l''autoportrait en Vésale' atteste qu'il a recouru à des formes d'écriture ingénieuses, propres à l'inscrire dans la lignée pluriséculaire des génies fondateurs. Le moule narratif est ici celui du héros solitaire, persécuté pour avoir osé remettre en cause les faux savoirs de son époque. A ses détracteurs, Bordeu répond par l'autoportrait, un genre qui 's'attache à une figuration intemporelle du moi' et situe la personne 'dans une sorte d'éternité'[27] constitutive, en l'occurrence, de sa stature de 'grand homme'.

Un nouvel Hippocrate (un de plus...)

Comme en écho à l'image qu'il donne de lui-même à travers ses textes, Bordeu apparaît de son vivant déjà dans différents écrits relevant des genres de la consécration scientifique et mondaine, telle la poésie encomiastique. Ces textes, par définition, présentent un portrait lissé, expurgé de tout événement susceptible d'entacher le costume du grand homme. Pour autant, ils établissent un certain nombre de stéréotypes sur 'la vie et l'œuvre' de Bordeu, qui seront souvent repris, répétés par les praticiens des décennies suivantes.

25. Théophile de Bordeu, *Recherches sur l'histoire de la médecine*, p.243.
26. Bordeu, *Recherches sur l'histoire de la médecine*, p.243. Bordeu construit sa propre hagiographie en insistant sur l'adversité qu'il a rencontrée au même titre que des prédécesseurs prestigieux tels que Vésale. Dans les *Recherches sur la colique du Poitou*, il se compare à saint Athanase.
27. Laurent Jenny, 'La figuration de soi', *Méthodes et problèmes* (Genève, 2003). http://www.unige.ch/lettres/framo/enseignements/methodes/figurationsoi/index.html. Page consultée pour la dernière fois le 10 septembre 2014.

Par exemple, dans les quatre-vingts octosyllabes de l'*Epître à M. de Bordeu, Médecin*,[28] le Dr Pierre Roussel, un autre Montpelliérain célèbre, file la comparaison entre Bordeu et Hippocrate. Comme le 'père de la médecine', Bordeu est appelé à accéder au 'rang d'immortel'. De même, le jeune poète Barthélémy Imbert, plein de reconnaissance pour celui qui vient de le guérir, compose lui aussi une enthousiaste *Epître à Monsieur Bordeu*,[29] dont les vers racontent qu'Esculape, dieu grec de la médecine, lui serait apparu et lui aurait annoncé que Bordeu était sa réincarnation. Le Béarnais acquiert ici le statut de 'Dieu' qui a le pouvoir de 'rappelle[r] le mort de sa tombe'.

Les éloges qui paraissent à la mort de Bordeu[30] consolident cette image en reprenant très largement les mêmes lieux communs. On y retrouve en particulier la comparaison avec Hippocrate, trop présente pour être réduite à une simple rhétorique de la flatterie. Egalement l'insistance sur la précocité du génie de Bordeu, étayée par une anecdote récurrente portant sur les enseignements qu'il dispensait à ses condisciples à Montpellier alors qu'il n'était encore qu'étudiant. Enfin le stoïcisme face aux accusations iniques lancées contre lui par Bouvart – le méchant de la fable – qui sert d'opposant et de double négatif dans le récit hagiographique bordévien. Autre *topos*, la mort de Bordeu à l'âge de cinquante-quatre ans est généralement présentée comme la conséquence de la fatigue engendrée par son abnégation et son dévouement professionnels.

Ces éloges, majoritairement écrits par des médecins à l'attention de leurs pairs, font apparaître la figure d'un Bordeu refondateur du savoir médical. En cela, ils peuvent être rapprochés des éloges funèbres prononcés entre 1776 et 1789 par Félix Vicq d'Azyr devant la jeune Société Royale de Médecine.[31] Ce corpus se lit comme une histoire immédiate du progrès médical, par laquelle l'élite des praticiens des années prérévolutionnaires se donne à voir telle qu'elle aspire à être vue. Ces éloges, qui sont d'abord des biographies, se présentent comme autant de variantes d'un même récit exemplaire de la novation médicale. Ce récit débute de façon topique par les dispositions précoces manifestées pour la carrière médicale, et se termine par la mort des

28. *Mercure de France* (mars 1770), p.13-16.

29. Barthélémy Imbert, 'Epître à Monsieur Bordeu', dans *Le Jugement de Pâris: poème en IV chants* (Amsterdam, 1772), p.231-33.

30. Voir en particulier Jacques-Joseph de Gardane, *Eloge historique de M. Théophile de Bordeu, docteur régent de la Faculté de médecine de Paris* (Paris, Ruault, 1777); et Pierre Roussel, *Eloge historique de M. Théophile de Bordeu* (Paris, Ruault et Méquignon, 1778).

31. Voir Daniel Roche, 'Talents, raison et sacrifice: l'image du médecin des Lumières d'après les Eloges de la Société royale de médecine (1776-1789)', *Annales: économies, sociétés, civilisations* 32:5 (1977), p.866-86; ainsi que l'article de Frédéric Charbonneau, p.129.

grands hommes, généralement présentée comme 'la preuve ultime de leur engagement militant'.[32]

Les périodiques et les dictionnaires spécialisés du dix-huitième siècle puiseront copieusement dans cette vulgate. En 1812, Michaud rappelle dans sa *Biographie universelle* que Bordeu a été le '[p]remier chef de l'opposition que la faculté de Montpellier, la première de toutes, apporta à la doctrine de Boerhaave, qui était alors partout dominante', et qu'il a joui à ce titre 'd'une grande réputation pendant sa vie, et l'a conservée jusqu'à nos jours'.[33] La publication en 1818 des *Œuvres complètes* de Bordeu par le Dr Anthelme-Baltasar Richerand marque la période d'apogée de sa notoriété. Pour de nombreux médecins de cette génération, Bordeu occupe une place de père tutélaire. Richerand présente Bordeu comme un bâtisseur dont les écrits sont 'un des plus beaux monuments élevés à la science de l'homme'.[34] Ce monument de papier trouve son prolongement dans la pierre des statues qu'on élève alors à Bordeu. C'est en prévision de l'érection d'un buste qu'en 1847 Charles Lefeuve publie encore un *Eloge* dans lequel il ose une audacieuse comparaison avec le Christ: Bordeu 'rend la vie, comme un nouveau Jésus, à une foule de malades désespérés, soulage de ses deniers les plus nécessiteux, se fait aimer, bénir et presque adorer par les pauvres, en un mot Bordeu est le second père de ses compatriotes souffrants.'[35]

De tels exemples révèlent le caractère à la fois sélectif et répétitif de l'hagiographie scientifique.[36] La construction du 'grand homme' passe par un double mouvement de fixation au sein d'une lignée prestigieuse et de rupture avec le passé de sa discipline. La grandeur de Bordeu se juge à l'aune du prestige de ses précurseurs (Hippocrate, Erasistrate) et de l'importance des adversaires qu'il réfute (Boerhaave). C'est là une façon d'asseoir la stature historique de Bordeu, tout en donnant une portée mythomachique au récit de sa vie à travers les comparaisons avec Esculape ou le Christ.

32. Roche, 'Talents, raison et sacrifice', p.882. Dans *Raconter, vivre, penser: histoires de philosophes, 1650-1766* (Paris, 2003), ch.2, Dinah Ribard montre clairement que la précocité, l'autodidaxie, l'anecdote significative et l'adéquation de la vie et de l'œuvre, sont des éléments récurrents et structurants dans les biographies des grands hommes.

33. François Chaussier et Nicolas-Philibert Adelon, 'Bordeu', dans *Biographie universelle, ancienne et moderne*, éd. Joseph Fr. Michaud (Paris, 1811-1828), vol.5 (1812), p.163-69 (163).

34. Anthelme-Baltasar Richerand, 'Notice sur la vie et les ouvrages de Bordeu', dans *Œuvres complètes de Bordeu* (Paris, 1818), t.1, p.vii.

35. Charles Lefeuve, *Eloge historique de Bordeu: rapport à la Commission instituée pour l'érection d'un monument à la mémoire de Bordeu* (Paris, 1847), p.4.

36. La codification de la consécration scientifique est également valable pour des genres entre l'écrit et l'image, tels que le portrait. Voir Ludmilla Jordanova, *Defining features: scientific and medical portraits, 1660-2000* (Londres, 2000).

Du fondateur au précurseur

Or ce portrait connaît un double infléchissement dès les premières années du dix-neuvième siècle. D'une part, l'image du Bordeu réformateur, ou fondateur, s'assortit de celle du Bordeu précurseur. De plus en plus fréquemment en effet, Bordeu est considéré comme l'annonciateur du célèbre anatomiste Xavier Bichat.[37] Ce glissement n'est pas anodin, car Bordeu passe alors du statut de figure fondatrice (de l'organicisme, du vitalisme) à celui de signe avant-coureur (de la médecine à advenir). Faire de lui le précurseur de grands hommes à venir, c'est forcément le reléguer dans l'immaturité d'un état qui prépare à une complétude située dans le futur. C'est aussi s'enfermer dans une lecture téléologique de ses textes, capable de n'y trouver que des concepts en cours de formation, évalués à l'aune d'une connaissance de l'état postérieur du développement scientifique. Un exemple tardif et probant est fourni par le Dr Jules Euzière qui, en 1947, écrit que Bordeu 'a pressenti la radioactivité, la cénesthésie, les localisations cérébrales, les synergies fonctionnelles, le rôle du tissu conjonctif, la vaso-motricité, et même le rôle psychologique de l'inconscient',[38] avec tout le flou que laisse planer cette notion de *pressentiment*. Pour le dire autrement, la figure du précurseur, dont l'existence est conférée par ce qu'elle annonce, contrairement à celle du fondateur, qui possède sa propre existence, est une figure du refoulement hors de l'histoire vivante, de la relégation dans la préhistoire des sciences. Le précurseur est à sa discipline ce que la citation en exergue est au corps du texte: un seuil honorifique, un surplus ornemental, le lieu de la référence-révérence. Cette marginalisation apparaît très clairement sous la plume de Francière qui, répétant que Bordeu 'a été le précurseur de Bichat', insiste sur le fait qu'il était 'de fort longtemps en avance sur son époque', et même qu'il 'devança son époque de près d'un siècle'.[39] Et elle se trouve confirmée à la fin du dix-neuvième siècle par différentes tentatives de réhabilitation de son image – on ne réhabilite pas les héros reconnus – telle l'allocution de 1884 par laquelle le Dr Léon Germe se fait fort de prouver à ses pairs qu'il était un médecin important.[40]

37. Cette idée est présente tout au long du siècle, depuis *Les Siècles littéraires de la France* de Nicolas Toussaint Le Moyne Desessarts (Paris, 1803), t.7, p.37, jusqu'au *Dictionnaire encyclopédique des sciences médicales* d'Amédée Dechambre (Paris, 1869), t.10, p.88-90.
38. Euzière, 'Bordeu', p.119.
39. G. Francière, 'Théophile de Bordeu (1722-1776) d'après des documents inédits', Thèse de doctorat (Université de Toulouse, 1907), respectivement p.110, 101 et 108.
40. Léon Germe, *Le Philosophe Diderot, le médecin Bordeu et la médecine... Extrait du compte-rendu de la onzième assemblée générale de la Société médico-scientifique du Pas-de-Calais et du Nord, tenue à Arras, le 20 juillet 1884* (Arras, 1884).

Le Voltaire de la médecine

D'autre part, à l'idée du savant qui a fait le lit des sciences médicales modernes se superpose puis se substitue progressivement celle d'un Bordeu autant sinon plus écrivain et philosophe que scientifique à proprement parler. Ce changement passe par une attention croissante à la manière d'écrire de Bordeu, au détriment de sa contribution théorique. Richerand, déjà, évoquait la 'piquante vivacité' du style de Bordeu.[41] De même, Eugène Bouchut, dans son *Histoire de la médecine* de 1873 lit l'article 'Crise' avant tout comme 'un échantillon de la verve railleuse et supérieure de Bordeu'.[42] Aux yeux des savants de la seconde moitié du dix-neuvième siècle, Bordeu se singularise donc par son style. En introduction à sa réédition de 1882 des *Recherches sur quelques points d'histoire de la médecine* Lefeuve affirme même au sujet de cet ouvrage:

> il n'y a pas besoin en aucune sorte d'avoir fait sa médecine pour le comprendre. Une femme du monde la fera suffisamment rien qu'à le lire, et y gagnera sans effort de savoir ce qu'elle doit de confiance aux consultations orales. Le style de l'Hippocrate du XVIIIe siècle est clair et pétillant comme du champagne, de bonne compagnie quoique de bonne humeur, on ne peut plus français et de son temps.[43]

Le réformateur de la médecine semble s'être mué en mondain bel-esprit, émanation d'une socialité brillante et désuète. Sa légèreté expressive fait de lui un simple 'reflet' de cette médecine des Lumières qui n'a qu'un statut préparatoire au vu des 'bouleversements décisifs' à venir, pour reprendre les termes de Boury. Dès lors, à une époque où les lettres et les sciences se construisent sur une éviction mutuelle, Bordeu passe du côté des écrivains. Pour Isidore Bourdon, il est 'le poète des eaux thermales'[44] et, en le lisant, 'on se surprend faisant des oreilles à toutes les pages, comme s'il s'agissait des *lettres persanes* de Montesquieu, des *romans* de Voltaire ou du *de naturâ deorum* de Cicéron.'[45] Comme en écho, Guardia écrit dans son *Histoire de la médecine*: 'On dirait, en le lisant, que Montesquieu, Voltaire et Diderot ont concouru à la composition de cet ouvrage unique, où l'érudition la plus étendue et la plus sûre se cache sous les grâces de l'esprit et de la bonne humeur.'[46]

41. Richerand, 'Notice sur la vie et les ouvrages de Bordeu', p.xiv.
42. Eugène Bouchut, *Histoire de la médecine et des doctrines médicales* (Paris, 1873), t.1, p.364.
43. Bordeu, *Recherches sur l'histoire de la médecine*, p.5-6.
44. Isidore Bourdon, *Illustres médecins et naturalistes des temps modernes, par M. Isid. Bourdon, membre de l'Académie de Médecine: ouvrage dans lequel on apprécie les travaux de Cuvier, Boerhaave, Lamarck, Haller, Bordeu, Camper, Barthez, Bichat, Corvisart, Béclard, Hahnemann, Dupuytren* (Paris, 1844), p.235.
45. Bourdon, *Illustres médecins*, p.247-48.
46. Joseph-Michel Guardia, *Histoire de la médecine, d'Hippocrate à Broussais, et ses successeurs* (Paris, 1884), p.131-32.

Or cette valorisation du style devient la marque d'une absence de méthode scientifique:

> Les ouvrages de Bordeu sont très remarquables, non par la méthode, il n'en avait pas, mais par les aperçus, par la netteté des idées, par la pureté de la diction, par des pensées ingénieuses. Bordeu [...] fut le Voltaire de son temps. S'il eût été moins étourdi, plus ami de l'ordre, [...] on pourrait le placer sans scrupule à la tête des écrivains de la médecine. Il y a cinquante-sept ans qu'il est mort, et cependant on le lit avec plus de plaisir et plus de fruit que la plupart des auteurs qui lui ont survécu ou succédé. Cela tient principalement à ce qu'il est par-dessus tout historien et philosophe, qualités qui vieillissent moins que celles de systématique, de savant ou d'érudit.[47]

Mais ce 'plaisir' pris à lire Bordeu, devenu philosophe et historien, se mue chez d'autres en une mauvaise humeur évidente. C'est le cas de Charles Daremberg, qui écrit dans son *Histoire des sciences médicales* de 1870:

> Th. de Bordeu (1722-1776) dont on fait ou du moins dont on faisait si grand état à Montpellier est à mon sens, un esprit très embrouillé, un anatomiste mal assuré, un physiologiste incertain, un théoricien sans doctrine bien arrêtée, un véritable syncrétiste, un historien des plus mal informés, un prétendu savant qui vante sans cesse l'empirisme et la médecine Naturelle et en même temps qui se laisse aller parfois aux rêveries d'une sorte de mysticisme.[48]

Au cours du dix-neuvième siècle, l'image de Bordeu se transforme donc profondément. D'abord fondateur de sa discipline, il en a progressivement été perçu comme un précurseur, ce qui était une première manière de le reléguer dans un *avant* de la science vive. Au cours du siècle, cette transformation se prolonge et, en somme, se radicalise: l'historiographie médicale l'envisage comme un savant de l'époque des Lumières, autrement dit le produit d'un moment où les savoirs n'étaient pas encore scientifiques. Dès lors, en tant que simple émanation de son époque, Bordeu en vient même à perdre son statut de précurseur: on ne voit plus en lui une figure tournée vers l'avenir, mais un personnage recroquevillé sur son époque, dont il est un simple représentant. De sorte qu'à la fin du dix-neuvième siècle, Bordeu est évacué hors de l'histoire du progrès médical, ou pour le dire avec Hugo, hors de 'la marche en avant du genre humain vers la lumière'.[49]

47. Bourdon, *Illustres médecins*, p.242-43. Dans le même esprit, Armand Trousson écrit: 'Bordeu, malgré son génie, ne pouvait être l'auteur de la Réforme médicale moderne. Il n'avait pour cela ni les qualités ni les défauts nécessaires. Bordeu n'a que des traits, des vues. Il inspire plus qu'il n'éclaire. Il fait bien penser les forts, mais il est peu propre à instruire les faibles. Il abonde en aperçus, mais il n'a pas de système méthodique.' (*Traité de thérapeutique et de matière médicale, sixième édition, corrigée et augmentée* (Paris, 1858), vol.1, p.l.
48. Charles Daremberg, *Histoire des sciences médicales* (Paris, 1870), p.1157.
49. Victor Hugo, *Les Misérables*, dans *Œuvres complètes* (Paris, 1985), vol.1, p.38. Voir à ce sujet Myriam Roman, '"Ce cri que nous jetons souvent": le progrès selon Hugo', *Romantisme* 108 (2000), p.75-90.

En soi, une telle éviction n'a rien de très original; elle est constitutive des processus de sélection à l'œuvre dans la construction de la mémoire collective d'une discipline. En revanche, dans le cas de Bordeu, elle a pu être favorisée par le fait que, contrairement à un Harvey[50], un Fallope ou un Laennec, dont les noms sont indissociablement liés à une découverte physiologique, anatomique ou technologique, celui de Bordeu n'est pas attaché à une invention scientifique intemporelle – instrument ou maladie qui porterait son nom – mais plutôt à une attitude intellectuelle et des compétences épistémologiques face aux phénomènes de la nature. Contrairement à la découverte d'un 'fait' scientifique, l'attitude intellectuelle est une chose trop ténue, est trop complexe pour offrir un accès direct à l'histoire des sciences. En revanche, elle explique le fait que Bordeu ait pu être considéré comme un écrivain, car cette attitude singulière aurait trouvé comme lieu d'expression privilégié son style d'écriture.

Il est une autre façon encore de faire apparaître l'éviction de Bordeu hors de la science, en prêtant attention à son rapport à l'observation. En effet, de son vivant, la promotion militante de l'observation à laquelle il se livre est reçue comme une méthode de recherche propre à renverser le dogmatisme systématique de la médecine des facultés. L'observation fait intrinsèquement partie de la novation scientifique, comme en atteste encore Richerand en préambule aux *Œuvres complètes* de Bordeu: 'Les temps sont arrivés où, prenant l'observation seule pour guide, la médecine doit être envisagée comme une science [...] dans les fastes de laquelle l'histoire fidèle des phénomènes observés remplira les pages si longtemps usurpées par de frivoles explications.'[51] Au contraire, au dix-neuvième siècle, on daigne lui reconnaître des compétences d'observateur parce qu'on ne peut plus retenir sa théorie, désormais dépassée.[52]

A l'époque de Claude Bernard et de Pasteur, Bordeu, trop peu en phase avec le positivisme scientifique, sombre donc dans un anonymat croissant et la médecine officielle, lorsqu'elle contemple son passé, lui ménage tout au plus un strapontin. On peut en prendre pour indice le *Programme d'histoire de la médecine professé à l'Ecole pratique* dans les années 1860, où un Bordeu bien timide fait une unique et furtive apparition au chapitre des métamorphoses de l'hippocratisme au siècle précédent,[53] et pour confirmation le fait qu'il soit totalement occulté dans la thèse qu'en

50. Sur le cas particulier de Harvey, voir la contribution de Claire Crignon, p.37.
51. Richerand, 'Notice sur la vie et les ouvrages de Bordeu', p.xviii-xix.
52. C'est le cas d'Eugène Bouchut qui lui consacre un chapitre dans son *Histoire de la médecine et des doctrines médicales*, t.1, p.353-67.
53. Eugène Bouchut, *Programme d'histoire de la médecine professé à l'Ecole pratique en 1862, 1863 et 1864* (Paris, 1866), p.4.

1904 Auguste Eymin consacre pourtant à l'histoire des *Médecins et philosophes*.[54]

Mais ceci ne doit pas entrer dans l'histoire

Les pages qui précèdent avaient pour ambition de retracer le double processus dont la figure de Bordeu a fait l'objet. Dans un premier temps, Bordeu a été monumentalisé (ou icônisé). Il en est venu à représenter un *lieu* – épistémologiquement parlant – d'identification professionnelle. Dans un second temps, le monument est devenu ruines, et Bordeu a été rejeté hors du panthéon médical. Ce rejet rappelle néanmoins que les oublis sélectifs '*font* l'histoire [...] au même titre que les canonisations: ce que la postérité a retenu ne fait sens que si on le situe par rapport à ce qu'elle a oublié.'[55] L'effacement de la présence de Bordeu dans l'histoire médicale est symptomatique de cette fabrique identitaire de la science.

Ce double mouvement montre que, selon la formule consacrée, la vie et l'œuvre du 'grand homme' s'édifie sur la mise en évidence d'épisodes exemplaires et de modes d'écriture dont la sélection en dit parfois moins long sur sa personnalité que sur les convictions de son biographe.[56] Cette sélection est aussi liée à l'optique dans laquelle les textes biographiques sont produits, à savoir des textes de consécration rédigés par des médecins à l'attention d'autres médecins. Par défaut, une biographie tout public, à considérer que l'expression puisse s'appliquer à la période envisagée, aurait certainement donné de Bordeu une image différente, reposant sur des sujets plus personnels, tels par exemple que ses fréquentations privées.

Ainsi, dans les anecdotes que Chamfort compile sur la vie mondaine du dix-huitième siècle, Bordeu paraît sous un jour inédit:

> M. Lorri, médecin, racontait que Madame De Sully, étant indisposée, l'avait appelé et lui avait conté une insolence de Bordeu, lequel lui avait dit: 'Votre maladie vient de vos besoins: voilà un homme'; et en même temps il se présenta dans un état peu décent. Lorri excusa son confrère et dit à Madame De Sully force galanteries respectueuses. Il ajoutait: 'Je ne sais ce qui est arrivé depuis; mais ce qu'il y a de certain, c'est qu'après m'avoir rappelé une fois, elle reprit Bordeu.'[57]

54. Auguste Eymin, *Médecins et philosophes, notes historiques sur les rapports des sciences médicales avec la philosophie du VIe s. avant J.C. jusqu'aux premières années du XIXe s.* (Paris-Lyon, 1904).
55. Jean Marie Schaeffer, *Petite écologie des études littéraires* (Paris, 2011), p.118.
56. Sur ce point, à savoir que 'Vies et biographies visent à faire exister la vérité qui correspond aux besoins, aux intérêts, aux désirs de leurs auteurs', voir Ribard, *Raconter, vivre, penser*, p.35.
57. Sébastien-Roch-Nicolas de Chamfort, *Maximes et pensées: caractères et anecdotes* (Paris, 1970), p.222.

De même, en 1882, l'historien Lefeuve qui affirme sa volonté de montrer l'homme et non la statue,[58] dresse de Bordeu le portrait d'un 'joli garçon', très soucieux de son apparence élégante et multipliant les conquêtes féminines.[59] Plus tardivement, mais dans une veine similaire, Cabanès laisse entendre que Bordeu n'aurait pas refusé l'aide financière que Louise d'Estrées, sa maîtresse en titre, lui aurait proposée malgré ses infidélités notoires: 'Il paraîtrait même que Louise d'Estrées [...] aurait avancé quelques sommes d'argent à son Théophile, pour faire figure honorable dans le monde; mais ceci ne doit pas entrer dans l'Histoire...'.[60] Les points de suspension laissent toute latitude au lecteur de penser que la chose mérite au contraire d'être dite. En revanche, conscient de déroger à l'Histoire – avec la majuscule – Cabanès recourt à la prétérition pour raconter son anecdote. La précaution est d'importance, car elle est emblématique de la conscience, par quelque biographe que ce soit, des contraintes de genre dans lesquelles il inscrit son récit. Ces contraintes conditionnent le matériau utilisé, de l'anecdote 'vulgaire' jusqu'à la 'noblesse' des archives diplomatiques ou scientifiques. Elles président également aux jeux de connivence avec le lecteur, qui peuvent aller de la complaisance gaillarde au partage émerveillé de l'admiration pour le savant assimilé à un saint. Enfin, elles dictent dans une certaine mesure qui est en droit d'attacher son nom à celui d'un 'grand homme' et de récolter une partie de sa gloire en devenant son biographe ou son panégyriste (longtemps, les vies de savants, et tout particulièrement de médecins, étaient rédigées par d'autres savants issus des mêmes disciplines).

On l'a vu, l'hagiographie scientifique est une littérature largement fondée sur la répétition de motifs convenus (précocité, prédisposition, résistance à l'adversité, etc.) et sur la fixation du 'grand homme' au sein d'une lignée prestigieuse. A priori, les quelques mentions de Bordeu dans le roman de l'époque, comme par exemple dans *Ursule Miroüet* de Balzac,[61] confirment sa réputation de médecin célèbre du dix-huitième siècle. Néanmoins, ce qui rend le cas de Bordeu particulièrement intéressant est le fait qu'il existe sous forme de personnage fictif dans *Le Rêve de d'Alembert*. Bien loin de la péremption qui l'a frappé dans l'histoire de la médecine, cette autre vie – littéraire – de Bordeu connaît une longévité extraordinaire. Si le nom de Bordeu reste connu de nos jours, c'est d'abord grâce au protagoniste de l'œuvre de Diderot.

58. Lefeuve, *Notice*, p.10

59. Lefeuve, *Notice*, p.28. Certains stéréotypes portant sur la finesse de ses manchettes et de son jabot se retrouvent d'un texte à l'autre. Voir Lefeuve, *Notice* p.48, ainsi que Francière, *Théophile de Bordeu*, p.110.

60. Augustin Cabanès, *Médecins amateurs* (Paris, 1932), p.174.

61. Honoré de Balzac, *Ursule Miroüet*, dans *Comédie humaine* (Paris, 1976), t.3, p.784.

Sans entrer dans de longues considérations sur le personnage de Bordeu selon Diderot,[62] on peut relever à son sujet qu'il tient pour une part non négligeable de son modèle original. En bon médecin hippocratique, il valorise l'observation directe et se présente comme un simple auxiliaire de la nature.[63] D'Alembert est diagnostiqué sur la base de son pouls, en conformité avec la sémiotique vitaliste et le *Traité du pouls* publié par le Bordeu historique,[64] et la métaphore de la grappe d'abeilles, qui apparaît initialement dans les *Recherches sur les glandes*, est reprise et largement commentée pour exprimer la manière dont les vies particulières des organes concourent à la vie générale du corps. Mais l'originalité du Bordeu de Diderot est surtout d'être représenté en mouvement, et non comme une icône figée: passionnellement et intellectuellement engagé dans sa discussion avec Mlle de Lespinasse, ne reculant pas même devant quelques gauloiseries, ce Bordeu-là représente le progrès de la connaissance comme un échange critique et non comme l'imposition d'une vérité définitive à des ouailles crédules.

Par superposition, le Bordeu du *Rêve* et celui de ses hagiographes se servent donc mutuellement de révélateurs. Diderot présente 'son' Bordeu comme l'incarnation d'un savoir scientifique en cours de constitution, comme une figure offerte au débat et à la réflexion, et non comme une figure en surplomb, arrêtée comme une autorité marmoréenne. Par contrecoup, le Bordeu du *Rêve* révèle la part de fictionnalisation qui se trouve dans tout discours hagiographique ou commémoratif d'un 'grand savant', le Bordeu narré par les éloges n'étant pas forcément moins fictif que celui de Diderot.

Histoire et fiction du grand homme

Historiquement, les textes de canonisation des 'grands hommes' de la science se sont pourtant érigés sur le rejet de la 'littérature', et cela dès le début du dix-neuvième siècle au moins. Depuis cette époque, le récit de la conquête scientifique, qui se targue d'être un récit factuel, n'a de cesse de revendiquer sa séparation d'avec les lettres, d'avec l'esprit romanesque, d'avec les écarts de l'imagination.[65]

On peut donc se demander ce qui doit 'entrer dans l'Histoire', et les présentes pages plaident, on l'aura compris, pour une intégration

62. Voir à ce sujet Alexandre Wenger, *Le Médecin et le philosophe: Théophile de Bordeu selon Diderot* (Paris, 2012).
63. '[Bordeu:] Si la nature ne fait pas la besogne sans moi ; nous aurons bien de la peine a la faire ensemble; et à coup sûr je ne la ferai pas sans elle.' (Denis Diderot, *Le Rêve de d'Alembert* (Paris, 2002), p.135.
64. Diderot, *Le Rêve de d'Alembert*, p.80.
65. Voir Joël Castonguay-Bélanger, *Les Ecarts de l'imagination: pratiques et représentations de la science dans le roman au tournant des Lumières* (Montréal, 2008).

raisonnée de la fiction dans l'histoire des sciences. En l'occurrence, cette intégration passe par une réflexion sur ce qu'est un *personnage* de 'grand homme', et plus spécifiquement sur l'articulation entre le regard littéraire (attentif aux procédés d'écriture) et le regard de l'historien (attentif aux opérations de contextualisation et à la construction de la chronologie et des échelles d'interprétation). Au double regard littéraire et historique correspond par conséquent une attention au texte comme dispositif rhétorique et comme archive historique.

Un tel programme reste encore largement à faire, d'autant que les théories sur le personnage fictif et sur l'acteur historique ont essentiellement été considérées indépendamment l'une de l'autre au cours des dernières décennies. On sait en effet qu'à partir des années 1950, en réaction contre l'histoire dite événementielle, l'historiographie a été marquée par la 'fin du personnage comme acteur individualisé de l'histoire'.[66] Les notions d'acte et d'action ont ainsi été refoulées au profit des structures de longue durée: c'était la géo-histoire, avec sa prédilection pour les déterminants économiques, et dont les 'personnages' se sont étendus jusqu'à devenir des villes ou des mers.[67] Le sujet ne pouvait plus être conçu que désincarné et soustrait à quelque autonomie que ce soit. C'était ensuite l'histoire des mentalités qui a privilégié les processus culturels collectifs au détriment des acteurs individuels.[68] Dans tous les cas, il s'agissait d'opposer 'aux personnages qui étaient ceux des anciens récits, les entités abstraites maniées par l'historien (classes, mentalités, séries, etc.)' afin de soustraire l'histoire 'aux séductions dangereuses du récit'.[69] Dit de façon un peu schématique, l'histoire a ensuite opéré un revirement en revenant à l'acteur, et en particulier à l'acteur individuel, sous l'impulsion de la *microstoria*, du *linguistic turn* ou encore du tournant critique des *Annales*. Ce retour a notamment été motivé par la conscience que 'récits de fiction et récits d'histoire [...] ont en commun une même manière de faire agir leurs "personnages"'.[70] La parenté conflictuelle entre l'histoire et la fiction fait aujourd'hui l'objet de débats en profondeur.[71]

66. Pierre Nora, 'Histoire et roman: où passent les frontières?', *Le Débat* 165 (mai-août 2011), p.6-12 (7).
67. Respectivement Pierre Chaunu, *Séville et l'Atlantique* (Paris, 1959), et Fernand Braudel, *La Méditerranée et le monde méditerranéen à l'époque de Philippe II* (Paris, 1949).
68. Pour une synthèse, voir Bernard Lepetit, 'L'histoire prend-elle les acteurs au sérieux?', *EspacesTemps* 59-60-61 (1995), p.112-122.
69. Roger Chartier, 'Récit et histoire', dans *Le Dictionnaire des sciences humaines*, éd. Sylvie Mesure et Patrick Savidan (Paris, 2006), p.954-58 (955).
70. Chartier, 'Récit et histoire', p.955. Les guillemets sont emblématiques de la difficulté à manier la catégorie du 'personnage'.
71. Voir le no. spécial que *Le Débat* 165 (mai-août 2011) a consacré à 'L'histoire saisie par la fiction.'

Néanmoins, et malgré quelques exceptions notoires,[72] la question de la biographie – et en l'occurrence de la biographie savante – n'a pas encore été saisie par une réflexion collective aussi large que l'ont été celles du genre, des pratiques d'écriture ou du rapport de la narration au vrai.[73]

Dans ce paysage, la question des biographies médicales occupe vraisemblablement une place légèrement à part. L'histoire de la médecine est traditionnellement une grande pourvoyeuse de biographies savantes. Mais aussi, à considérer qu'il s'agisse d'une discipline à part, elle a jusqu'à récemment évolué dans une relative autonomie par rapport au champ historiographique et son évolution professionnelle. Parmi ses auteurs, on compte nombre de médecins et, indépendamment de leur qualité, les biographies que d'aucuns ont pu rédiger se donnent souvent comme des commémorations, à travers ses héros, de la marche triomphale du progrès des connaissances.[74]

Toutefois, sous l'impulsion notable d'historiens allemands et anglais, la question de la biographie médicale a été reprise à nouveaux frais, non plus comme l'illustration d'une gloire scientifique, mais comme objet historiographique et comme mode d'investigation problématisé. Par exemple, à travers la figure de Pinel, ce sont les conditions d'émergence de la psychiatrie moderne qui ont été interrogées.[75] Ou encore, à travers celle de Charcot, c'est le mythe d'une fondation *ex nihilo* de la psychanalyse par Freud qui a été réévalué.[76] Il ne s'agit plus de créer à tout prix des précurseurs et des figures tutélaires, mais d'interroger les pratiques scientifiques d'une époque à travers un acteur privilégié. En outre, avec la redécouverte du point de vue des patients ordinaires et des acteurs de la santé de tous les jours (*history from below*), les historiens de la médecine se sont non seulement mis à écrire des biographies de praticiens inconnus, mais encore, ils ont interrogé la signification même de la 'grandeur' des 'grands hommes'.[77]

72. Notamment Barbara Caine, *Biography and history* (New York, 2010), et *The History and poetics of scientific biography*, éd. Söderqvist.
73. Pour une réflexion stimulante sur ces questions, voir *Histoire, littérature, témoignage* (Paris, 2009) par Christian Jouhaud, Dinah Ribard et Nicolas Schapira.
74. On peut en prendre pour exemple *Théodore Tronchin (1709-1781): un médecin du XVIIIe siècle* (Paris-Genève, 1906), écrit par son descendant Henry Tronchin. Voir à son sujet dans cet ouvrage l'article signé par Catriona Seth, p.149.
75. Voir Jackie Pigeaud, *Aux portes de la psychiatrie: Pinel, l'ancien et le moderne* (Paris, 2001), et Dora B. Weiner, *Comprendre et soigner: Philippe Pinel (1745-1826): la médecine de l'esprit* (Paris, 1999).
76. Marcel Gauchet et Gladys Swain, *Le Vrai Charcot: les chemins imprévus de l'inconscient* (Paris, 1997).
77. Les travaux de Jacalyn Duffin sur Laënnec, héros reconnu de la médecine, et Langstaff, obscur médecin de campagne canadien, en sont emblématiques: Jacalyn Duffin, *To see with a better eye: a life of R. T. H. Laennec* (Princeton, NJ, 1998), et *Langstaff: a nineteenth-century medical life* (Toronto, 1993). Par ailleurs, elle revient sur le parcours qui l'a amené à ces

C'est dans cette perspective de la biographie comme mise en intrigue de la science que Bordeu peut devenir une 'icône' du progrès. L'attention à l'écriture du 'grand homme' permet d'éviter deux écueils: celui de la théorie du reflet de l'homme par rapport à son époque, et celui du précurseur. Le premier repose sur un lien mou, le second sur un anachronisme, ce qui fonde le déficit explicatif de tous deux. Au contraire, en insistant sur les enjeux identitaires à l'œuvre à travers l'écriture, l'attention glisse du 'grand homme' pour lui-même à ce qu'il signifie pour l'époque qui le fabrique, et de son rapport historique au progrès.

---

deux biographies dans 'La mauvaise herbe: unwanted biographies both great and small', dans *The History and poetics of scientific biography*, éd. Söderqvist, p.185-97.

Résumés

La figure de Descartes au XVIIIe siècle

J. Boulad-Ayoub, Université du Québec à Montréal, Chaire UNESCO d'étude des fondements philosophiques de la justice et de la société démocratique

Au dix-huitième siècle qu'ouvre Voltaire en prônant Newton et Locke contre Descartes, que retiennent de celui-ci les *Philosophes*? Que revendiquent, en revanche, les plus matérialistes d'entre eux, tels La Mettrie, ou Naigeon, et plus tard, l'Idéologie physiologiste? Accordant entre elles les figures de Descartes, un fil rouge tisse cependant le filigrane de sa philosophie dans sa radicale nouveauté. Nous tenterons de dégager ce fil commun qui, partant de la même source cartésienne, fait emprunter à tel ou tel philosophe, qui la voie matérialiste et naturaliste, qui la voie méthodologique et mathématique, qui la voie spiritualiste.

Une icône en procès: à propos de quelques résistances tardives à Newton

J. Castonguay-Bélanger, University of British Columbia

Le récit de la diffusion et du triomphe des théories de Newton en France occupe une place de choix dans l'historiographie des Lumières. Celui des résistances tardives est quant à lui beaucoup moins connu. Souvent perçues comme marginales et représentatives d'une pensée d'arrière-garde négligeable sur le plan historique, ces résistances n'ont pourtant pas été le fait exclusif d'une poignée d'écrivains totalement dénués de crédit dans l'opinion publique. Bernardin de Saint-Pierre, Louis-Sébastien Mercier et Claude-Henri de Saint-Simon figurent parmi ceux qui se sont attaqués à l'icône. Cet article entend étudier le rôle de repoussoir et de contre-modèle que la figure de Newton a pu jouer au tournant des dix-huitième et dix-neuvième siècles, à un moment où, selon ce que répète traditionnellement l'histoire des sciences, ses théories ne faisaient plus l'objet de débats.

Réédition et retour au progrès: les *Œuvres* d'André Vésale (Leyde, éd. Boerhaave et Albinus, 1725), acte de naissance et de renaissance de l'anatomie

H. Cazes, University of Victoria

Rééditer les œuvres complètes d'André Vésale (1514-1564) en 1725 à Leyde est une profession, non pas de foi, mais de science: sous prétexte de fournir les textes devenus rares de l'anatomiste de la Renaissance, les deux professeurs de l'Université de Leyde Herman Boerhaave (1668-1738) et Siegfried Albinus (1697-1770) font une déclaration sur ce que doit être la médecine et ce que peut être le progrès médical. Réédition monumentale, œuvrée à grands frais, ce 'retour aux nouvelles sources' instaure en effet une certaine histoire de la médecine, dont le premier chapitre aurait pour titre Vésale.

L'apothéose médicale, de Fontenelle à Vicq d'Azyr

F. Charbonneau, Université McGill, Chaire William Dawson en littérature du XVIIIe siècle

Cet article examine le corpus des éloges académiques de médecins prononcés au dix-huitième siècle par les secrétaires perpétuels successifs de l'Académie royale des sciences et de la Société royale de médecine. Reprenant dans l'ordre laïque les lieux de l'hagiographie, ces brefs récits de vie, qui cherchent à légitimer un savoir et une pratique souvent en butte à la raillerie, mettent singulièrement en lumière le rôle du médecin mort pour la science. La dimension sacrilège du progrès et de la *libido sciendi* ressort de ces vies qu'il a fallu lui sacrifier.

William Harvey: nouveau Démocrite? Les récits de la découverte de la circulation sanguine au XVIIe siècle

C. Crignon, Université Sorbonne-Paris IV/UMR 5037

A partir de l'étude des préfaces aux différentes éditions du traité de Harvey, des odes écrits pour célébrer sa mémoire, l'article montre comment se croisent, dans le portrait de Harvey en 'Démocrite londonien', plusieurs facettes du personnage qui ne font pas toujours bon ménage: celle du philosophe naturel atomiste, de l'anatomiste moraliste, ou encore du philosophe qui choisit de rire des malheurs du monde (par opposition à Héraclite). On comprend ainsi mieux pourquoi la découverte de Harvey a pu être perçue comme une menace pour l'ordre social, politique et religieux qui peine à s'établir dans l'Angleterre de l'après guerre civile.

Buffon et les descriptions animalières: réhabiliter une icône du progrès?

S. Paradis, Collège universitaire Glendon, Université York

Si les scientifiques ont souvent reproché à Buffon d'instiller dans ses écrits un peu trop d'imagination, se pourrait-il que son exclusion du paradis de la science ait été précipitée? En scrutant les éloges funèbres consacrés au naturaliste montbardois, prononcés respectivement par

Vicq d'Azyr à l'Académie française, puis par Condorcet à l'Académie des sciences, et en nous concentrant sur les descriptions animalières qui forment l'*Histoire des quadrupèdes*, nous tenterons de déterminer si Buffon ne pourrait pas *aussi* être perçu comme une icône du progrès en histoire naturelle, discipline alors sur le point de se scinder en de multiples champs de savoir.

Esculape-Tronchin: le médecin à la mode
C. Seth, Université de Lorraine

La postérité est ingrate envers Tronchin (1709-1781), inoculateur célèbre, de son vivant, dans toute l'Europe. Sa panthéonisation anticipée, accompagnée d'attaques d'adversaires jaloux, a conduit à la mise en avant d'un parcours présenté comme une vocation. S'il est désormais oublié, c'est peut-être parce que l'inoculation, qui accompagne la transition de la médecine expectante à la médecine agissante, a été passée sous silence à la faveur de la vaccination jennérienne et de la révolution pastorienne, toutes deux portées par des figures de savants. La caducité de la technique à laquelle il a été associé a vraisemblablement sonné le glas de sa renommée.

Une épistémologie libertine de la découverte: la chance en progrès chez Cyrano de Bergerac
F. Tinguely, Université de Genève

Imprégnée de scepticisme pyrrhonien, stimulée par la pensée épicurienne du hasard, la culture libertine du dix-septième siècle ne saurait accueillir les nouvelles découvertes scientifiques sans résister au 'grand récit' de leur émergence. En témoignent de façon spectaculaire les *Etats et empires de la lune*, où Cyrano de Bergerac relate une singulière aventure de la connaissance: bien que placé sous les auspices de Copernic et de Kepler, son héros spationaute effectue un parcours chaotique où les échecs ne sont compensés que par une chance invraisemblable. Le roman épistémologique décline ici un principe de *serendipité* difficilement compatible avec le mythe du progrès scientifique.

Théophile de Bordeu (1722-1776): histoire et fiction du grand homme
A. Wenger, Universités de Fribourg et de Genève

Cet article propose une réflexion sur la manière dont la médecine fabrique les 'grands hommes' de son panthéon, et sur la façon dont elle représente le progrès scientifique à travers eux. L'exemple retenu est celui de Théophile de Bordeu (1722-1776), adulé comme un fondateur de la médecine moderne par ses contemporains, avant de sombrer dans l'oubli. Son cas montre qu'une icône du progrès en dit moins sur elle-même que sur l'époque qui la fabrique. Le corpus étudié réunit différents genres de la consécration scientifique (épîtres encomiastiques, éloges académiques, notices historiques, avant-propos aux rééditions de ses œuvres, entrées de dictionnaires, etc.).

Bibliographie

Abiven, Karine, '*Eurêka*! Anecdotes emblématiques au temps de la science expérimentale', dans *Histoires et savoirs: anecdotes scientifiques et sérendipité aux XVIe et XVIIe siècles*, éd. Frédérique Aït-Touati et Anne Duprat (Berne, 2012), p.21-35.

Accomplissement de l'année merveilleuse, L', s.l.n.d. [1756].

Aguila, C. J. E. H. d', *Découverte de l'orbite de la terre du point central de l'orbite du soleil, leur situation, leur forme; de la section du zodiaque par le plan de l'Equateur et du mouvement concordant des deux globes.* Avec figures. (Paris, 1806).

Aït-Touati, Frédérique, *Contes de la lune: essai sur la fiction et la science modernes* (Paris, 2011).

–, et Anne Duprat (éd.), *Histoires et savoirs: anecdotes scientifiques et sérendipité aux XVIe et XVIIe siècles* (Berne, 2012).

Albinus, Bernardus Siegfriedus, *Explicatio tabularum anatomicarum Barth. Eustachii [...] Acc. tabularum editio nova* (Leiden, Apud Joannem Arnoldum Langerak et Joannem et Hermannum Verbeek, 1744).

–, *Guil. Harvey; sive exercitatio anatomica de motu cordis et sanguinis in animalibus atque exercitationes II anatom. de circulatione sanguinis ad Joa. Riolanum fil.: tumque Exercitationes de generatione animalium: quibus praefat. add. Ber. Siegfr. Albinus.* Edit. noviss. (Leiden, J. van Kerckhem, 1737).

Alcover, Madeleine, *La Pensée philosophique et scientifique de Cyrano de Bergerac* (Genève, 1970).

Alembert, Jean Le Rond d', *Discours préliminaire* (1751), réédition Alain Pons, *Encyclopédie ou Dictionnaire raisonné des sciences, des arts et des métiers*, Articles choisis (Paris, 1986), t.1.

–, *Essai sur les éléments de philosophie* (Amsterdam, Z. Chatelain et fils, 1759), réédition Catherine Kintzler dans le *Corpus des œuvres de philosophie en langue française* (Paris, 1986).

Almanach littéraire ou Etrennes d'Apollon (Paris, Veuve Duchesne, 1783).

Andel, Pek van, 'Anatomy of the unsought finding, serendipity: origin, history, domains, traditions, appearances, patterns and programmability', *The British journal for the philosophy of science* 45:2 (1994), p.631-48.

Anderson, Wilda C., 'Error in Buffon', *MLN* 114:4 (1999), p.691-701.

–, 'The rhetoric of scientific language: an exemple from Lavoisier', *Modern language notes* 96 (1981), p.746-70.

Angenot, Marc, *L'Histoire des idées: problématiques, objets, concepts, méthodes, enjeux, débats* (Montréal, 2011).

Année littéraire, (Paris, 1754-1790), 37 tomes, dir. Elie-Catherine Fréron *et al.*

Anonyme, *Epître à M. Tronchin*, s.l.n.d.

Aubrey, John, *Brief lives* (Londres, 1987).

Azouvi, François, *Descartes et la France: histoire d'une passion nationale* (Paris, 2002).

Bacon, Francis, *Du progrès et de la promotion des savoirs*, trad. Le Doeuff (Paris, 1991).

–, *Novum Organum*, trad. Malherbe et Pousseur (Paris, 2004).

Baker, Keith Michael, 'Les débuts de Condorcet au secrétariat de l'Académie royale des sciences (1773-1776)', *Revue d'histoire des sciences et de leurs applications* 20:3 (1967), p.229-80.

Balonii, Gulielmi [Baillou, Guillaume de], *Opera omnia et opera M. J. Thevart in lucem edita cum praefatione Theodori Tronchini in Academia genevensi medicinae professoris* (Genevae, fratres de Tournes, 1762).

Balzac, Honoré de, *Ursule Miroüet*, dans *Comédie humaine* (Paris, 1976 [1841]), t.3.

Barroux, Gilles, 'Vitalisme et anthropologie au XVIIIe siècle: l'exemple des recherches de Théophile de Bordeu sur les glandes', dans *Matérialismes des modernes: nature et mœurs*, éd. Josiane Boulad-Ayoub et Alexandra Torero-Ibad (Laval, Québec, 2009), p.179-220.

Bates, David, 'The epistemology of error in late Enlightenment France', *Eighteenth-century studies* 29:3 (1996), p.307-27.

Batteux, Charles, *La Morale d'Epicure tirée de ses propres écrits* (Paris, 1758).

Bazire, Laure, 'Un couple médecin/patient au XVIIIe siècle: Louise d'Epinay et Théodore Tronchin', *SJC* 1 (2011), 1. http://sfeds.ish-lyon.cnrs.fr/publications/publications.html.

Beauvoir, Simone de, *La Cérémonie des adieux* (Paris, 1981).

Bensaude-Vincent, Bernadette, 'Biographies as mediators between memory and history in science', dans *The History and poetics of scientific biography*, ed. Thomas Söderqvist (Aldershot, 2007), p.173-84.

Bernardin de Saint-Pierre, Jacques-Henri, *Etudes de la nature* (Paris, Didot le jeune / Méquignon l'aîné, 1786).

Bernier, Marc André, 'La rhétorique du *Tableau historique*', dans *Nouvelles lectures du Tableau historique de Condorcet*, éd. Bertrand Binoche (Québec, 2010), p.79-94.

Bibliotheca Boerhaaviana: sive Catalogus librorum instructissimae bibliothecae... viri Hermanni Boerhaave (Leiden, Luchtmann, 1739).

Bitbol-Hespériès, Annie, 'Introduction', dans René Descartes, *Le Monde, l'homme* (Paris, 1996), p.i-liii.

–, 'L'Homme de Descartes et le *De Homine* de Hobbes', dans *Hobbes, Descartes et la métaphysique*, éd. Dominique Weber (Paris, 2005) p.179-80.

Black, William, *Esquisse d'une histoire de la médecine et de la chirurgie depuis leur commencement jusqu'à nos jours* [...] (Paris, Fuchs, 1798).

Bloch, Olivier, *La Philosophie de Gassendi: nominalisme, matérialisme et métaphysique* (La Haye, 1971).

Boerhaave, Hermannus, *Aphorismi de cognoscendis et curandis morbis in usum doctrinae domesticae* (Leiden, J. van der Linden, 1709).

–, *Institutiones medicae, in usus exercitationis annuae domesticos* (Leiden, J. van der Linden, 1708).

–, *Libellus de Materie Medica et remediorum Formulis, Quae serviunt Aphorismis de cognoscendis et curandis morbis* (Leiden, I. Severinum, 1719).

–, préface à Andreas Vesalius, *Opera omnia anatomica & chirurgica* (Leiden, du Vivie, 1725), p.iij v^e.

Bonnet, Charles, *Contemplation de la nature*, dans *Œuvres d'histoire naturelle et de philosophie* (Neuchâtel, Chez S. Fauche, 1781), t.4.

–, '15 décembre 1759. Observations sur quelques auteurs d'histoire naturelle', dans Friedrich Melchior Grimm, *Correspondance littéraire, philosophique et critique par Grimm, Diderot, Raynal, Meister, etc.*, éd. Maurice Tourneux (Nendeln et Liechtenstein, 1968 [réimpression de l'édition de Paris, 1877-1878]), t.4, p.169.

Bonnet, Jean-Claude (dir.), *Louis-Sébastien Mercier (1740-1814), un hérétique en littérature* (Paris, 1995).

–, *Naissance du Panthéon: essai sur le culte des grands hommes* (Paris, 1998).

Booth, Emily, '*A Subtle and mysterious machine': the medical world of Walter Charleton (1619-1707)* (Dordrecht, 2005).

Bordeu, Théophile de, 'Crise', dans *Encyclopédie ou Dictionnaire raisonné des sciences, des arts, et des métiers, par une société de gens de lettres*, éd. Denis Diderot et Jean le Rond d'Alembert, 17 vols (Paris, Briasson, 1751-1765), vol.4 (1754), p.471-89.

–, *Recherches sur l'histoire de la médecine* (Paris, 1882).

–, *Recherches sur quelques points d'histoire de la médecine, qui peuvent avoir rapport à l'arrêt de la Grande Chambre du Parlement de Paris concernant l'inoculation et qui paraissent favorables à la tolérance de cette opération* (Liège-Paris, Cailleau, 1764).

Bouchut, Eugène, *Histoire de la médecine et des doctrines médicales* (Paris, 1873 [1864]).

–, *Programme d'histoire de la médecine professé à l'Ecole pratique en 1862, 1863 et 1864* (Paris, 1866).

Boulad-Ayoub, Josiane, (éd.), *La Décade comme système*, t.1, *L'Encyclopédie vivante*, p.411-17 (Rennes, 2003).

–, et Michel Grenon (éd.), *Procès-verbaux du Comité d'instruction publique de la Législative et de la Convention* (Corpus J. Guillaume) (Paris, 1997), 9 tomes.

–, Alexandra Torero-Ibad et Pierre-François Moreau, 'Philosophie cartésienne et matérialisme', *Dialogue* 49:4 (2010).

–, Alexandra Torero-Ibad et Pierre-François Moreau, '*Matérialisme et cartésianisme*', *Corpus* 61 (2011).

–, et Paule-Monique Vernes, *La Révolution cartésienne* (Sainte-Foy, Québec, 2006).

Bourcier, Danièle et Pek van Andel (éd.), *La Sérendipité: le hasard heureux* (Paris, 2011).

Bourdon, Isidore, *Illustres médecins et naturalistes des temps modernes, par M. Isid. Bourdon, membre de l'Académie de Médecine: ouvrage dans lequel on apprécie les travaux de Cuvier, Boerhaave, Lamarck, Haller, Bordeu, Camper, Barthez, Bichat, Corvisart, Béclard, Hahnemann, Dupuytren* (Paris, 1844).

Boury, Dominique, *La Philosophie médicale de Théophile de Bordeu* (Paris, 2004).

Bouvart, Michel-Philippe, *Examen d'un livre ayant pour titre, T. Tronchin in Academiâ Genevensi Med. Prof. Collegii Medici Amstellodamensis olim inspectoris, Acad. Reg. Scient. Beroli, &c., De Colica Pictonum, par un médecin de Paris* (Genève, 1758).

Braudel, Fernand, *La Méditerranée et le monde méditerranéen à l'époque de Philippe II* (Paris, 1949).

Bremner, Geoffrey, 'L'impossibilité d'une théorie de l'évolution dans la pensée française du XVIIIe siècle', *Revue de synthèse* 113-14 (1984), p.171-79.

Brissot de Warville, Jacques-Pierre, *De la vérité ou Méditations sur les moyens de parvenir à la vérité dans toutes les connaissances humaines* (Neuchâtel, Société typographique, 1782).

Brunet, Pierre, *L'Introduction des théories de Newton en France au XVIIIe siècle avant 1738* (Paris, 1931).

Buffon, Georges-Louis Leclerc (comte de), *Correspondance générale* [recueillie et annotée par Henri Nadault de Buffon], éd. Jean-Louis de Lanessan (Genève, 1971 [Paris, 1885]), 2t.

–, *Histoire naturelle, générale et particulière, avec la description du Cabinet du Roy* (Paris, Imprimerie royale, 1749-1767), 15 vols.
–, *Supplément à l'Histoire naturelle* (Paris, Imprimerie royale, 1774-1789) 7 vols.
Burton, Robert, *Anatomie de la mélancolie*, trad. Hoepffner (Paris, 2000), 3 vols.

Cabanès, Augustin, *Médecins amateurs* (Paris, 1932).
Caine, Barbara, *Biography and history* (New York, 2010).
Caraccioli, Louis-Antoine, *Le Livre à la mode* ([1760] Saint-Etienne, 2005).
Carlin, Claire (dir.), *Imagining contagion* (Basingstoke, 2005).
Carrière-Doisin, A., *Les Fables mises en action* (Paris, De Senne,1787).
Castonguay-Bélanger, Joël, 'Comme un dindon à la broche: la campagne de Louis-Sébastien Mercier contre Newton', Katherine Astbury (dir.), *Le Tournant des Lumières* (Paris, 2012), p.45-61.
–, 'L'auréole de l'homme de science dans les éloges académiques de Fontenelle', *PFSCL* 29:57 (2002), p.347-60.
–, 'Le sort de Galilée: *Paul et Virginie* et la théorie des marées de Bernardin de Saint-Pierre', *Eighteenth-century fiction* 20:2 (2007-2008), p.177-96.
–, *Les Ecarts de l'imagination: pratiques et représentations de la science dans le roman au tournant des Lumières* (Montréal, 2008).
Cazes, Hélène, 'Alphonse Leroy, *Recherches sur les habillemens des femmes et des enfans*, 1772: un discours de la réforme des habitudes?', *Tangence* 89 (2009), p.11-34.
Céline, Louis-Ferdinand, *Semmelweis* (Paris, 1999).
Celse, *De Medicina*, trad. Philippe Mudry (Rome, 1982).
Chamayou, Grégoire, *Les Corps vils: expérimenter sur les êtres humains aux XVIII*^e^ *et XIX*^e^ *siècles* (Paris, 2008).
Chamfort, Sébastien-Roch-Nicolas de, *Maximes et pensées: caractères et anecdotes* (Paris, 1970).
Charbonneau, Frédéric, *L'Art d'écrire la science: anthologie de textes savants du XVIII*^e^ *siècle français* (Québec et Rennes, 2005).
Charleton, Walter, *A Brief discourse concerning the different wits of men* (Londres, W. Whitwood, 1669).
–, *The Darkness of atheism dispelled by the light of nature* (Londres, William Lee, 1652).
–, *Enquiries into human nature in VI anatomic praelections* (Londres, R. Boulter, 1680).
–, *The Immortality of the human soul demonstrated by the light of nature* (Londres, H. Herringman, 1657).
–, *Physiologia-Epicuro-Gassendo-Charletoniana* (Londres, Thomas Heath, 1654).
–, *Three anatomic lectures concerning 1. The motion of the bloud through the veins and arteries* (Londres, W. Kettilby, 1683).
Chartier, Roger, 'Récit et histoire', dans *Le Dictionnaire des sciences humaines*, éd. Sylvie Mesure et Patrick Savidan (Paris, 2006), p.954-58.
Chaunu, Pierre, *Séville et l'Atlantique* (Paris, 1959).
Chaussier, François et Nicolas-Philibert Adelon, 'Bordeu', dans *Biographie universelle, ancienne et moderne*, éd. Joseph Fr. Michaud (Paris, 1811-1828), vol.5 (1812), p.163-69.
Chénier, Marie-Joseph, *Rapport fait à la Convention nationale au nom du comité d'instruction publique, par Marie-Joseph Chénier, député du département de Seine-et-Oise; suivi du décret rendu à la séance du 2 octobre 1793, l'an second de la République* (Paris, Imprimerie nationale, s.d.,

Bibliothèque nationale, Le38 481, in-8°).
Chicoyneau, François, *Traduction du discours latin prononcé pour l'ouverture solennelle des écoles de médecine [...] le 26 octobre de l'année 1722, par lequel on tâche de réfuter l'opinion de ceux qui croyent que la peste est contagieuse* (Montpellier, Veuve H. Pech, 1723).
Cicéron, Marcus Tullius, *L'Orateur: du meilleur genre d'orateurs*, éd. et trad. Albert Yon (Paris, 1964).
Collé, Charles, *Journal historique* (Paris, 1807).
Colomb, Christophe, *La Découverte de l'Amérique I. Journal de bord et autres écrits, 1492-1493*, éd. Soledad Estorach et Michel Lequenne (Paris, 2002).
Condorcet, Marie-Jean-Antoine-Nicolas de Caritat, marquis de, *Correspondance inédite de Condorcet et Mme Suard, M. Suard et Garat (1771-1791)*, éd. Elisabeth Badinter (Paris, 1988).
–, 'Eloge de M. le comte de Buffon', dans *Œuvres* (Stuttgart-Bad Cannstatt, 1968 [Paris, Didot, 1847-1849, t.2: Eloges]), t.3, p.327-71.
–, *Esquisse d'un tableau historique des progrès de l'esprit humain* (1793), éd. Monique et François Hincker (Paris, 1972).
–, *Esquisse d'un tableau historique des progrès de l'esprit humain* (Paris, 1988), introduction d'Alain Pons.
–, *Histoire de l'Académie royale des sciences* (Paris, J. Boudot, 1773-1790).
–, *Œuvres complètes de Condorcet*, éd. Barbier, Cabanis et Garat (Brunswick et Paris, 1804).
Cook, Harold J., *The Decline of the old medical regime in Stuart London* (Ithaca, NY, Londres, 1986).
Corneanu, Sorana, *Regimens of the mind: Boyle, Locke and the early modern cultura animi* (Chicago, IL, 2012).
Cornet, Lucien, *Le Procès de Théophile Bordeu (1761-1764)* (Pau, 1958).
Correspondance littéraire, éd. Assézat-Tourneux (Paris, 1857-1877).
Cowley, Abraham, 'Ode upon Dr. Harvey', dans *The Works of A. Cowley, in prose and verse* (Londres, 1809), vol.1.
Crignon, Claire, 'The debate about "methodus medendi" during the second half of seventeenth century in England: modern philosophical readings of classical medical empiricism (Bacon, Nedham, Willis, Boyle)', dans 'Medical empiricism and philosophy of human nature in the seventeenth and eighteenth centuries', éd. Claire Crignon, Carsten Zelle et Nunzio Allocca. *Early science and medicine* 18:4/5 (2013), p.339-59.
Crignon-De Oliveira, Claire, *De la mélancolie à l'enthousiasme, Robert Burton et Anthony Ashley Cooper, comte de Shaftesbury* (Paris, 2006).
Cyrano de Bergerac, *Œuvres complètes I. L'Autre monde ou Les Etats et empires de la lune. Les Etats et empires du Soleil. Fragments de physique*, éd. Madeleine Alcover (Paris, 2000).

Dandrey, Patrick, *La Fabrique des fables* (Paris, 1991).
Daremberg, Charles, *Histoire des sciences médicales* (Paris, 1870).
Darmon, Jean-Charles, *Philosophie épicurienne et littérature au XVIIe siècle* (Paris, 1998).
Darwin, Charles, *Origin of species* (New York, 1958), 6th edn.
Daubenton, Louis-Jean-Marie. 'Description de l'Hyaene', dans Buffon, *Histoire naturelle, générale et particulière, avec la description du Cabinet du Roy* (Paris, Imprimerie royale, 1761), t.9, p.286.
Davis, Aubrey B., 'Some implications of the circulation theory for disease and treatment in the seventeenth century',

Journal of the history of medicine and allied sciences 26:1 (1971), p.31.
Debru-Poncet, Armelle, 'Galénisme', dans *La Science classique, XVI*[e]*-XVIII*[e] *siècle: dictionnaire critique*, éd. Michel Blay et Robert Halleux (Paris, 1998), p.535-42.
Dechambre, Amédée (dir.), *Dictionnaire encyclopédique des sciences médicales* (Paris, 1869).
Delon, Michel, *L'Idée d'énergie au tournant des Lumières (1780-1820)* (Paris, 1988).
–, 'Préface', dans Buffon, *Œuvres*, éd. Stéphane Schmitt (Paris, 2007), p.ix-xxxvii.
Descartes, René, 'A C. de Suède', lettre du 20 novembre 1647, *Œuvres complètes*, éd. Adam et Tannery (Paris, 1896-1909), t.5 (85, 1).
–, *Discours de la méthode*, dans *Œuvres complètes*, éd. Adam et Tannery (Paris, 1996), t.6.
–, Lettre du 14 août 1649 à l'auteur de l'*Avertissement* se trouvant en-tête du *Traité* et reprise dans Préface des *Passions de l'âme* (éd. Ferdinand Alquié), *Œuvres philosophiques* (Paris, 1963-1973), 3 vols, t.3, p.949.
–, *Passions de l'âme* (1649), dans *Œuvres complètes*, éd. Adam et Tannery (Paris, 1896-1909), t.11.
Desessarts, Nicolas Toussaint Le Moyne (dir.), *Les Siècles littéraires de la France* (Paris, 1803), t.7, p.37
Destutt de Tracy, Antoine, *Mémoires de l'Institut national*, Sciences morales et politiques (Paris, an IV de la République 1798), t.26.
Diderot, Denis, *Correspondance*, éd. Roth-Varloot (Paris, 1955-1970).
–, *De l'interprétation de la nature*, dans *Œuvres philosophiques*, éd. P. Vernière (Paris, 1961).
–, *Le Rêve de d'Alembert* (Paris, 2002).
–, *Lettre sur les aveugles à l'usage de ceux qui voient* (1749) in *Œuvres philosophiques* (Paris, 1964) p.87.
Dorat, Claude-Joseph, *L'Inoculation, ode* (Paris, Monory, 1774).
Dorveaux, Paul, 'Les grands pharmaciens: apothicaires membres de l'Académie royale des Sciences', *Bulletin de la Société d'histoire de la pharmacie* 65 (1929), p.329-40.
Duffin, Jacalyn, 'La mauvaise herbe: unwanted biographies both great and small', dans *The History and poetics of scientific biography* (Aldershot, 2007), éd. Th. Söderqvist, p.185-97.
–, *Langstaff: a nineteenth-century medical life* (Toronto, 1993).
–, *To see with a better eye: a life of R. T. H. Laennec* (Princeton, NJ, 1998).
Duris, Pascal, 'Histoire naturelle', *Dictionnaire européen des Lumières*, dir. Michel Delon (Paris, 1997), p.543-46.

Elias, Norbert, *La Civilisation des mœurs* (Paris, 1973).
Encyclopédie (Berne-Lausanne, Sociétés typographiques, 1778-1781).
Encyclopédie ou Dictionnaire raisonné des sciences, des arts et des métiers, par une société de gens de lettres, éd. Denis Diderot et Jean le Rond d'Alembert (Paris, Le Breton, Durand, Briasson, David, 1751-1772), 17 vol. http://encyclopedie.uchicago.edu/.
Encyclopédie, Supplément (Paris et Amsterdam, Marc-Michel Rey, 1776-1777).
Euzière, Jules, 'Bordeu', dans *Les Médecins célèbres*, éd. René Dumesnil et Flavien Bonnet-Roy (Genève-Paris, 1947).
Evans, James, 'Fraud and illusion in the anti-Newtonian rear guard: the Courtaud-Mercier affair', *Isis* 87 (1996), p.74-108.
Eymin, Auguste, *Médecins et philosophes, notes historiques sur les rapports des sciences médicales avec la*

*philosophie du VI*e *s. avant J.C. jusqu'aux premières années du XIX*e *s.* (Paris-Lyon, 1904).

Eynard, Charles, *Essai sur la vie de Tissot* (Lausanne, 1839).

Fara, Patricia, *Newton: the making of genius* (New York, 2002).

Favart, Charles-Simon, *Mémoires et correspondance littéraires, dramatiques et anecdotiques* (Paris, 1808).

Felday, Rivka, *Galileo and the church: political inquisition or critical dialogue?* (Cambridge, 1995).

Felix, Fred W., 'Moyse Charas, maître apothicaire et docteur en médecine', *Revue d'histoire de la pharmacie* 333 (2002), p.63-80.

Ferrière, Hervé, *Bory de Saint-Vincent: l'évolution d'un voyageur naturaliste* (Paris, 2009).

Flourens, Pierre Marie Jean, *Des manuscrits de Buffon: avec des fac-similés de Buffon et de ses collaborateurs* (Genève, 1971).

Fontenelle, Bernard le Bovier/ Bouyer de, *Entretiens sur la pluralité des mondes* (Paris, Chez la Veuve Blageart, 1686).

–, *Histoire de l'Académie royale des sciences* (Paris, J. Boudot, 1699-1740).

–, *Histoire de l'Académie royale des sciences, avec les Mémoires de mathématique et de physique tirés des registres de cette Académie* (Paris, Compagnie des Libraires, 1699-1783) [sous l'égide de Fontenelle jusqu'en 1740].

–, *Histoire du renouvellement de l'Académie royale des sciences en M. DC. XCIX. et les Eloges Historiques des tous les Académiciens morts depuis ce renouvellement* (Paris, Boudot, 1708 [1702]).

–, *Nouveaux dialogues des morts*, dans *Œuvres complètes* (Paris, 1990), t.1.

Foucault, Michel, *L'Archéologie du savoir* (Paris, 1969).

Francière, G., 'Théophile de Bordeu (1722-1776) d'après des documents inédits' (Thèse de doctorat, Université de Toulouse, 1907).

Franck, Robert G., 'The image of Harvey in Commonwealth and Restoration England', dans *William Harvey and his age: the professional and social context of the discovery of the circulation*, éd. Jerome J. Bylebyl (Baltimore, MD, Londres, 1979), p.119.

French, Roger, *William Harvey's natural philosophy* (Cambridge, 1994).

Gaillard, Gabriel-Henri, *Eloge de René Descartes* (Paris, Regnard, 1765).

Galilei, Galileo, *Dialogue sur les deux grands systèmes du monde*, trad. René Fréreux (Paris, 1992).

Garcia, Stéphane, *Elie Diodati et Galilée: naissance d'un réseau scientifique dans l'Europe du XVII*e *siècle* (Florence, 2004).

Gardane, Jacques-Joseph de, *Eloge historique de M. Théophile de Bordeu, docteur régent de la Faculté de médecine de Paris* (Paris, Ruault, 1777).

Gassendi Pierre, *De Motu impresso a motore translato epistolae duae* (Paris, L. de Heuqueville, 1642).

–, *Dissertations en forme de paradoxes contre les aristotéliciens (Exercitationes Paradoxicae Adversus Aristoteleos): livres 1 et 2*, trad. Bernard Rochot (Paris, 1959).

–, *Pierre Gassendi (1592-1655): lettres latines*, éd. Sylvie Taussig (Turnhout, 2004).

–, *Tychonis Brahei, equitis Dani, astronomorum coryphaei, vita [...]. Accessit Nicolai Copernici, Georgii Peurbachii et Joannis Regiomontani, astronomorum celebrium, vita* (Paris, chez la veuve de Mathurin Dupuis, 1654).

Gauchet, Marcel, *Le Désenchantement du monde: une histoire politique de la religion* (Paris, 2005 [1985]).

–, et Gladys Swain, *Le Vrai Charcot: les chemins imprévus de l'inconscient* (Paris, 1997).

Genlis, Stéphanie-Félicité du Crest de Saint-Aubin, Comtesse de, *Souvenirs de Félicie L.* (Paris, 1807).

Germe, Léon *Le Philosophe Diderot, le médecin Bordeu et la médecine... Extrait du compte-rendu de la onzième assemblée générale de la Société médico-scientifique du Pas-de-Calais et du Nord, tenue à Arras, le 20 juillet 1884* (Arras, 1884).

Godwin, Francis, *L'Homme dans la lune*, éd. Annie Amartin (Nancy, 1984).

Grandjean de Fouchy, Jean-Paul, *Histoire de l'Académie royale des sciences* (Paris, J. Boudot, 1743-1773).

Greenblatt, Stephen, *Renaissance self-fashioning: from More to Shakespeare* (Chicago, IL, 1980).

Gregory, Tullio, *Scetticismo ed empirismo: studio su Gassendi* (Bari, 1961).

Grimm, Friedrich Melchior, *Correspondance littéraire, philosophique et critique par Grimm, Diderot, Raynal, Meister, etc.*, éd. Maurice Tourneux (Nendeln et Liechtenstein, 1968 [réimpression de l'édition de Paris, 1877-1878]), t.4.

–, 'Portrait du docteur Tronchin' (mai 1782), *Correspondance littéraire* (Paris, 1830), t.11, p.146.

Grmek, Mirko (dir.), *Histoire de la pensée médicale en Occident* (Paris, 1997), t.2.

Guardia, Joseph-Michel, *Histoire de la médecine, d'Hippocrate à Broussais, et ses successeurs* (Paris, 1884).

Guénoun, Anne-Sylvie, 'Membres de l'Académie des sciences ayant également appartenu à l'Académie française', dans *Histoire et mémoire de l'Académie des sciences*, éd. Eric Brian et Christiane Demeulenaere-Douyère (Paris, 1996), p.164-67.

Guerlac, Henry, *Newton on the Continent* (Ithaca, NY, 1981).

Gusdorf, Georges, *Les Sciences humaines et la pensée occidentale IX: fondements du savoir romantique* (Paris, 1982).

Hadot, Pierre, *Le Voile d'Isis: essai sur l'histoire de l'idée de Nature* (Paris, 2004).

Hallyn, Fernand, 'Dialectique et rhétorique devant la "nouvelle science" du XVIIe siècle', dans *Histoire de la rhétorique dans l'Europe moderne: 1450-1950*, dir. Marc Fumaroli (Paris, 1999), p.601-28.

Hamou, Philippe et Neil Ribe (éd.), 'Figures de l'antinewtonianisme / Faces of anti-Newtonianism: actes du colloque international de Nanterre mai 2002', *Archives internationales d'histoire des sciences* 53 (2003), 150-51.

Harrington, James, *Prerogative of popular gouvernment* (Londres, Th. Brewster, 1657), *The Epistle to the reader*.

Harth, Erica, *Cyrano de Bergerac and the polemics of modernity* (New York et Londres, 1970).

Hartog, François, *Régimes d'historicité: présentisme et expériences du temps* (Paris, 2003).

Harvey, William, *Anatomical disputation concerning the movement of the heart and blood in living creatures*, Epistle dedicatory to Dr. Argent, trans. G. Whitteridge (Oxford, 1976).

–, *Anatomical exercitations concerning the generation of living creatures* (Londres, Octavian Pulleyn, 1653), dans *The Works of William Harvey*, éd. Robert Willis (Londres, The Sydenham society, 1847).

–, *The Circulation of the blood and other writings*, trans. Kenneth J. Franklin, intr. Andrew Wear (Londres, 1958).

–, *Deux lettres de William Harvey à Jean Riolan sur la circulation du sang*,

trad. Louis Chauvois, dans *Biologie médicale, revue des sciences biologiques considérées dans leurs rapports avec la médecine* 42:7 (1953).
–, *The Preface of Zachariah Wood, physician of Roterdam, upon the Anatomical exercises of Dr William Harvey*, dans *The Anatomical exercises of Dr. William Harvey* (Londres, F. Leach, 1653).
–, *The Works of William Harvey*, ed. Robert Willis (Londres, The Sydenham society, 1847).
Hedde, René, 'Martyre', dans *Dictionnaire de théologie catholique*, dir. A. Vacant, E. Mangenot et E. Aman (Paris, 1928), t.10. p.251-52.
Hegel, Georg Wilhelm Friedrich, *Leçons sur l'histoire de la philosophie*, t.6, trad. P. Garniron (Paris, 1986).
Helvétius, Claude-Adrien, *De l'homme, de ses facultés intellectuelles et de son éducation*, éd. Dmitrij Alekseevič Golicyn (Londres, Société typographique, 1773).
Heyd, Michael, *'Be sober and reasonable': the critique of enthusiasm in the seventeenth and early eighteenth century* (Leiden, 1995).
Hill, Oliver, *The Fifth essay of D. M. a friend of truth and physick, against the circulation of the blood, shewing its absurdity & impossibility [...]* (Londres, E. Evetts, 1720).
Hippocrate, *Sur le rire et la folie*, éd. Yves Hersant (Paris, 1989).
Hobbes, Thomas, *De Corpore*, éd. K. Schuhmann (Paris, 1999).
Hoffmann, Roald, 'On poetry and the language of science', *Daedalus* 131:2 (2002), p.137-40.
Hoquet, Thierry, *Buffon: histoire naturelle et philosophie* (Paris, 2006).
–, *Buffon illustré: les gravures de l'Histoire naturelle (1749-1767)* (Paris, 2007).
–, 'La classification des vivants (XVIIe et XVIIIe siècles)', dans *Biologie du XXIe siècle: évolution des concepts fondateurs*, dir. Paul-Antoine Miquel (Bruxelles, 2008), p.31-67.
–, 'L'histoire naturelle est-elle une science de la nature?', *Corpus* 40 (2001), p.117-65.
–, 'La nouveauté du Nouveau Monde du point de vue de l'histoire naturelle', *Cromohs* 10 (2005), p.1-19.
Hugo, Victor, *Les Misérables*, dans *Œuvres complètes* (Paris, 1985).
Hunter, Michael, *Establishing the new science: the experience of the early Royal Society* (Londres, 1989).
Hunter, Richard A., et Ida MacAlpine, 'William Harvey and Robert Boyle', dans *Notes and records of the Royal Society of London*, 13 (1958), p.115-27.

Imbert, Barthélémy, 'Epître à Monsieur Bordeu', dans *Le Jugement de Pâris: poème en IV chants* (Amsterdam, 1772), p.231-33.

Jenny, Laurent, 'La figuration de soi', *Méthodes et problèmes* (Genève, 2003) http://www.unige.ch/lettres/framo/enseignements/methodes/figurationsoi/.
Jordanova, Ludmilla, *Defining features: scientific and medical portraits, 1660-2000* (Londres, 2000).
Jouhaud, Christian, 'Présentation', *Annales, histoire, sciences sociales* 2 (1994), p.271-76.
–, Dinah Ribard et Nicolas Schapira, *Histoire, littérature, témoignage* (Paris, 2009).
Journal des arts, de littérature et de commerce, 14 octobre 1808, p.361.

Kapp, Volker, 'Les qualités du scientifique et le prestige social des sciences dans les éloges académiques de Fontenelle', dans *Fontenelle*, éd. Alain Niderst (Paris, 1989), p.441-53.
Kepler, Johannes, *Gesammelte Werke*, éd. Max Caspar (Munich, 1937).
–, Johann, *Le Songe ou Astronomie*

lunaire, éd. Michèle Ducos (Nancy, 1984).

Keynes, Geoffrey, *The Life of William Harvey* (Oxford, 1966).

King, L. S., 'Attitudes towards "scientific medicine" around 1700', *Bulletin of the history of medicine*, 39 (1965), p.124-33.

Kuhn, Thomas, *The Structure of scientific revolutions* (Chicago, IL, 1962).

La Condamine, Charles-Marie de, 'Le pain mollet', dans *Choix des poésies de Pezai, Saint-Péravi et La Condamine* (Paris, 1810), p.289-92.

La Mothe Le Vayer, François de, *Dialogues faits à l'imitation des anciens* (Paris, 1988).

Laërce, Diogène, *Vies des philosophes illustres*, trad. M-O. Goulet-Cazé (Paris, 1999).

Laissus, Yves 'L'*Histoire naturelle*', dans *Buffon 1788-1988* (Paris, 1988), p.73-89.

–, 'Le Jardin du Roi', dans *Buffon 1788-1988* (Paris, 1988), p.49-71.

–, 'Les voyageurs naturalistes du Jardin du Roi et du Muséum d'histoire naturelle: essai de protrait-robot', *Revue d'histoire des sciences* 34:3 (1981), p.259-317.

Larre, Jean-Pierre, *Théophile de Bordeu: médecin béarnais (1722-1776)* (Paris, 2001).

Lattaignant, Gabriel-Charles de, *Poésies* (Paris, 1881).

Le Brun, Jacques, 'Conversion et continuité intérieure dans les biographies spirituelles françaises du XVIIe siècle', *La Conversion au XVIIe siècle* (Marseille, 1983), p.317-30.

Le Camus, Antoine, *Projet d'anéantir la petite vérole* (Paris, Louis-Etienne Ganeau, 1767).

Le Clerc, Daniel, *Histoire de la médecine* (Amsterdam, G. Gallet, 1702).

Le Débat 165 (mai-août 2011): 'L'histoire saisie par la fiction'.

Lefeuve, Charles, *Eloge historique de Bordeu: rapport à la Commission instituée pour l'érection d'un monument à la mémoire de Bordeu* (Paris, 1847).

–, *Recherches sur l'histoire de la médecine* (Paris, 1882).

Leibniz, Gottfried Wilhelm, *Nouveaux essais sur l'entendement humain* (Paris, 1966).

Lepetit, Bernard, 'L'histoire prend-elle les acteurs au sérieux?', *EspacesTemps* 59-60-61 (1995), p.112-122.

Leroy, Alphonse, *Recherches sur les habillemens des femmes et des enfans* (Paris, Le Boucher, 1772).

Leroy, Charles-Georges, *Lettres sur les animaux*, éd. Elizabeth Anderson, *SVEC* 316 (1994).

Lesage, Alain-René, *Gil Blas de Sentillane*, éd. Auguste Dupouy (Paris, 1935).

Lettsom, J. Coakley, *Histoire de l'origine de la médecine* (Paris, Hérissant, 1787).

Levacher, Maëlle, *Buffon et ses lecteurs* (Paris, 2011).

–, 'La réception de l'*Histoire naturelle* de Buffon: le rapport problématique des sciences et des Belles-Lettres au 18e siècle' (Thèse de doctorat, Université de Nantes, 2004).

Liebman, Elizabeth Amy, 'Painting natures: Buffon and the art of the *Histoire naturelle*' (Thèse de doctorat, Université de Chicago, IL, 2003).

Lindeboom, Gerrit Arie, *Bibliographia Boerhaaviana, Analecta Boerhaaviana I.* (Leiden, 1959).

–, 'Boerhaave: author and editor', *Bulletin of the Medical Library Association* 62:2 (1974), p.137-48.

–, *Herman Boerhaave, the man and his work* (Londres, 1968).

Llasera, Margaret, *Représentations scientifiques et images poétiques en Angleterre au XVIIe siècle: à la recherche de l'invisible* (Paris, 1999).

Locher, Fabien, 'De quoi Urbain Le Verrier est-il le nom? Les légendes biographiques ou l'identité en question', dans *Les uns et les autres...: biographies et prosopographies en histoire des sciences*, dir. Laurent Rollet et Philippe Nabonnand (Nancy, 2012), p.205-23.
Lotterie, Florence, *Progrès et perfectibilité: un dilemme des Lumières françaises (1755-1814)*, *SVEC* 2006:04.
Louâpre, Muriel, Hugues Marchal et Michel Pierssens (dir.), *La Poésie scientifique: de la gloire au déclin*, revue en ligne *Epistémocritique*, 2014. http://www.epistemocritique.org.
Lüthy, Christoph, 'The fourfold Democritus on the stage of early modern science', dans *Isis* 91:3 (2000), p.443-79.
–, John E. Murdoch, William R. Newman (dir.), *Late medieval and early modern corpuscular matter theories* (Leiden, 2001).
Luynes, Charles-Philippe d'Albert, duc de, *Mémoires du duc de Luynes sur la Cour de Louis XV, 1735-1758*, présentés par L. Dussieux et E. Soulié (Paris, 1860-1865).
Lyon-Caen, Judith et Dinah Ribard, *L'Historien et la littérature* (Paris, 2010).

Magnan, André, 'Un épisode oublié de la lutte des médecins parisiens contre Théodore Tronchin: à propos de deux lettres de Voltaire', *SVEC* 94 (1972), p.417-429.
Mailly, Louis de, *Les Aventures des trois princes de Serendip: suivi de Voyage en Sérendipité*, éd. Aude Volpilhac, Dominique Goy-Blanquet et Marie-Anne Paveau (Vincennes, 2011).
Mainil, Jean, 'Allaitement et contamination: naissance de la mère-nourrice dans le discours médical sous les Lumières', *Esprit créateur* 37:3 (1997), p.14-24.
Malesherbes, Chrétien-Guillaume de Lamoignon de, *Observations sur l'Histoire naturelle générale et particulière de Buffon et Daubenton* (Paris, 1971 [1798]), 2t.
Malherbe, Michel, 'Bacon', dans *La Science classique, XVIe-XVIIIe siècle: dictionnaire critique*, éd. Michel Blay et Robert Halleux (Paris, 1998), p.187-94.
Martin, Christophe, 'La nature dévoilée (de Fontenelle à Rousseau)', *Dix-huitième siècle* 45 (2013), p.79-95.
Mazauric, Simone, *Fontenelle et l'histoire des sciences à l'aube des Lumières* (Paris, 2007).
Ménestrier, Claude-François, S. J., *Les Divers caractères des ouvrages historiques* (Lyon, de Ville, 1694).
Mercier, Louis-Sébastien, *De l'impossibilité du système de Copernic et de Newton* (Paris, 1806).
–, *Discours de L.-S. Mercier prononcé le 18 floréal sur René Descartes* (Paris, Imprimerie nationale, 1796).
–, *Eloge de René Descartes* (Paris, Veuve Pierres, 1765).
–, *Journal de Paris*, 14 germinal an VIII [27 mars, 1800], p.820.
–, *Journal des débats et des décrets*, 10 nivôse an x [31 décembre 1801].
–, *Néologie ou Vocabulaire de mots nouveaux, à renouveler ou pris dans des acceptions nouvelles* (Paris, 1801).
–, *Satires contre les astronomes* (Paris, 1803).
–, 'Sur Copernic-Newton, no. 2', *Le Bien informé*, 11 germinal an VIII [1er avril 1800].
–, 'Sur Copernic-Newton, no. 4', *Le Bien informé*, 13 germinal an VIII [3 avril 1800].
–, *Le Citoyen français, journal politique, commercial et littéraire par Lemaire*, 3 brumaire an XII [23 octobre 1803], p.3.
Merton, Robert K. et Elinor Barber, *The Travels and adventures of*

serendipity: a study in historical semantics and the sociology of science (Princeton, NJ, 2004).
Miller, Peter N., *Peiresc's Europe: learning and virtue in the seventeenth century* (New Haven, CT, et Londres, 2000).
Millin, Aubin-Louis, *Discours sur l'origine et le progrès de l'histoire naturelle en France [...]* (Paris, Creuze, 1792).
Moreau, Isabelle, *'Guérir du sot': les stratégies d'écriture des libertins à l'âge classique* (Paris, 2007).
Morel, Pierre-Marie, *Démocrite et la recherche des causes* (Paris, 1996).
Mornet, Daniel, 'Les enseignements des bibliothèques privées au XVIIIe siècle', *Revue d'histoire littéraire de la France* 3 (1910), p.449-96.
–, *Les Sciences de la nature en France au XVIIIe siècle: un chapitre de l'histoire des idées* (Paris, 1911).

Naigeon, Jacques-André, article 'Cartésianisme', *Philosophie ancienne et moderne*, 3 tomes, in *Encyclopédie méthodique* (Paris, Charles Panckoucke, 1791-1797), t.1, p.730-31.
Nora, Pierre, 'Histoire et roman: où passent les frontières?', *Le Débat* 165 (mai-août 2011), p.6-12.
Nouvelles ecclésiastiques (Paris, 1750).

O'Malley, Charles Donald, *Andreas Vesalius of Brussels, 1514-1564* (Berkeley, CA, 1964).
–, et John Bertrand de Cusance Morant Saunders, 'Vesalius as a clinician', *Bulletin of the history of medicine* 14.5 (1943), p. 594-608.

Pappas, John, 'Buffon matérialiste? Les critiques de Berthier, Feller, et les *Nouvelles ecclésiastiques*', dans *Etre matérialiste à l'âge des Lumières. Mélanges offerts à Roland Desné*, dir. Béatrice Fink et Gerhardt Stenger (Paris, 1999), p.233-49.
Paradis, Swann, 'The anatomic descriptions of Louis-Jean-Marie Daubenton and the drawings of Jacques de Sève: the hidden scientific gem of Buffon's *Histoire naturelle*', dans *Visualising the text from manuscript culture to the age of caricature*, dir. Christina Ionescu et Lauren Beck (Newark, NJ, 2014).
–, 'Clio avait-elle songé à Darwin?', dans *Les Songes de Clio: fiction et histoire sous l'Ancien Régime*, dir. Sabrina Vervacke, Eric Van der Schueren et Thierry Belleguic (Sainte-Foy, 2006), p.263-86.
–, 'Imagination, jugement, génie: la fabrique des quadrupèdes dans l'Histoire naturelle de Buffon (1707-1788)' (Thèse de doctorat, Université de Laval, 2008). http://archimede.bibl.ulaval.ca/archimede/fichiers/25813/25813.html.
–, 'Les descriptions animalières dans l'*Histoire naturelle* de Buffon: entre le vraisemblable de l'écrivain et le véritable du savant', *@nalyses* 9:1 (hiver 2014), p.176-214. https://uottawa.scholarsportal.info/ojs/index.php/revue-analyses/article/view/967.
Parkes, W., *Newton refuted: a geographical, nautical, mechanical, and mathematical view of the universe* (Londres, 1804).
Paul, Charles B., *Science and immortality: the Eloges of the Paris Academy of Sciences (1699-1791)* (Berkeley, CA, 1980).
Pernod, Laurent, *La Rhétorique de l'éloge dans le monde gréco-romain* (Paris, 1993).
Pestré, Jean, 'Cartésianisme' dans *L'Histoire générale des dogmes et des opinions* (Londres, 1769).
Pigeaud, Jackie, *Aux portes de la psychiatrie: Pinel, l'ancien et le moderne* (Paris, 2001).
–, *Melancholia, le malaise de l'individu* (Paris, 2008).

–, (éd), *L'Homme de génie et la mélancolie* (Paris, 1991).
Pintard, René, *Le Libertinage érudit dans la première moitié du XVIIe siècle* (Paris, 1943).
Pons, Alain, 'Introduction', dans Nicolas de Condorcet, *Esquisse d'un tableau historique des progrès de l'esprit humain* (Paris, 1988).
Portal, Antoine, *Histoire de l'anatomie et de la chirurgie, contenant l'origine et le progrès de ces sciences* (Paris, Didot le jeune, 1770-1773).
Potier-Deslaurières, Laurent, *Nouvelle découverte sur le flux et le reflux des mers, dont la cause physique est le double mouvement du globe. Explication simple et naturelle de toutes les circonstances qui accompagnent ce phénomène admirable. Chimère de l'attraction newtonienne. Mécanisme du mouvement général des mers etc.* (Paris, 1806).
Prévot, Jacques, *Cyrano de Bergerac romancier* (Paris, 1977).
Primerose, James, *Exercitationes et Animadversiones in Librum de Motu Cordis et Circultione Sanguinis, Adversus Guilielmum Harveum* (Londres, Gulielmus Jones, 1630).

Raichvarg, Daniel et Jean Jacques, *Savants et ignorants: une histoire de la vulgarisation des sciences* (Paris, 1991).
Redondi, Pietro, 'Rendez-vous à Arcetri: à propos de la correspondance entre Gassendi et Galilée', dans *Gassendi et la modernité*, éd. Sylvie Taussig (Turnhout, 2008), p.83-104.
Rey, Roselyne, *Naissance et développement du vitalisme en France de la deuxième moitié du 18e siècle à la fin du Premier Empire*, *SVEC* 381 (2000).
Ribard, Dinah, *Raconter, vivre, penser: histoires de philosophes, 1650-1766* (Paris, 2003).
Richerand, Anthelme-Baltasar, 'Notice sur la vie et les ouvrages de Bordeu', dans *Œuvres complètes de Bordeu* (Paris, 1818), t.1, p.i-xix.
Roche, Daniel, 'Talents, raison et sacrifice: l'image du médecin des Lumières d'après les Eloges de la Société royale de médecine (1776-1789)', *Annales, économies, sociétés, civilisations* 32:5 (1977), p. 866-86.
–, 'Un savant et ses livres au XVIIIe siècle: la bibliothèque de Jean-Jacques Dortous de Mairan', dans *Les Républicains des lettres* (Paris, 1988), p.47-83.
Roger, Jacques, *Buffon: un philosophe au Jardin du Roi* (Paris, 1989).
–, *Les Sciences de la vie dans la pensée française du XVIIIe siècle* (Paris, 1993).
Rollet, Laurent et Philippe Nabonnand (dir.), *Les uns et les autres...: biographies et prosopographies en histoire des sciences* (Nancy, 2012).
Roman, Hanna, 'Naming as natural process and historical narrative in Buffon's *Histoire naturelle*, 1749-1755', *Romance studies* 31: 3/4 (November 2013), p.238-50.
Roman, Myriam. '"Ce cri que nous jetons souvent": le progrès selon Hugo', *Romantisme* 108 (2000), p.75-90.
Rousseau, Jean-Jacques, *Correspondance complète*, éd. Ralph Alexander Leigh (Banbury, 1974).
–, *Emile*, éd. Pierre Burgelin, dans *Œuvres complètes*, dir. Bernard Gagnebin et Marcel Raymond (Paris, 1969), t.4.
–, *Mémoire présenté à Mr de Mably sur l'éducation de son fils*, éd. John S. Spink, dans *Œuvres complètes*, dir. Bernard Gagnebin et Marcel Raymond (Paris, 1969), t.4.
Roussel, Pierre, *Eloge historique de M. Théophile de Bordeu* (Paris, Ruault et Méquignon, 1778).
–, 'Epître à M. de Bordeu, Médecin', *Mercure de France* (mars 1770), p.13-16.
Royou, Thomas-Marie, *Le Monde de*

verre réduit en poudre ou Analyse et réfutation des époques de la nature de M. le comte de Buffon (Paris, Mérigot le jeune, 1780).

Sade, Donatien-Alphonse-François, marquis de, *Bibliothèque Sade (II): papiers de famille 2. Le marquis et les siens (1761-1815)*, sous la direction de Maurice Lever (Paris, 1995).
Saint-Simon, Claude-Henri de, *Introduction aux travaux scientifiques du dix-neuvième siècle* (Paris, 1808).
–, *Lettres de Saint-Simon [au bureau des longitudes]* (Paris, 1808).
Salomon-Bayet, Claire, *L'Institution de la science et l'expérience du vivant* (Paris, 2008).
Salvi, Claudia, *Le Grand livre des animaux de Buffon* (Tournai, 2002).
Sandler, Iris, 'Some reflections on the protean nature of the scientific precursor', *History of sciences* 17 (1979), p.170-189.
Schaeffer, Jean-Marie, *Petite écologie des études littéraires* (Paris, 2011).
Schmitt, Charles B., 'William Harvey and Renaissance Aristotelianism, a consideration of the Praefatio to "De Generatione animalium" (1651)', dans *Humanismus & Medizin*, ed. R. Schmitz und G. Keil (Weiheim, 1984).
Seguin, Maria Susana, 'Du discours sur la nature au langage scientifique', *Revue Fontenelle* 6 (2010), p.311-24.
Senebier, Jean, *Histoire littéraire de Genève* (Genève, Barde, Manget et Cie, 1786).
Sénèque, *Dialogues*, t.1, *De Ira* (De la colère), Texte établi et traduit par A. Bourgery (Paris, 1971), livre II, 5, p.37.
Seth, Catriona, 'Un avatar du voyage thérapeutique: les inoculations à Genève', dans *Voyage, altérité, utopie: aux confins de l'ailleurs. Hommages offerts au professeur Jean-Michel Racault*, dir. Marie-Françoise Bosquet, Serge Meitinger et Bernard Terramorsi (Paris, 2008), p.49-57.
–, *Les Rois aussi en mouraient: les Lumières en lutte contre la petite vérole* (Paris, 2008).
Sextus Empiricus, *Esquisses pyrrhoniennes*, éd. Pierre Pellegrin (Paris, 1997).
Shaftesbury, Anthony Ashley Cooper, comte de, *Lettre sur l'enthousiasme* (1708), éd. et trad. Claire Crignon-De Oliveira (Paris, 2002).
Shank, John Bennett, *The Newton wars and the beginning of the French Enlightenment* (Chicago, IL, 2008).
Shugg, Wallace, '"Henry More's Circulatio Sanguinis": an unexamined poem in praise of Harvey', *Bulletin of the history of medicine* 56 (1972), p.180-89.
Söderqvist, Thomas (éd.), *The History and poetics of scientific biography* (Aldershot, 2007).
Soret, G. Jean, *Lettre à une jeune dame sur l'inoculation* (1756).
Spallanzani, Maria Franca, *L'Arbre et le labyrinthe: Descartes selon l'ordre des Lumières* (Paris, 2009), trad. française Martin Rueff.
Sprat, Thomas, *The History of the Royal Society of London for the improving of natural knowledge* (Londres, J. Martyn and J. Allestry, 1667).
Stengers, Jean, 'Buffon et la Sorbonne', dans *Etudes sur le XVIIIe siècle*, dir. Roland Mortier et Hervé Hasquin (Paris, 1974), p.97-127.

Thiéry, François , 'Lettre à M. M***, conseiller d'état, contenant la relation d'un voyage fait à Barèges, à Cauterez et à Bagnères, par M. Thiery, docteur-régent de la faculté de médecine de Paris', *Extrait du Journal de médecine, chirurgie, pharmacie, etc., par M. Vandermonde* (mai 1760), p.3-40.
Thomas, Antoine-Léonard, *Eloge de*

René Descartes: discours qui a remporté le prix de l'Académie française en 1765 (Paris, 1765).
–, *Œuvres posthumes* (Paris, Desessarts, an X, 1802).
Thurot, François, *Mémoires de l'Institut national*, Sciences morales et politiques (Paris, an IV de la République 1798), t.26.
Tinguely, Frédéric, 'Un libertin dans la lune? De la distraction scientifique chez Cyrano de Bergerac', dans *Les Libertins et la science*, éd. Antony McKenna, Pierre-François Moreau et Frédéric Tinguely, *Libertinage et philosophie au XVII*e *siècle* 9 (2005), p.73-84.
–, Anthony McKenna et Pierre-François Moreau (dir.), *Les Libertins et la science* (Saint-Etienne, 2005).
Tronchin, Henry, *Théodore Tronchin (1709-1781): un médecin du XVIII*e *siècle* (Paris-Genève, 1906).
Tronchin, Théodore, *De colica pictonum* (Genevae, apud fratres Cramer, 1757).
–, *Dissertatio medica inauguralis, De Nympha. Quam... submittit Theodorus Tronchin...* (Lugduni, Batavorum, Apud Joh. Arnold. Langerak, 1730).
–, *Dissertatio de Clitoride* (Lugduni Batav., 1736).
Trousson, Armand, *Traité de thérapeutique et de matière médicale, sixième édition, corrigée et augmentée* (Paris, 1858).

Van Lieburg, M. J., 'The early reception of Harvey's theory on blood circulation in the Netherlands', *Histoire des sciences médicales* 17 (1982), p.102-105.
–, 'Zacharias Sylvius (1608-1664), author of the Praefatio to the first Rotterdam edition (1648) of Harvey's *De Motu Cordis*', dans *Janus: archives internationales pour l'histoire de la médecine et pour la géographie médicale* 65 (1978), p.241-57.
Vandeul, Marie-Angélique Diderot de, *Mémoires pour servir à l'histoire de la vie et des ouvrages de M. Diderot*, éd. A. M. Wilson et B. T. Hanna, dans Diderot, *Œuvres complètes* (DPV) (Paris, 1975), t.1.
Vasset, Sophie (dir.), *Medicine and narration in the eighteenth century*, *SVEC* 2013:04.
Vesalius, Andreas, *Andreae Vesalii invictissimi Caroli V. Imperatoris medici Opera omnia anatomica & chirurgica cura Hermanni Boerhaave [...] & Bernhardi Siegfried Albini [...]* (Leiden, Apud Joannem du Vivie, 1725).
[–], *Chirurgia magna in septem libros digesta* (Venetiis, apud Franciscum Franciscium Senensem & Ioannem Criegher Germanum, 1568).
–, *De Fabrica Corporis Humani Libri Septem* (Bâle, Oporinus, 1543).
–, *Epistola, rationem modumque propinandi radicis Chynae decocti [...] pertractans [...]* (Basileae, ex officina Joannis Oporini, 1546).
–, *Epitome anatomica: Opus redivivum cui accessere, notae ac commentaria P. Paaw Amsteldamensis* (Leiden, ex officina Justi à Colster, 1616).
Viala, Alain, 'Acteur et personnage au XVIIe siècle: d'un usage racinien peut-être révélateur', dans *Personnage et histoire littéraire*, éd. Pierre Glaudes et Yves Reuter (Toulouse, 1991), p.44-53.
Vicq d'Azyr, Félix, 'Eloge de M. de Buffon prononcé à l'Académie française le 11 décembre 1788', dans *Œuvres de Buffon*, éd. Jules Pizzetta (Paris, 1868), p.V-XIV.
–, *Œuvres complètes*, éd. Moreau de La Sarthe (Paris, 1805).
–, *Traité d'anatomie et de physiologie* (Paris, Didot l'aîné, 1786).
Vila, Anne C., *Enlightenment and pathology: sensibility in the literature and medicine of eighteenth-century*

France (Baltimore, MD, Londres, 1998).

Voltaire, *Correspondence and related documents*, ed. Th. Besterman, *OCV*, vol.85-135.

–, *Dictionnaire philosophique*, dans *Œuvres complètes*, éd. Kehl (Paris, Imprimerie de la Société littéraire-typographique, 1784), t.37-43.

–, article Fontenelle, 'Catalogue de la plupart des écrivains français', dans *Le Siècle de Louis XIV* éd. René Pomeau (Paris, 1957), p.1163.

Wåhlberg, Martin, 'Littérature de voyage et savoir: la méthode de lecture de Buffon', *Dix-huitième siècle* 42 (2010), p.599-616.

Weber, Dominique, *Hobbes et le désir des fous: rationalité, prévision et politique* (Paris, 2007).

Weiner, Dora Bierer, *Comprendre et soigner: Philippe Pinel (1745-1826): la médecine de l'esprit* (Paris, 1999).

Wenger, Alexandre, *Le Médecin et le philosophe: Théophile de Bordeu selon Diderot* (Paris, 2012).

Whitteridge, Gweneth, *William Harvey and the circulation of the blood* (Londres, 1971).

Wilkie, J. S., 'The idea of evolution in the writings of Buffon – I, II & III', *Annals of science* 12 (1956), p.48-62, 212-27 & 255-66.

Williams, Elizabeth Ann, *A Cultural history of medical vitalism in Enlightenment Montpellier* (Aldershot, 2003).

–, *The Physical and the moral: anthropology, physiology, and philosophical medicine in France, 1750-1850* (Cambridge, 1994).

Willis, Robert (éd.), *The Works of William Harvey* (Londres, The Sydenham society, 1847).

Willis, Thomas, *Cerebri Anatome* (Londres, J. Flesher, 1664).

–, *Of fermentation*, dans *Dr Willis's practice of physick* (Londres, T. Dring, C. Harper, and J. Leigh, 1684).

Wilson, Catherine, *Epicureanism at the origins of modernity* (Oxford, 2008).

Index